新农村建设丛书

新农村常用建筑材料

赵　洁　主编

中国铁道出版社

2012年·北　京

内容提要

本书共分为十二章，主要介绍了建筑材料的基本性质、水泥、气硬性胶凝材料、混凝土材料、建筑砂浆、墙体与屋面材料、建筑金属材料、木材、防水材料、建筑塑料、绝热材料和吸声材料、建筑装饰材料等内容。

本书内容系统全面，具有实践性和指导性。本书既可作为土木工程技术人员的培训教材，也可作为大专院校土木工程专业的学习教材。

图书在版编目(CIP)数据

新农村常用建筑材料/赵洁主编．—北京：中国铁道出版社，2012.12
(新农村建设丛书)
ISBN 978-7-113-15632-9

Ⅰ.①新…　Ⅱ.①赵…　Ⅲ.①建筑材料　Ⅳ.①TU5

中国版本图书馆CIP数据核字(2012)第258990号

书　　名：新农村建设丛书
新农村常用建筑材料

作　　者：赵　洁

策划编辑：江新锡　曹艳芳
责任编辑：冯海燕　　　电话：010-51873371
封面设计：郑春鹏
责任校对：王　杰
责任印制：郭向伟

出版发行：中国铁道出版社(100054，北京市西城区右安门西街8号)
网　　址：http://www.tdpress.com
印　　刷：化学工业出版社印刷厂
版　　次：2012年12月第1版　2012年12月第1次印刷
开　　本：787mm×1092mm　1/16　印张：17　字数：426千
书　　号：ISBN 978-7-113-15632-9
定　　价：41.00元

版权所有　侵权必究

凡购买铁道版的图书，如有缺页、倒页、脱页者，请与本社读者服务部联系调换。

电　　话：市电(010)51873170，路电(021)73170(发行部)

打击盗版举报电话：市电(010)63549504，路电(021)73187

前　言

当前，我国经济社会发展已进入城镇化发展和社会主义新农村建设齐头并进的新阶段，中国特色城镇化的有序推进离不开城市和农村经济社会的健康协调发展。大力推进社会主义新农村建设，实现农村经济、社会、环境的协调发展，不仅经济要发展，而且要求大力推进生态环境改善、基础设施建设、公共设施配置等社会事业的发展。

村镇建设是社会主义新农村的核心内容之一，是立足现实、缩小城乡差距、促进农村全面发展的必经之路。村镇建设不仅改善了农村人居生态环境，而且改变了农民的生产生活，为农村经济社会的全面发展提供了基础条件。

在新农村建设过程中，有一些建筑缺乏设计或选用的建筑材料质量低劣，甚至在原有建筑上盲目扩建，因而使得质量事故不断发生，不仅造成了经济上的损失，而且危及人们的生命安全。为了提高村镇住宅建筑的质量，我们编写了此套丛书，希望对村镇住宅建筑工程的选材、设计、施工有所帮助。

本套丛书共分为以下分册：

《新农村常用建筑材料》；

《新农村规划设计》；

《新农村住宅设计》；

《新农村建筑施工技术》。

本套丛书既可为广大的农民、农村科技人员和农村基层领导干部提供具有实践性、指导性的技术参考和解决问题的方法，也可作为社会主义新型农民、职工培训等的学习教材，还可供新型材料生产厂商、建筑设计单位、建筑施工单位和监理单位参考使用。

本套丛书在编写过程中，得到了很多专家和领导的大力支持，同时编写过程中参考了一些公开发表的文献资料，在此一并表示深深的谢意。

参加本书编写的人员有赵洁、叶梁梁、汪硕、孙培祥、孙占红、张正南、张学宏、彭美丽、李仲杰、李芳芳、张凌、向倩、乔芳芳、王文慧、张婧芳、栾海明、白二堂、贾玉梅、李志刚、朱天立、邵艺菲等。

由于编者水平有限以及时间仓促，书中难免存在一些不足和谬误之处，恳请广大读者批评指正，提出建议，以便再版时修订，以促使本书能更好地为社会主义新农村建设服务。

编　者

2012年10月

目　　录

第一章　建筑材料的基本性质

第一节　建筑材料的物理性质

一、材料与质量有关的性质

材料与质量有关的性质见表 1-1。

表 1-1　材料与质量有关的性质

性　质	内　容
密度	密度是指材料在绝对密实状态下单位体积的质量。其计算见式(1-1)： $$\rho=\frac{m}{V} \tag{1-1}$$ 式中　ρ——密度(g/cm^3)； m——材料在干燥状态下的质量(g)； V——材料在绝对密实状态下的体积(cm^3)。 绝对密实状态下的体积是指不包括孔隙在内的体积。除了钢材、玻璃等少数材料外，绝大多数材料内部都有一些孔隙。在测定有孔隙材料的密度时，应将材料磨成细粉，干燥后用李氏瓶测定其实际体积。材料磨得越细，测得的数值就越接近于真实体积，算出的密度值就越准确
表观密度	表观密度是指材料在自然状态下单位体积的质量。其计算见式(1-2)： $$\rho_0=\frac{m}{V_0} \tag{1-2}$$ 式中　ρ_0——表观密度(g/cm^3 或 kg/m^3)； m——材料的质量(g 或 kg)； V_0——材料在自然状态下的体积，或称表观体积(cm^3 或 m^3)。 材料的表观体积是指包含孔隙的体积。当材料孔隙内含有水分时，其质量和体积均有所变化，因此测定材料表观密度时，要注明其含水情况。表观密度一般是指材料长期在空气中干燥，即气干状态下的表观密度。在烘干状态下的表观密度，称为干表观密度
堆积密度	堆积密度是指粉状、颗粒状或纤维状材料在堆积状态下单位体积的质量。其计算见式(1-3)： $$\rho'_0=\frac{m}{V'_0} \tag{1-3}$$ 式中　ρ'_0——堆积密度(kg/m^3)； M——材料的质量(kg)； V'_0——材料的堆积体积(m^3)。 砂子、石子等散粒材料的堆积体积，是在特定条件下所填充的容量筒的容积。材料的堆积体积包含了颗粒之间或纤维之间的空隙。

续上表

<table>
<tr><th colspan="2">性　质</th><th>内　容</th></tr>
<tr><td colspan="2">堆积密度</td><td>在建筑工程中，凡计算材料用量、构件自重或进行配料计算、确定堆放空间及组织运输时，必须掌握材料的密度、表观密度及堆积密度等数据。表观密度与材料的其他性质，如强度、吸水性、导热性等也存在着密切的关系。常用建筑材料的有关数据见表 1-2</td></tr>
<tr><td colspan="2">材料的密实度与孔隙率</td><td>(1)密实度。密实度是指材料体积内被固体物质充实的程度，也就是固体物质的体积占总体积的比例。密实度反映材料的致密程度。其计算见式(1-4)：
$$D=\frac{V}{V_0}=\frac{m/\rho}{m/\rho_0}\times 100\%=\frac{\rho_0}{\rho}\times 100\% \qquad (1\text{-}4)$$
式中　D——密实度(%)。
含有孔隙的固体材料的密实度均小于 1。
(2)孔隙率。孔隙率是指材料体积内孔隙体积所占的比例。其计算见式(1-5)：
$$P=\frac{V_0-V}{V_0}=1-\frac{V}{V_0}=\left(1-\frac{\rho_0}{\rho}\right)\times 100\% \qquad (1\text{-}5)$$
式中　P——孔隙率(%)。
孔隙率与密实度的关系见式(1-6)：
$$P+D=1 \qquad (1\text{-}6)$$
材料的密实度和孔隙率从不同方面反映了材料的密实程度，通常采用孔隙率表示。
根据材料内部孔隙构造的不同，孔隙分为连通的和封闭的两种。连通孔隙不仅彼此贯通而且与外界相通，而封闭孔隙彼此不连通而且与外界隔绝。孔隙按其尺寸大小又可分为粗孔和细孔。孔隙率的大小及孔隙本身构造的特征与材料的许多性质(如强度、吸水性、抗渗性、抗冻性和导热性等)有直接的关系。一般情况下，如果材料的孔隙率小，而且连通孔隙少时，其强度较高、吸水率小、抗渗性和抗冻性较好。几种常用材料的孔隙率见表 1-2</td></tr>
<tr><td rowspan="2">材料的填充率与空隙率</td><td>填充率</td><td>填充率是指散粒材料在某种堆积体积内被其颗粒填充的程度。其计算见式(1-7)：
$$D'=\frac{V_0}{V'_0}\times 100\%=\frac{\rho'_0}{\rho_0}\times 100\% \qquad (1\text{-}7)$$
式中　D'——填充率(%)</td></tr>
<tr><td>空隙率</td><td>空隙率是指散粒材料在某种堆积体积内，颗粒之间的空隙体积所占的比例。其计算见式(1-8)：
$$P'=\frac{V'_0-V_0}{V'_0}=1-\frac{V_0}{V'_0}=\left(1-\frac{\rho'_0}{\rho_0}\right)\times 100\% \qquad (1\text{-}8)$$
式中　P'——空隙率(%)。
空隙率与填充率的关系见式(1-9)：
$$P'+D'=1 \qquad (1\text{-}9)$$
空隙率的大小反映了散粒与颗粒相互填充的致密程度，可作为控制拌制混凝土用的砂子、石子级配的依据</td></tr>
</table>

表 1-2　常用建筑材料的密度、表观密度、堆积密度和孔隙率

材料	密度 ρ(g/cm³)	表观密度 ρ_0(kg/m³)	堆积密度 ρ_0'(kg/m³)	孔隙率(%)
石灰岩	2.60～2.80	2 000～2 600	—	—
花岗岩	2.60～2.90	2 600～2 800	—	0.5～3.0
碎石(石灰岩)	2.60～2.80	—	1 400～1 700	—
砂	2.60	—	1 450～1 650	—
黏土	2.60	—	1 600～1 800	—
普通黏土砖	2.50	1 600～1 800	—	20～40
黏土空心砖	2.50	1 000～1 400	—	—
水泥	3.10	—	1 200～1 300	—
普通混凝土	—	2 100～2 600	—	5～20
轻骨料混凝土	—	800～1 900	—	—
木材	1.55	400～800	—	55～75
钢材	7.85	7 850	—	0
泡沫塑料	—	20～50	—	—

二、材料与水有关的性质

1. 亲水性与憎水性

材料在空气中与水接触时，根据表面被水润湿的情况，分为亲水性材料和憎水性材料两类。润湿就是水在材料表面上被吸附的过程，它与材料本身的性质有关。当材料分子与水分子间的相互作用力大于水分子间的作用力时，材料表面就会被水润湿。此时，在材料、水和空气的三相交点处，沿水滴表面所引切线与材料表面所成的夹角(称为润湿角)$\theta \leqslant 90°$，如图1-1(a)所示，这种材料属于亲水性材料。润湿角 θ 愈小，说明润湿性愈好，亲水性愈强。亲水性材料能通过毛细管作用将水分吸入毛细管内部。反之，如果材料分子与水分子间的作用力小于水本身分子间的作用力，则表示材料不能被水润湿。此时，润湿角 $90° < \theta < 180°$，如图1-1(b)所示，这种材料称为憎水性材料。憎水性材料阻止水分渗入毛细管中，从而降低吸水性。

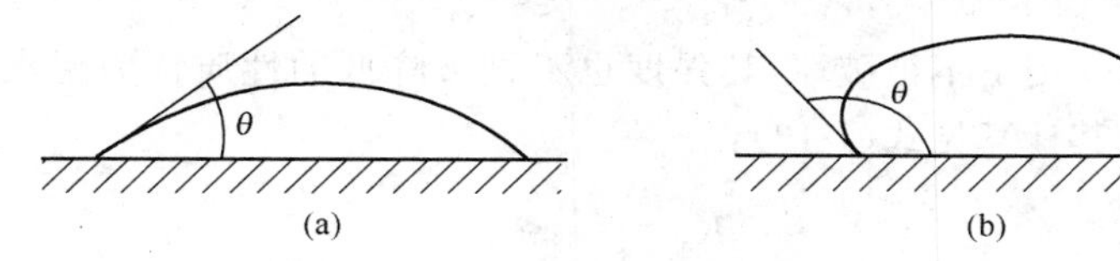

图 1-1　材料润湿角

大多数建筑材料，如石材、砖瓦、陶器、混凝土、木材等都属于亲水性材料，而沥青、石蜡和某些高分子材料则属于憎水性材料。憎水性材料可以用作防水材料或用作亲水性材料表面处理，以降低亲水材料吸水性，提高防水、防潮性能。

2. 吸水性

吸水性是指材料在水中能吸收水分的性质。吸水性的大小用吸水率表示。吸水率为材料浸水后在规定时间内吸入水的质量(或体积)占材料干燥质量(或干燥时体积)的百分比。

(1)质量吸水率。质量吸水率按式(1-10)计算：

$$W_{质}=\frac{m_{湿}-m_{干}}{m_{干}}\times100\% \tag{1-10}$$

(2)体积吸水率。体积吸水率按式(1-11)计算：

$$W_{体}=\frac{V_{水}}{V_{0干}}\times100\%=\frac{m_{湿}-m_{干}}{V_{0干}}\cdot\frac{1}{\rho_{H_2O}}\times100\% \tag{1-11}$$

式中 $W_{质}$——材料的质量吸水率(%)；

$W_{体}$——材料的体积吸水率(%)；

$m_{湿}$——材料吸水饱和状态下的质量(g)；

$m_{干}$——材料干燥状态下的质量(g)；

$V_{水}$——材料吸水饱和时所吸收水分的体积(cm^3)；

$V_{0干}$——干燥材料在自然状态下的体积(cm^3)；

ρ_{H_2O}——水的密度，在常温下 $\rho_{H_2O}=1\ g/cm^3$。

计算材料的吸水率通常使用质量吸水率。

材料吸水率的大小与材料的孔隙率和孔隙构造特征有关。一般来说，当材料孔隙是连通的、尺寸较小时，其孔隙率越大则吸水率也越高。对于封闭的孔隙，水分不易渗入；而粗大的孔隙，水分又不易存留。

软木等质轻、孔隙率大的材料，其质量吸水率往往超过 100%。这种情况最好用体积吸水率表示其吸水性。

3. 吸湿性

材料在潮湿的空气中吸收空气中水分的性质称为吸湿性。吸湿性的大小用含水率表示。含水率为材料所含水的质量占材料干燥质量的百分比。其计算见式(1-12)：

$$W_{含}=\frac{m_{含}-m_{干}}{m_{干}}\times100\% \tag{1-12}$$

式中 $W_{含}$——材料的含水率(%)；

$m_{含}$——材料含水时的质量(g)；

$m_{干}$——材料干燥时的质量(g)。

材料含水率的大小，除了与本身性质有关外，还与周围空气的湿度有关，它随着空气湿度的大小而变化。当材料中所含水分与空气湿度相平衡时的含水率称为平衡含水率。

4. 耐水性

材料在长期饱和水作用下不被破坏，其强度也不显著降低的性质称为耐水性。材料的耐水性用软化系数表示。其计算见式(1-13)：

$$K_{软}=\frac{f_1}{f_0} \tag{1-13}$$

式中 $K_{软}$——材料的软化系数；

f_0——材料在干燥状态下的强度(MPa)；

f_1——材料在吸水饱和状态下的强度(MPa)。

材料的软化系数为 0～1，材料吸水后由于水的作用，减弱了内部质点的联结力，使强度有所降低。钢材、玻璃等材料的软化系数基本为 1，花岗岩等密实石材的软化系数接近于 1，未经处理的生土软化系数为 0。对于长期受水浸泡或处于潮湿环境的重要建筑物，须选用软化系数不低于 0.85 的材料建造；受潮较轻的或次要结构的材料，其软化系数不宜小于 0.70。

5. 抗渗性

抗渗性是指材料在压力水作用下抵抗水渗透的性质。材料的抗渗性可用渗透系数表示，见式(1-14)。

$$K=\frac{Qd}{AtH} \tag{1-14}$$

式中　K——渗透系数[mL/(cm^2·s)或cm/s]；

Q——渗水量(mL)；

d——试件厚度(cm)；

A——渗水面积(cm^2)；

t——渗水时间(s)；

H——静水压力水头(cm)。

渗透系数反映了材料在单位时间内，在单位水头作用下，通过单位面积和厚度的渗水量。渗透系数愈小的材料其抗渗性愈好。

材料的抗渗性也可以用抗渗等级Pn来表示。其中，$n=10P-1$，P为试件开始渗水时水的压强(MPa)。

例如，某防水混凝土的抗渗等级为P6，表示该混凝土试件经标准养护28 d后，按照规定的试验方法在0.6 MPa压力水的作用下无渗透现象。

材料抗渗性的好坏，与材料的孔隙率和孔隙构造特征有关。孔隙率小而且是封闭孔隙的材料其抗渗性好。对于建造地下建筑及水工构筑物的材料应具有一定的抗渗性，对于防水材料，则要求具有更高的抗渗性。材料抵抗其他液体渗透的性质，也属于抗渗性。

6. 抗冻性

抗冻性是指材料在吸水饱和状态下，能经受多次冻结和融化作用(冻融循环)而不被破坏，强度也无显著降低的性能。

冰冻对材料的破坏作用是由于材料孔隙内的水结冰时体积膨胀，对孔壁产生较大压强(约100 MPa)而引起的。材料试件做冻融循环试验时吸水饱和后，先在−15℃温度下冻结(此时细小孔隙中的水分也结冰)，然后在20℃水中融化。不论冻结还是融化都是从材料表面向内部逐渐进行的，都会在材料的内外层产生明显的应力差和温度差。经多次冻融交替作用后，材料表面将出现裂纹、剥落，自重会减少，强度也会降低。

材料的抗冻性用抗冻等级Fn表示。n表示材料试件经n次冻融循环试验后，质量损失不超过5%，抗压强度降低不超过25%。n的数值越大，说明抗冻性能越好。

材料的抗冻性与材料的密实度、强度、孔隙构造特征、耐水性以及吸水饱和程度有关。

对于水工建筑或处于水位变化的结构，尤其是冬季气温达−15℃以下地区使用的建筑材料，应有抗冻性的要求。除此之外，抗冻性还常作为无机非金属材料抵抗大气物理作用的一种耐久性指标。抗冻性好的材料，对于抵抗温度变化、干湿交替等风化作用的能力也强。因此，对处于温暖地区的建筑物，虽无冰冻作用，为抵抗大气的风化作用，保证建筑物的耐久性，对某些材料的抗冻性往往也有一定的要求。

三、材料与温度有关的性质

1. 导热性

材料传导热量的性能称为导热性。材料的导热性用导热系数表示。

导热系数是指单位厚度的材料，当两个相对侧面温差为 1 K 时，在单位时间内通过单位面积的热量。其计算见式(1-15)：

$$\lambda=\frac{Qd}{Az(t_2-t_1)} \tag{1-15}$$

式中 λ——导热系数[W/(m·K)]；

Q——传导的热量(J)；

d——材料的厚度(m)；

A——传热面积(m^2)；

z——传热时间(s)；

t_2-t_1——材料两侧面的温差(K)。

材料的导热系数与材料的成分、构造等因素有关。金属材料的导热系数远远高于非金属材料。对于非金属材料，孔隙率大并且具有封闭孔隙的材料导热系数就小，因为不流动的密闭空气的导热系数很小[$\lambda=0.023$ W/(m·K)]。若材料空隙是连通的，由于能形成空气对流，导热系数就会增高。水和冰的导热系数很大[$\lambda_{水}=0.58$ W/(m·K)，$\lambda_{冰}=2.20$ W/(m·K)]，所以对于建筑结构中的保温绝热材料，在施工中必须采取措施使其处于干燥状态。

材料的导热系数也会随着材料温度的升高而提高。

2. 热容量

材料加热时吸收热量、冷却时放出热量的性质，称为热容量。热容量用比热容表示。1 g 材料温度升高或降低 1 K 时，所吸收或放出的热量称为比热容。比热容的计算见式(1-16)：

$$c=\frac{Q}{m(t_2-t_1)} \tag{1-16}$$

式中 c——材料的比热容[J/(g·K)]；

Q——材料吸收或放出的热量(J)；

m——材料的质量(g)；

t_2-t_1——材料受热或冷却前后的温差(K)。

材料的比热容与质量的乘积为材料的热容量值 $Q_{容}=c\cdot m$。材料的热容量值对保持室内温度的稳定有很大作用。热容量值较大的材料，能在热流变动或采暖、空调工作不均衡时，缓和室内温度的波动。

第二节 建筑材料的力学性质

一、强度与抗弯强度

材料在外力(荷载)作用下抵抗破坏的能力，称为强度。当材料承受外力作用时，内部就产生应力；随着外力逐渐增加，应力也相应增大，直至材料内部质点间的作用力不能再抵抗这种应力时，材料即破坏，此时的极限应力值就是材料的强度。

根据外力作用方式的不同，材料强度有抗拉、抗压、抗剪和抗弯(抗折)强度等(图 1-2)。

在试验室采用破坏试验法测试材料的强度。按照国家标准规定的试验方法，将制作好的试件安放在材料试验机上，施加外力(荷载)，直至破坏，根据试件尺寸和破坏时的荷载值，计算材料的强度。

材料的抗拉、抗压和抗剪强度的计算见式(1-17)：

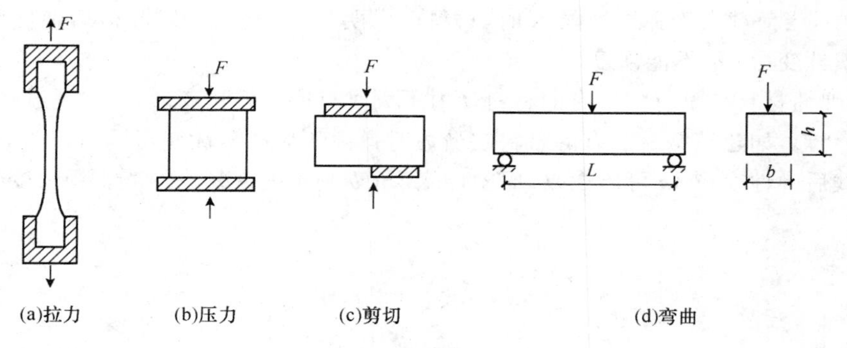

(a)拉力　(b)压力　(c)剪切　(d)弯曲

图 1-2　材料受力示意图

$$f=\frac{F}{A} \tag{1-17}$$

式中　f——材料强度(MPa)；

F——破坏时最大荷载(N)；

A——试件的受力面积(mm^2)。

材料的抗弯强度与试件受力情况、截面形状及支承条件有关。试验时，通常是将矩形截面的条形试件放在两个支点上，中间作用一集中荷载。材料抗弯强度的计算见式(1-18)：

$$f_m=\frac{3FL}{2bh^2} \tag{1-18}$$

式中　f_m——抗弯强度(MPa)；

F——弯曲破坏时的最大集中荷载(N)；

L——两支点间的距离(mm)；

b、h——试件截面的宽度和高度(mm)。

材料的强度主要取决于它的组成和结构。不同种类的材料，强度差别很大。即使是同一类材料，强度也有不少差异。一般，材料孔隙率越大，强度越低。另外，不同的受力形式或不同的受力方向，材料的强度也不相同。

在试验室进行材料强度测试时，试验条件对测试结果影响很大。如试件的采样或制作方法、试件的形状和尺寸、试件的表面状况、试验时加载的速度、试验环境的温度和湿度，以及试验数据的取舍等，均在不同程度上影响所得数据的代表性和精确性。所以，进行材料试验时必须严格遵照有关标准规定的方法进行。

强度是材料的主要技术性能之一。大部分建筑材料是根据其试验强度的大小，划分为若干不同的等级(或标号)的。这对于掌握材料性质，合理选用材料，正确进行设计和控制工程质量是很重要的。

二、弹性与塑性

材料在外力作用下产生变形，若除去外力后变形随即消失，这种性质称为弹性。这种可恢复的变形称为弹性变形。

当荷载加至略小于材料的弹性极限 A 时，产生弹性变形为 $o'a$，若卸除荷载，变形将恢复至 O 点，如图 1-3 所示。

材料在外力作用下产生变形，若除去外力后仍保持变形后的形状和尺寸，并且不产生裂缝的性质称为塑性。这种不能恢复的变形称为塑性变形。

图 1-3 中，当荷载大于弹性极限 A 时，材料产生明显的塑性变形，卸荷后弹性变形 $O'b$ 可以恢复，但塑性变形 Oo' 不能恢复。

单纯的弹性材料是没有的。有的材料受力不大时只产生弹性变形；受力超过一定限度后，即产生塑性变形，如建筑钢材。有的材料在受力时弹性变形和塑性变形同时产生，如图 1-4 所示，卸掉荷载后弹性变形 ab 可以恢复，而塑性变形 Ob 则不能恢复。混凝土受力变形时就具有这种性质。

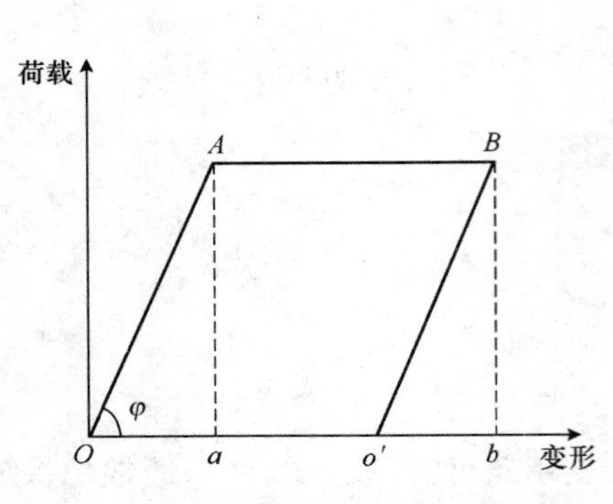

图 1-3　材料的弹性和塑性变形曲线

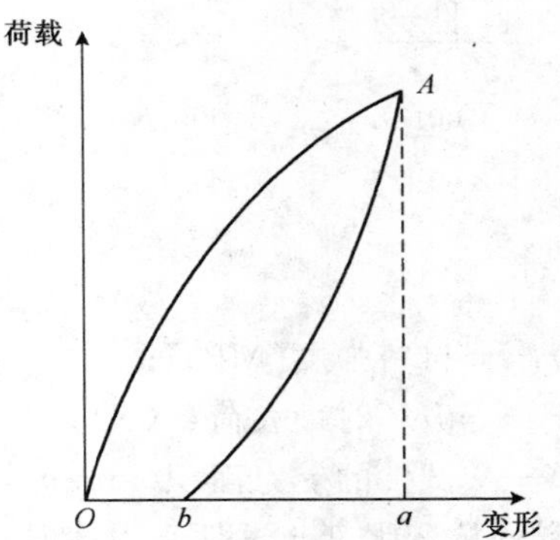

图 1-4　材料的弹塑性变形曲线

三、脆性与韧性

材料受力破坏时，无显著的变形而突然断裂的性质称为脆性。在常温、静荷载下具有脆性的材料称为脆性材料。如砖、石、陶瓷、玻璃、混凝土、砂浆等大部分无机非金属材料均属于脆性材料，生铁也是脆性材料。这类材料的抗压强度高，而抗拉、抗弯强度低，抗冲击力差。

在冲击、振动荷载作用下，材料能够吸收较大的能量，同时也能产生一定的变形而不致破坏的性质称为韧性或冲击韧性。材料的韧性是用冲击试验来测试的，以试件破坏时单位面积所消耗的功表示。建筑钢材和木材的韧性较高。对于承受冲击荷载和有抗震要求的结构(如用作路面、吊车梁等的材料)都要求具有一定的冲击韧性。

四、硬度与耐磨性

1. 硬度

硬度指材料表面抵抗其他硬物压入或刻划的能力。为保持较好表面使用性质和外观质量，要求材料必须具有足够的硬度。非金属材料的硬度用摩氏硬度表示，它是用系列标准硬度的矿物块对材料表面进行划擦，根据划痕确定硬度等级。

金属材料的硬度等级常用压入法测定，主要有布氏硬度法(HBW)，是以淬火的钢珠压入材料表面产生的球形凹痕单位面积上所受压力来表示；洛氏硬度法(HR)，是用金刚石圆锥或淬火的钢球制成的压头压入材料表面，以压痕的深度来表示。

硬度大的材料其强度也高，工程上常用材料的硬度来推算其强度，如用回弹法测定混凝土强度，就是用回弹仪测得混凝土表面硬度，再间接推算出混凝土强度的。

2. 耐磨性

耐磨性指材料表面抵抗磨损的能力。耐磨性常以磨损率衡量，以“G”表示，其计算见式(1-19)：

$$G=\frac{m_1-m_2}{A} \tag{1-19}$$

式中　G——材料的磨损率(g/cm^2)。

m_1-m_2——材料磨损前后的质量损失(g)。

A——材料受磨面积(cm^2)。

材料的耐磨性与材料的组成结构、构造、材料强度和硬度等因素有关。一般而言,强度较高且密实、韧性好的材料,其硬度较大,耐磨性较好。在建筑工程中,用做踏步、台阶、路面、地面等受磨损的部位,要求使用耐磨性较高的材料。

第三节　建筑材料的耐久性

一、材料耐久性的含义

材料的耐久性是指其在长期的使用过程中,能抵抗环境的破坏作用,并保持原有性质不变、不破坏的一项综合性质。由于环境作用因素复杂,耐久性也难以用一个参数来衡量。工程上通常用材料抵抗使用环境中主要影响因素的能力来评价耐久性,如抗渗性、抗冻性、抗碳化等性质。

二、环境对材料耐久性的影响

材料在环境中使用,除受荷载作用外,还会受周围环境的各种自然因素的影响,如物理、化学及生物等方面的作用。

物理作用包括干湿变化、温度变化、冻融循环、磨损等,都会使材料遭到一定程度的破坏,影响材料的长期使用。

化学作用包括受酸、碱、盐类等物质的水溶液及有害气体作用,发生化学反应及氧化作用、受紫外线照射等使材料变质或遭损。

生物作用是指昆虫、菌类等对材料的蛀蚀及腐朽作用。

实际上,影响材料耐久的原因是多方面因素作用的结果,即耐久性是一种综合性质。它包括抗渗性、抗冻性、抗风化性、耐蚀性、耐老化性、耐热性、耐磨性等诸方面内容。

然而,不同种类的材料其耐久性的内容各不相同。无机矿质材料(如石材、砖、混凝土等)暴露在大气中受风吹、日晒、雨淋、霜雪等作用产生风化和冻融,主要表现为抗风化性和抗冻性,同时有害气体的侵蚀作用也会对上述破坏起促进作用;金属材料(如钢材)主要受化学腐蚀作用;木材等有机材料常因生物作用而遭损;沥青、高分子材料在阳光、空气、热的作用下逐渐老化等。

处在不同建筑部位及工程所处环境不同,其材料的耐久性也具有不同的内容,如寒冷地区室外工程的材料应考虑其抗冻性;处于有压力水作用下的水工工程所用材料应有抗渗性的要求;地面材料应有良好的耐磨性等。

对材料耐久性能的判断应在使用条件下进行长期的观察和测定。但这需要很长时间。因此通常是根据使用要求进行相应的快速试验如干湿循环、冻融循环、碳化、化学介质浸渍等,并据此对耐久性做出评价。

三、提高材料耐久性的方法及其重要意义

1.提高材料耐久性的方法

为了提高材料的耐久性，首先应努力提高材料本身对外界作用的抵抗能力(提高密实度改变孔结构，选择恰当的组成原材料等)；其次可用其他材料对主体材料加以保护(覆面、刷涂料等)；此外还应设法减轻环境条件对材料的破坏作用(对材料处理或采取必要构造措施)。

2.提高材料耐久性的重要意义

在设计选用建筑材料时，必须考虑材料的耐久性问题。采用耐久性好的建筑材料，对节约材料、保证建筑物长期正常使用、减少维修费用、延长建筑物使用寿命等具有非常重要的意义。

第二章　水　　泥

第一节　硅酸盐水泥

一、硅酸盐水泥的生产与矿物成分

1. 硅酸盐水泥的生产

生产硅酸盐水泥的原料主要有石灰质原料和黏土质原料两大类，此外再辅助以少量的校正原料。石灰质原料可采用石灰岩、泥灰岩、白垩等，主要提供 CaO。黏土质原料可采用黏土、黄土、页岩等，主要提供 SiO_2、Al_2O_3 及少量 Fe_2O_3。有时还常配入辅助原料（铁矿粉、砂岩等），以调节原料中某些氧化物的不足，使原料中含有 75%～78% 的 $CaCO_3$ 以及 22%～25% 的 SiO_2、Al_2O_3、Fe_2O_3。

硅酸盐水泥的生产过程分为制备生料、煅烧熟料和粉磨水泥三个阶段，可简单概括为“两磨一烧”，其基本生产工艺过程如图 2-1 所示。硅酸盐水泥生产时首先将几种原料粉碎后，按配合比混合在磨机中磨细成具有适当化学成分的生料，再将生料在水泥窑（回转窑或立窑）中经过约 1 450℃的高温煅烧至部分熔融，冷却后得到灰黑色圆粒状物为硅酸盐水泥熟料，熟料与适量石膏共同磨细至一定细度即为 P·Ⅰ型硅酸盐水泥。

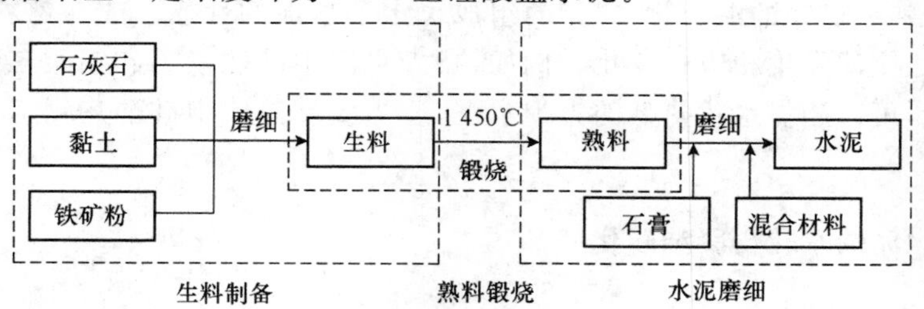

图 2-1　硅酸盐水泥基本生产工艺流程

2. 硅酸盐水泥熟料矿物组成及特性

硅酸盐水泥熟料中各氧化物不是单独存在的，而是经高温煅烧后以两种或两种以上的氧化物反应后生成多种矿物的集合体，其主要化学组成见表 2-1。

表 2-1　水泥熟料化学组成

氧化物	缩写式	一般含量范围	氧化物	缩写式	一般含量范围
CaO	C	62%～67%	Al_2O_3	A	4%～7%
SiO_2	S	20%～24%	Fe_2O_3	F	3%～6%

通过高温煅烧得到的硅酸盐水泥熟料，就其化学成分而言与生料相比没有太大的变化，但是其中的氧化钙、氧化硅、氧化铝和氧化铁等不再以单独的氧化物存在，而是在煅烧过程中发生了一系列复杂的物理化学反应，由两种或两种以上氧化物反应生成的多矿物集合体。通常硅酸盐水泥熟料的矿物组成有四种，其名称和含量范围见表 2-2。

表 2-2 水泥熟料矿物组成

矿物名称	分子化学式	代号	含量范围
硅酸三钙	$3CaO \cdot SiO_2$	C_3S	37%～60%
硅酸二钙	$2CaO \cdot SiO_2$	C_2S	15%～37%
铝酸三钙	$3CaO \cdot Al_2O_3$	C_3A	7%～15%
铁铝酸四钙	$4CaO \cdot Al_2O_3 \cdot Fe_2O_3$	C_4AF	10%～18%

在水泥的各种矿物成分中，铝酸三钙的水化速度最快，水化热最大，产生的热量大而集中，且主要在早期放出，其水化反应对水泥的凝结起主导作用；铁铝酸四钙的水化速度也较快，仅次于铝酸三钙，水化热中等；硅酸三钙的水化速度较快，水化热较大且主要在早期放出，能促进水泥的早期凝结硬化，其早期、后期强度均较高，同时含量最高；硅酸二钙的水化速度最慢，水化热也最低且主要在后期放出，因此它不影响水泥的凝结，但对水泥的后期凝结硬化起主要作用；各矿物单独与水作用时表现出不同的特性见表 2-3。

表 2-3 硅酸盐水泥熟料矿物特性

矿物名称	硅酸三钙	硅酸二钙	铝酸三钙	铁铝酸四钙
28 d 水化放热量	多	少	最多	中
水化与硬化速度	快	慢	最快	快
强度	高	早期低，后期高	低	低

水泥是几种熟料矿物的混合物，它们的组成决定了水泥的性质。改变熟料矿物成分间的比例时，水泥的性质即发生相应的变化。例如，减少水泥中硅酸三钙和铝酸三钙的含量，提高硅酸二钙的含量，可以制得水化热低的大坝水泥，适当提高熟料中硅酸三钙的含量，可以制得高强快硬水泥。

二、硅酸盐水泥的水化与凝结硬化

1. 硅酸盐水泥的水化

水泥加水拌和后，水泥的各种矿物成分与水发生化学反应，生成水化产物并放出一定热量，这个过程叫做水泥的水化，水泥的水化反应为放热反应，伴随着水化反应的进行，生成各水化产物的同时将放出热量，称为水化热。水泥的水化从其颗粒表面开始，水泥颗粒表面的水泥熟料先溶解于水，然后与水反应，或水泥熟料在固态直接与水反应。

水泥水化后生成的水化硅酸钙较难溶于水，在水泥浆体中以胶体形式析出，并逐渐聚集成为凝胶，胶体颗粒呈薄片状或纤维状，一般又称其为 C-S-H 凝胶，水化产物氢氧化钙在溶液的浓度达到饱和状态后，呈六方晶体析出。

铝酸三钙和铁铝酸四钙水化生成的水化铝酸钙为立方晶体，在氢氧化钙饱和溶液中还能与氢氧化钙进一步反应，生成六方晶体的水化铝酸四钙。在有石膏存在时，水化铝酸钙与石膏反应，生成高硫型水化硫铝酸钙($3CaO \cdot Al_2O_3 \cdot 3CaSO_4 \cdot 32H_2O$)针状晶体，简称钙矾石，常用 AFt 表示。当石膏消耗完后，部分钙矾石将转变为单硫型水化硫铝酸钙($3CaO \cdot Al_2O_3 \cdot 3CaSO_4 \cdot 12H_2O$)晶体，常用 AFm 表示。

硅酸盐水泥是多矿物、多组分的物质，它与水拌和后，就立即发生化学反应。根据目前的认识，硅酸盐水泥加水后，铝酸三钙立即发生反应，硅酸三钙和铁铝酸四钙也很快水化，而硅酸二钙则水化较慢。在充分水化的水泥石中，C-S-H 凝胶约占 70%，$Ca(OH)_2$ 约占 20%，钙矾石和单硫型水化硫铝酸钙约占 7%。

2. 硅酸盐水泥的凝结硬化

水泥遇水后发生一系列的物理化学变化，使水泥能够逐渐凝结和硬化。水泥加水拌和后，首先是水泥颗粒表面的矿物溶解于水并与水发生水化反应，最初形成具有可塑性的浆体，随着水化反应的进行，水泥浆体逐渐变稠失去可塑性，这一过程称为水泥的凝结。随着水泥水化的进一步进行，凝结的水泥浆体开始产生强度，并逐渐发展成为坚硬的水泥石，这一过程称为硬化。水泥浆的凝结、硬化是水泥水化的外在反映，它是一个连续的、复杂的物理化学变化过程，其结果决定了硬化水泥石的结构和性能。因此，了解水泥的凝结和硬化过程，对了解水泥的性能有着重要意义。

硅酸盐水泥的凝结硬化过程一般按水化反应速度和物理化学的主要变化分为四个阶段见表 2-4。

表 2-4 水泥凝结硬化时的四个阶段

凝结硬化阶段	内 容	图 例
初始反应期	从水泥加水拌和起至拌和后大约 5～10 min 时间内，水泥颗粒分散并溶解于水，在水泥颗粒表面水化反应迅速开始进行，生成相应的水化产物。水化产物也先溶解于水，未水化的水泥颗粒分散在水中，成为水泥浆体	1—水泥颗粒；2—水分
潜伏期	水泥颗粒的水化从其表面开始。水和水泥一接触，水泥颗粒表面的熟料矿物与水反应，形成相应的水化物并溶于水中。此种作用继续下去，使水泥颗粒周围的溶液很快达到水化产物的饱和或过饱和状态。由于各种水化产物的溶解度都很小，继续水化的产物以细分散状态的胶体颗粒析出，附在水泥颗粒表面，形成凝胶膜包裹层。在水化初期，水化物不多，包有水化物膜层的水泥颗粒之间还是分离着的，水泥浆具有可塑性。该阶段一般的持续时间为 1 h	1—凝胶
凝结期	水泥颗粒不断水化，水化物膜层逐渐增厚，减缓了外部水分的渗入和水化物向外扩散的速度，使水化反应在一段时间变得缓慢。随着水化反应的不断深入，膜层内部的水化物不断向外突出，最终导致膜层破裂，水化又重新加速。水泥颗粒间的空隙逐渐缩小，而包有凝胶体的颗粒则逐渐接近，以致相互接触，接触点的增多形成了空间网状结构。凝聚结构的形成，使水泥浆开始失去可塑性，此为水泥的初凝，但这时还不具有强度。该阶段一般的持续时间为 6 h	1—凝胶；2—晶体

续上表

凝结硬化阶段	内　容	图　例
硬化期	以上过程不断地进行，固态的水化物不断增多并填充颗粒间的空隙，毛细孔越来越少，结晶体和凝胶体互相贯穿形成的凝聚—结晶网状结构不断加强，结构逐渐紧密。水泥浆体完全失去可塑性，达到能担负一定荷载的强度。水泥表现为终凝，并开始进入硬化阶段。水泥进入硬化期以后，水化速度逐渐减慢，水化物随时间的增长而逐渐增加，扩展到毛细孔中，使结构更趋致密，强度相应提高	4 2 3 1 1—凝胶；2—水泥颗粒未水化的内核；3，4—毛细孔

由此可见，在水泥浆整体中，上述物理化学变化不能按时间截然划分，但在凝结硬化的不同阶段将由某种反应起主导作用。水泥的水化反应是从颗粒表面深入到内核的。开始时水化速度较快，水泥的强度增长快；但由于水化不断进行，堆积在水泥颗粒周围的水化物不断增多，阻碍水和水泥未水化部分的接触，水化减慢，强度增长也逐渐减慢，但无论时间多久，水泥颗粒的内核很难完全水化。因此，在硬化水泥石中，同时包含有水泥熟料矿物水化的凝胶体和结晶体、未水化的水泥颗粒、水（自由水和吸附水）和孔隙（毛细孔和凝胶孔），它们在不同时期相对数量的变化使水泥石的性质随之改变。

3.硅酸盐水泥凝结硬化的主要因素

（1）水泥熟料矿物组。水泥熟料单矿物的水化速度按由快到慢的顺序排列为 $C_3A > C_4AF > C_3S > C_2S$，当水泥中各矿物的相对含量不同时，其凝结硬化的特点也不相同，据此可通过调节水泥中各种矿物成分的比例制成不同性质和不同用途的水泥。

（2）石膏掺量。水泥粉磨时掺入适量石膏，可调节水泥的凝结硬化速度。若不掺石膏或石膏掺量不足时，水泥会发生瞬凝现象。这是由于铝酸三钙在溶液中电离出三价离子（Al^{3+}），它与硅酸钙凝胶的电荷相反，促使胶体凝聚。加入石膏后，石膏与水化铝酸钙作用生成钙矾石，钙矾石难溶于水，沉淀在水泥颗粒表面上形成保护膜，降低了溶液中 Al^{3+} 的浓度，并阻碍了铝酸三钙的水化，延缓了水泥的凝结。如果石膏掺量过多，会在后期引起水泥石的膨胀而开裂破坏。因此石膏的掺量过多或过少对水泥的凝结都不利。

（3）细度。水泥颗粒粉磨得越细，总表面积越大，与水接触时的水化反应面积也越大，则水化速度越快，凝结硬化也越快。

（4）温度和湿度。温度对水泥的凝结硬化有明显影响。温度增高会使水泥水化反应加快，因此水泥凝结硬化速度随之加快；相反，温度降低，则水化反应减慢，水泥凝结硬化速度随之变得缓慢。当温度低于5℃时，水化硬化大大减慢；当温度低于0℃时，水化反应基本停止。同时，由于温度低于0℃，当水结冰时，还会破坏水泥石结构。实际工程中，常通过蒸汽养护来加速水泥制品的凝结硬化过程，使早期强度能较快发展。但高温养护的水化物晶粒粗大，往往导致水泥后期强度增长缓慢甚至下降。而常温养护的水化物较致密，可获得较高的最终强度。

同时，水泥的水化反应只有在温暖和潮湿的环境下才能持续发展。若水泥石处于干燥的环境中，当水分蒸发完毕后，水化作用将无法继续进行，水化产物不再增加，硬化即停止，强度也就不再增长。潮湿环境下的水泥石，能保持足够的水分进行水化和凝结硬化，生成的水化物进一步填充毛细孔，促进了强度的不断发展。在工程中，保持环境的温度和湿度，使水泥石强度不断增长的措施称为养护。混凝土在浇筑后的一段时间里，应十分注意保温保湿养护。

(5)养护时间。水泥的水化是一个较长时间不断进行的过程，水泥的水化是从表面开始向内部逐渐深入进行的，随着时间的延续，水泥的水化程度不断增加，对周围环境特别是温湿度条件也有一定的要求。养护是指保持环境的温度和湿度，使水泥石强度不断增长的措施。硅酸盐水泥加水后，强度随龄期的增长而发展，一般在 3～14 d 之内增长较快，28 d 之后趋于缓慢，90 d 以后则更缓慢，但如能保持适当的温度和湿度，水泥的水化反应将不断进行，其强度将在较长时间内继续增长。

三、硅酸盐水泥的技术性质

水泥是混凝土的重要原材料之一，硅酸盐水泥的技术性质是水泥应用的理论基础，对混凝土的性能具有至关重要的影响，为了保证混凝土材料的性能满足工程要求，国家标准《通用硅酸盐水泥》(GB 175—2007/XG1—2009)对硅酸盐水泥的细度、凝结时间、体积安定性、强度等各项性能指标均做了明确规定。

1. 化学指标

硅酸盐水泥的化学指标见表 2-5。

表 2-5　硅酸盐水泥的化学指标

<table>
<tr><th>品种</th><th>代号</th><th>不溶物
(质量分数)</th><th>烧失量
(质量分数)</th><th>三氧化硫
(质量分数)</th><th>氧化镁
(质量分数)</th><th>氯离子
(质量分数)</th></tr>
<tr><td rowspan="2">硅酸盐水泥</td><td>P·Ⅰ</td><td>≤0.75</td><td>≤3.0</td><td rowspan="3">≤3.5</td><td rowspan="3">≤5.0①</td><td rowspan="8">≤0.06③</td></tr>
<tr><td>P·Ⅱ</td><td>≤1.50</td><td>≤3.5</td></tr>
<tr><td>普通硅酸盐水泥</td><td>P·O</td><td>—</td><td>≤5.0</td></tr>
<tr><td rowspan="2">矿渣硅酸盐水泥</td><td>P·S·A</td><td>—</td><td>—</td><td rowspan="2">≤4.0</td><td>≤6.0②</td></tr>
<tr><td>P·S·B</td><td>—</td><td>—</td><td>—</td></tr>
<tr><td>火山灰质硅酸盐水泥</td><td>P·P</td><td>—</td><td>—</td><td rowspan="3">≤3.5</td><td rowspan="3">≤6.0②</td></tr>
<tr><td>粉煤灰硅酸盐水泥</td><td>P·F</td><td>—</td><td>—</td></tr>
<tr><td>复合硅酸盐水泥</td><td>P·C</td><td>—</td><td>—</td></tr>
</table>

①如果水泥压蒸试验合格，则水泥中氧化镁的含量(质量分数)允许放宽至 6.0%。

②如果水泥中氧化镁的含量(质量分数)大于 6.0%时，需进行水泥压蒸安定性试验并合格。

③当有更低要求时，该指标由买卖双方协商确定。

2. 碱含量(选择性指标)

水泥中碱含量按 $Na_2O+0.658K_2O$ 计算值表示。若使用活性骨料，用户要求提供低碱水泥时，水泥中的碱含量应不大于 0.60%或由买卖双方协商确定。水泥中碱含量过高，则在混凝土中遇到活性骨料时，易产生碱骨料反应，对工程造成危害。若使用活性骨料，用户要求提供低碱水泥时，水泥中碱含量不得大于 0.60%或由供需双方商定。

3. 物理指标

(1)密度。在进行混凝土配合比计算和储运硅酸盐水泥时，需要知道硅酸盐水泥的密度和堆积密度。硅酸盐水泥的密度一般在 3.05～3.15 g/cm^3，平均可取 3.1 g/cm^3，水泥密度的大小主要与水泥熟料的质量和混合材料的掺量有关。水泥的堆积密度除与水泥的组成、细度有关外，主要取决于堆积的松紧程度。其堆积程度一般在 1 000～1 600 kg/m³ 之间，通常取 1 300 kg/m³。

(2)细度。细度是指水泥颗粒的粗细程度，水泥的细度对其性质有很大影响。水泥颗粒粒径一般在 7～200 μm 范围内，颗粒愈细，与水起反应的表面积就愈大，因而水化速度较快，而且较完全，早期强度和后期强度都较高，但水泥石硬化体的收缩也愈大，且水泥在储运过程中易受潮而降低活性，从而不易储存。因此，水泥细度应适当。细度一般用比表面积法来进行表征，比表面积法是根据一定量空气通过一定空隙率和厚度的水泥层时所受阻力不同而引起流速的变化来测定水泥的比表面积（单位质量的粉末所具有的总表面积），以 m²/kg 表示，根据国家标准《通用硅酸盐水泥》(GB 175—2007/XG1—2009)的相关规定，硅酸盐水泥的细度用透气式比表面仪测定，要求其比表面积应大于 300 m²/kg。

(3)标准稠度用水量。标准稠度用水量是指水泥浆体达到规定的标准稠度时的用水量占水泥质量的百分比。“标准稠度”是人为规定的稠度，其用水量用维卡仪来测定。《通用硅酸盐水泥》(GB 175—2007/XG1—2009)没有对标准稠度用水量进行具体的规定，但标准稠度用水量的大小对水泥的一些技术性质，如凝结时间、体积安定性等的测定值有较大的影响。为了使所测得的结果有可比性，要求必须采用标准稠度的水泥净浆进行测定。

对于不同的水泥品种，水泥的标准稠度用水量各不相同，硅酸盐水泥的标准稠度用水量一般在 24%～30%之间。影响水泥标准稠度用水量的因素有矿物成分、细度、混合材料种类及掺量等。熟料矿物中 C_3A 需水量最大，C_2S 需水量最小。水泥越细，比表面积越大，需水量越大。生产水泥时掺入需水量大的粉煤灰、沸石等混合材料，将使需水量明显增大。

(4)凝结时间。凝结时间是指水泥从加水拌和开始到失去流动性，即从可塑状态发展到固体状态所需要的时间，是影响混凝土施工难易程度和速度的重要性质。凝结时间分初凝时间和终凝时间。初凝时间为水泥加水拌和起至标准稠度净浆开始失去可塑性所需的时间；终凝时间为水泥加水拌和起至标准稠度净浆完全失去可塑性并开始产生强度所需的时间。

规定水泥的凝结时间在施工中具有重要意义。为使混凝土和砂浆有充分的时间进行搅拌、运输、浇捣和砌筑，水泥初凝时间不能过短。当施工完毕后，则要求尽快硬化，具有强度，故终凝时间不能太长。

影响水泥凝结时间的因素很多，如熟料中铝酸三钙含量高或石膏掺量不足时，会使水泥快凝；水泥的细度愈细，水化作用愈快，凝结愈快；水胶比愈小、凝结时的温度愈高，凝结愈快；混合材料掺量大、水泥过粗等都会使水泥凝结缓慢。

《通用硅酸盐水泥》(GB 175—2007/XG1—2009)规定，水泥的凝结时间是以标准稠度的水泥净浆在规定温度及湿度环境下用维卡仪测定。规定硅酸盐水泥的初凝时间不得早于 45 min，终凝时间不得迟于 390 min。

(5)体积安定性。水泥的体积安定性是指水泥在凝结硬化过程中体积变化的均匀性与稳定性。如果在水泥硬化过程中产生不均匀的体积变化，即所谓体积安定性不良，就会使构件产生膨胀性裂缝，降低建筑物质量，甚至引起严重事故。

造成水泥体积安定性不良的原因，一般是由于水泥熟料中所含的游离氧化钙过多，也可能是由于熟料中所含的游离氧化镁过多或掺入的石膏过多。熟料中所含的游离氧化钙或氧化镁都是过烧的，熟化很慢，在水泥已经硬化后才能进行熟化并引起体积膨胀，使水泥石开裂。当石膏掺量过多时，在水泥硬化后，它还会继续与固态的水化铝酸钙反应生成高硫型水化硫铝酸钙,体积约增大 1.5 倍,也会引起水泥石开裂。

《通用硅酸盐水泥》(GB 175—2007/XG1—2009)规定,用沸煮法检验由游离氧化钙引起的水泥体积安定性不良,测试方法可用饼法也可用雷氏法,有争议时以雷氏法为准。饼法是将标准稠度的水泥净浆做成试饼,沸煮 3 h 后经肉眼观察未发现裂纹,用直尺检查没有弯曲,称为体积安定性合格;雷氏法是测定水泥净浆在雷氏夹中沸煮 3 h 后的膨胀值,若雷氏夹指针尖端的距离增加值不大于 5.0 mm,则称为体积安定性合格。

由于游离氧化镁的熟化比游离氧化钙更加缓慢,必须用压蒸法才能检验出它的危害作用。国家标准规定水泥中氧化镁的含量不宜超过 5.0%,如果水泥经压蒸安定性试验合格,则水泥中氧化镁含量允许放宽到 6.0%。石膏的危害需长期在常温水中才能发现,国家标准要求水泥中三氧化硫含量不得超过 3.5%。体积安定性不良的水泥应作废品处理,不能用于任何工程中。

(6)强度及强度等级。水泥的强度是水泥的重要技术指标。根据国家标准《通用硅酸盐水泥》(GB 175—2007/XG1—2009)的规定,水泥和标准砂(模拟混凝土中的骨料由粗、中、细三种砂子组成)按 1∶3 混合,用 0.5 的水胶比按规定的方法制成试件,在标准温度(20±1)℃的水中养护,测定 3 d 和 28 d 的强度。根据测定结果,将硅酸盐水泥分为 42.5、42.5R、52.5、52.5R、62.5 和 62.5R 六个强度等级。水泥按 3 d 强度分为普通型和早强型两种,其中代号 R 表示早强型水泥。硅酸盐水泥的各龄期强度不得低于表 2-6 中的数值。

表 2-6 硅酸盐水泥的各龄期强度要求 (单位:MPa)

强度等级	抗压强度		抗折强度	
	3 d	28 d	3 d	28 d
42.5	≥17.0	≥42.5	≥3.5	≥6.5
42.5R	≥22.0		≥4.0	
52.5	≥23.0	≥52.5	≥4.0	≥7.0
52.5R	≥27.0		≥5.0	
62.5	≥28.0	≥62.5	≥5.0	≥8.0
62.5R	≥32.0		≥5.5	

(7)水化热。水泥的水化反应是放热反应,水泥在水化过程中放出的热,称为水泥的水化热,通常以 J/kg 表示。水泥水化放出的热量以及放热速度主要取决于水泥的矿物组成和细度。在水泥的四种主要矿物成分中,铝酸三钙与水反应后放热量最大,速率最快,硅酸三钙放热量稍低,硅酸二钙放热量最低,速率也最慢;水泥细度越细,水泥水化越容易进行,因此,水化放热量越大,放热速率也越快。

冬期施工时,水化热有利于水泥的正常凝结硬化。对大型基础、水坝、桥墩等大体积混凝土构筑物,由于水化热积聚在内部不易散失,内部温度常上升到 50℃～60℃以上,内外温度差所引起的应力可使混凝土产生裂缝,因此水化热对大体积混凝土是有害因素,不宜采用水化热较高或放热较快的硅酸盐水泥。

(8)不溶物。不溶物是指经盐酸处理后的残渣,再以氢氧化钠溶液处理,经盐酸中和过滤后所得的残渣经高温灼烧所剩的物质。Ⅰ型硅酸盐水泥中不溶物不得超过 0.75%,Ⅱ型硅酸盐水泥中不溶物不得超过 1.50%。不溶物含量高对水泥质量有不良影响。

(9)烧失量。烧失量是指水泥在一定灼烧温度和时间内,烧失的量占原质量的百分数。Ⅰ型水泥的烧失量不得大于3.0%;Ⅱ型水泥的烧失量不得大于3.5%。

国家标准《通用硅酸盐水泥》(GB 175—2007/XG1—2009)还规定:凡细度、终凝时间、不溶物和烧失量中的任一项不符合标准规定或混合材料掺加量超过最大限量和强度低于商品强度等级的指标时为不合格品;凡氧化镁、三氧化硫、初凝时间、安定性中任一项不符合标准规定时,均为废品。

四、硅酸盐水泥的腐蚀与防止

1.腐蚀的类型

(1)软水侵蚀(溶出性侵蚀)。不含或仅含少量重碳酸盐(含 HCO_3^- 的盐)的水称为软水,如雨水、蒸馏水、冷凝水及部分江水、湖水等。当水泥石长期与软水相接触时,水化产物将按其稳定存在所必需的平衡 $Ca(OH)_2$(钙离子)含量的高低依次逐渐溶解或分解,从而造成水泥石的破坏,这就是溶出性侵蚀。

在各种水化产物中,$Ca(OH)_2$ 的溶解最大(25℃约1.3 gCaO/L),因此首先溶出,这样不仅增加了水泥石的孔隙率,使水更容易渗入,而且由于 $Ca(OH)_2$ 含量降低,还会使水化产物依次发生分解,如高碱性的水化硅酸钙、水化铝酸钙等分解成为低碱性的水化产物,并最终变成硅酸凝胶、氢氧化铝等无胶凝能力的物质。在静水及无压力水的情况下,由于周围的软水易为溶出的 $Ca(OH)_2$ 所饱和,使溶出作用停止,所以对水泥石的影响不大;但在流水及压力水的作用下,水化产物的溶出将会不断地进行下去,水泥石结构的破坏将由表及里地不断进行下去。当水泥石与环境中的硬水接触时,水泥石中的 $Ca(OH)_2$ 与重碳酸盐发生反应生成的几乎不溶于水的碳酸钙积聚在水泥石的孔隙内,形成致密的保护层,可阻止外界水的继续侵入,从而可阻止水化产物的溶出。

(2)盐类腐蚀。

1)硫酸盐腐蚀。硫酸盐腐蚀实际上是膨胀性化学腐蚀。当水泥石受到侵蚀性介质作用后生成新的化合物,由于新生成物的体积膨胀而使水泥石破坏的现象,称为膨胀性化学腐蚀,例如在海水、地下水及某些工业污水中常含有钠、钾、铵等的硫酸盐,它们与水泥石中的 $Ca(OH)_2$ 反应生成硫酸钙,硫酸钙与水泥石中固态的水化铝酸钙作用,生成比原体积增大1.5倍以上的高硫型水化硫铝酸钙(钙矾石),由于体积膨胀而使已硬化的水泥石开裂、破坏。因高硫型水化硫铝酸钙呈针状晶体,故俗称为“水泥杆菌”。

2)镁盐腐蚀。在海水及地下水中常含有大量镁盐,主要是硫酸镁和氯化镁,它们与水泥石中的氢氧化钙反应,生成易溶于水的新化合物。反应生成的 $Mg(OH)_2$ 松软而无胶凝能力;$CaCl_2$ 易溶解于水,生成的 $CaSO_4 \cdot 2H_2O$ 又将产生硫酸盐腐蚀,因此镁盐腐蚀属于双重腐蚀,腐蚀特别严重。

(3)酸类腐蚀。

1)碳酸腐蚀。工业污水、地下水中常溶解有较多的 CO_2。水中的 CO_2 与水泥石中的 $Ca(OH)_2$ 反应,生成的碳酸钙如继续与含碳酸的水作用则变成易溶于水的碳酸氢钙[$Ca(HCO_3)_2$],由于碳酸氢钙的溶失以及水泥石中其他产物的分解,而使水泥石结构破坏。

由碳酸钙转变为碳酸氢钙的反应是可逆的,只有当其中所含的碳酸超过平衡含量(溶液中的 $pH<7$)时,才形成碳酸腐蚀。

2)一般酸的腐蚀。工业废水、地下水中常含无机酸和有机酸;工业窑炉中的烟气常含有二氧化硫，遇水后即生成亚硫酸。各种酸类对水泥石也有不同程度的腐蚀作用，它们与水泥石中的$Ca(OH)_2$作用后生成的化合物，或者易溶于水，或者体积膨胀而导致水泥石破坏。对水泥石腐蚀作用最快的是无机酸中的盐酸、氢氟酸、硫酸和有机酸中的醋酸、蚁酸和乳酸：盐酸与水泥石中$Ca(OH)_2$作用，生成的氯化钙易溶于水而导致化学腐蚀型破坏；硫酸与水泥石中的$Ca(OH)_2$作用，生成的石膏对水泥石产生硫酸盐膨胀型破坏。

除了上述三种类型外，还有一些如糖类、脂肪、强碱性物质对水泥石也有腐蚀作用。

2. 腐蚀的防止

水泥石腐蚀，实际上是一个极为复杂的物理化学作用过程，且很少为单一的腐蚀作用，通常是几种作用同时存在，互相影响。发生水泥石腐蚀的基本原因是：水泥石中存在易受腐蚀的$Ca(OH)_2$和水化铝酸钙；水泥石本身不密实而使侵蚀性介质易于进入其内部；外界因素的影响，如腐蚀介质的存在，环境温度、湿度、介质含量的影响等。

根据以上腐蚀原因的分析，可采取下列防腐蚀的措施：

(1)根据侵蚀环境的特点合理选用水泥品种如选用水化物中$Ca(OH)_2$含量少的水泥，可以提高对软水等侵蚀作用的抵抗能力；为了抵抗硫酸盐腐蚀，可使用铝酸三钙质量分数低于5%的抗硫酸盐水泥等。

(2)提高水泥石的密实度。水泥石越密实，抗渗能力越强，侵蚀介质就越难渗入内部，水泥石的抗侵蚀能力也越强。为了提高水泥混凝土的密实度，应该合理设计混凝土的配合比，尽可能采用低水胶比和选择最优施工方法。

(3)加保护层。用耐腐蚀的石料、陶瓷、塑料、沥青等覆盖于水泥石的表面，以防止腐蚀介质与水泥石直接接触。

五、硅酸盐水泥的特性与应用

1. 硅酸盐水泥的特性

硅酸盐水泥的特性见表2-7。

表2-7　硅酸盐水泥的特性

特　性	内　容
凝结硬化快，强度高	硅酸盐水泥中含有较多的熟料，硅酸三钙含量大，其早期强度和后期强度均较高。根据其自身的特点，硅酸盐水泥常用于重要结构的级配混凝土和预应力混凝土工程中，尤其适用于早期强度要求较高的工程及冬期施工的工程，地上、地下重要结构物及高强混凝土和预应力凝土工程
抗冻性好	硅酸盐水泥采用较低的水胶比并经充分养护，可获得较低孔隙率的水泥石，具有较高的密实度。因此，适用于严寒地区遭受反复冻融的混凝土工程
耐磨性好	硅酸盐水泥强度高，耐磨性好，适用于道路、地面等对耐磨性要求高的工程
碱度高，抗碳化能力强	碳化是指水泥石中的氢氧化钙与空气中的二氧化碳反应生成碳酸钙的过程。碳化会使水泥石内部碱度降低，从而使其中的钢筋发生锈蚀。其机理为：钢筋混凝土中的钢筋如处于碱性环境中，在其表面会形成一层灰色的钝化膜，保护其中的钢筋不被锈蚀

续上表

特 性	内 容
水化热大	硅酸盐水泥石中含有大量的硅酸三钙和铝酸三钙，水化时放热速度快且放热量大，用于冬期施工可避免冻害，但高水化热对大体积混凝土工程不利，所以不适用于大体积混凝土工程 耐腐蚀性差硅酸盐水泥石的氢氧化钙及水化铝酸钙较多，耐软水及耐化学腐蚀能力差，故不适用于经常与流动的淡水接触及有水压作用的工程，也不适用于受海水、矿物水、硫酸盐等作用的工程
耐热性差	硅酸盐水泥石中的水化产物在250℃～300℃时会产生脱水，强度开始下降，当温度达到700℃～1 000℃时，水化产物分解，水泥石的结构几乎完全破坏，所以硅酸盐水泥不适用于有耐热、高温要求的混凝土工程

2. 硅酸盐水泥的应用

硅酸盐水泥强度较高，常用于重要结构的高等级混凝土和预应力混凝土工程中，由于硅酸盐水泥凝结硬化较快，抗冻和耐磨性好，因此也适用于要求凝结快、早期强度高、冬期施工及严寒地区遭受反复冻融的工程。

硅酸盐水泥水化后含有较多的氢氧化钙，因此其水泥石抵抗软水侵蚀和抗化学腐蚀的能力差，不宜用于受流动的软水和有水压作用的工程，也不宜用于受海水和矿物水作用的工程，由于硅酸盐水泥水化时放出的热量大，因此不宜用于大体积混凝土工程中，不能用硅酸盐水泥配制耐热混凝土，也不宜用于耐热要求高的工程中。

六、硅酸盐水泥的储运与管理

硅酸盐水泥的储运与管理方法见表2-8。

表2-8 硅酸盐水泥的储运与管理方法

项 目	内 容
防止受潮	水泥为吸湿性强的粉状材料，遇有水湿后，即发生水化反应。在运输程中，要采取防雨、雪措施，在保管中要严防受潮。在现场短期存放袋装水泥时，应选择地势高、平坦坚实、不积水的地点，先垫高垛底，铺上油毡或钢板后，将水泥码放规整，垛顶用苫布盖好盖牢。如专供现场搅拌站用料，且时间较长，应搭设简易棚库，同样做好上苫、下垫。 较永久性集中供应水泥的料站，应设有库房。库房应不漏雨，应有坚实平整的地面，库内应保持干燥通风。码放水泥要有垫高的垛底，垛底距地面应在30 cm以上，垛边离开墙壁应至少20 cm以上。 散装水泥应有专门运输车，直接卸入现场的特制贮仓。贮仓一般临近现场搅拌站设置，贮仓的容量要适当，要便于装入和取出
防止水泥过期	水泥即使在良好条件下存放，也会因吸湿而逐渐失效。因此，水泥的贮存期不能过长。一般品种的水泥，贮存期不得超过3个月，特种水泥还要短些。过期的水泥，强度下降，凝结时间等技术性能将会改变，必须经过复检才能使用。

续上表

项 目	内 容
防止水泥过期	因此，从水泥收进时起，要按出厂日期不同分别放置和管理，在安排存放位置时，就要精心布置，以便于做到早出厂的早发。要有周密的进、发料计划，预防水泥压库
避免水泥品种混乱	严防水泥品种、强度等级、出厂日期等在保管中发生混乱，特别是不同成分系列的水泥混乱。水泥的混乱，必然发生错用水泥的工程事故
加强管理	加强水泥应用中的管理，加强检查，坚持限额领料，杜绝使用中的各种浪费现象。 一般情况下，设计单位不指定水泥品种，要发挥施工部门合理选用水泥品种的自主性。要弄清不同水泥的特性和适用范围，做到物尽其用，最大限度地提高技术经济效益。要有强度等级的概念，选用水泥的强度等级要与构筑物的强度要求相适应，用高强度等级的水泥配制低等级的混凝土或砂浆，是当前水泥应用中的最大浪费。要努力创造条件，推广使用散装水泥，推广使用商品混凝土

第二节 掺混合材料的硅酸盐水泥

一、水泥混合材料

1. 活性混合材料

常温下能与石灰、石膏或硅酸盐水泥一起就加水拌和后能发生水化反应，生成具有胶凝能力的水化产物，且既能在水中又能在空气中硬化的称为活性混合材料。常用的活性混合材料有粒化高炉矿渣、火山灰质混合材料和粉煤灰。

(1)粒化高炉矿渣。将高炉炼铁矿渣在高温液态卸出时经冷淬处理，使其成为质地疏松、多孔的颗粒状态，称为粒化高炉矿渣，其主要化学成分为 CaO、Al_2O_3、SiO_2，它们的总含量在90%以上，此外还有少量的 MgO、FeO 和一些硫化物等。矿渣熔体在淬冷成粒时，阻止了熔体向结晶结构转变而形成玻璃体，因此具有潜在水硬性，即粒化高炉矿渣在有少量激发剂的情况下其浆体具有水硬性。

(2)火山灰质混合材料。火山灰、凝灰岩、硅藻石、烧黏土、煤渣、煤矸石渣等都属于火山灰质混合材料。这些材料都含有活性 Al_2O_3 和活性 SiO_2，经磨细后，在 $Ca(OH)_2$ 的碱性作用下可在空气中硬化，之后在水中继续硬化增加强度。

(3)粉煤灰。火电厂的燃料煤粉燃烧后，从电厂煤粉炉烟道气体中收集的粉末，称之为粉煤灰。其主要化学成分为 SiO_2 和 $A1_2O_3$，含有少量 CaO，具有火山灰活性。按煤种分为F类和C类，可以袋装或散装。袋装每袋净含量为25 kg或40 kg。包装袋上应标明产品名称(F类或C类)、等级、分选或磨细、净含量、批号、执行标准等。

2. 非活性混合材

非活性混合材经磨细后加入水泥中不具有或只具有微弱的化学活性，在水泥水化中基本上不参加化学反应，仅起提高产量、调节水泥强度等级、节约水泥熟料的作用，因此又称为填充性混合材料，如石英砂、石灰石、黏土等以及不符合技术要求的粒化高炉矿渣、粉煤灰及火山灰质混合材料等。

二、掺混合材料的硅酸盐水泥

1. 普通硅酸盐水泥

(1)含义。凡由硅酸盐水泥熟料、6%～15%混合材料、适量石膏磨细制成的水硬性胶凝材料,称为普通硅酸盐水泥,简称普通水泥,代号P·O。

(2)普通硅酸盐水泥的生产。生产普通硅酸盐水泥掺加混合材料的最大量不得超过15%,其中允许用不超过水泥成品质量5%的窑灰或不超过10%的非活性混合材料来代替。掺加非活性混合材料时,其最大掺量不得超过水泥成品质量的10%。

(3)强度等级。按照国家标准《通用硅酸盐水泥》(GB175—2007/XG1—2009)的规定,普通硅酸盐水泥分42.5、42.5R、52.5、52.5R四个强度等级。普通硅酸盐水泥各龄期的强度等级见表2-9。

表2-9 普通硅酸盐水泥各龄期的强度等级 (单位:MPa)

<table>
<tr><th rowspan="2">强度等级</th><th colspan="2">抗压强度</th><th colspan="2">抗折强度</th></tr>
<tr><th>3 d</th><th>28 d</th><th>3 d</th><th>28 d</th></tr>
<tr><td>42.5</td><td>≥17.0</td><td rowspan="2">≥42.5</td><td>≥3.5</td><td rowspan="2">≥6.5</td></tr>
<tr><td>42.5R</td><td>≥22.0</td><td>≥4.0</td></tr>
<tr><td>52.5</td><td>≥23.0</td><td rowspan="2">≥52.5</td><td>≥4.0</td><td rowspan="2">≥7.0</td></tr>
<tr><td>52.5R</td><td>≥27.0</td><td>≥5.0</td></tr>
</table>

(4)性质。普通硅酸盐水泥与硅酸盐水泥相比,熟料用量稍有减少,混合材料的用量略有增多,因此其性能与硅酸盐水泥基本接近。

(5)凝结时间。初凝时间不得小于45 min;终凝时间不得大于10 h。在80 μm方孔筛上的筛余不得超过10.0%。

(6)烧失量。普通水泥的烧失量不得大于5.0%,其他如氧化镁、三氧化硫、碱含量等均与硅酸盐水泥的规定相同。

(7)安定性。普通水泥的安定性用沸煮法检验必须合格。

2. 矿渣硅酸盐水泥

(1)含义。凡由硅酸盐水泥熟料和粒化高炉矿渣、适量石膏磨细制成的水硬性胶凝材料称为矿渣硅酸盐水泥,简称矿渣水泥,代号P·S。

(2)矿渣硅酸盐水泥的生产。炉矿渣掺加量按质量百分比计为20%～70%。允许用石灰石、窑灰、粉煤灰和火山灰质混合材料中的一种材料代替矿渣,代替数量不得超过水泥质量的8%,代替后粒化高炉矿渣不得少于20%。

(3)强度等级为32.5、32.5R、42.5、42.5R、52.5、52.5R六个等级。

(4)细度、体积安定性、凝结时间的要求同普通硅酸盐水泥。

(5)特点及适用范围。矿渣硅酸盐水泥早期强度低,后期强度增长较快;水化热较小;耐热性好;耐硫酸盐侵蚀和耐水性较好。因此适用于高温车间和有耐热耐火要求的混凝土结构;大体积混凝土结构;蒸汽养护的混凝土构件;一般地,上、地下和水中的混凝土结构和有抗硫酸盐侵蚀要求的一般工程。由于矿渣硅酸盐水泥抗冻性差、干缩性大、抗硬化能力差,早期强度要求较高的工程；和严寒地区、处在水位升降范围内的混凝土结构中不适用。

3.粉煤灰硅酸盐水泥

(1)含义。凡由硅酸盐水泥熟料和粉煤灰、适量石膏磨细制成的水硬性胶凝材料称为粉煤灰硅酸盐水泥，简称粉煤灰水泥，代号P・F。

(2)粉煤灰硅酸盐水泥的生产。熟料+(20%～40%)粉煤灰+石膏。

(3)强度等级：32.5、32.5R、42.5、42.5R、52.5、52.5R六个等级。

(4)细度、体积安定性、凝结时间的要求同普通硅酸盐水泥。

(5)适用范围。粉煤灰水泥在地上、地下、水中及大体积混凝土结构；蒸汽养护的混凝土构件和有抗硫酸盐侵蚀要求的一般工程应用比较广泛。在有抗老化要求的工程中不适用。

4.火山灰质硅酸盐水泥

(1)含义。凡由硅酸盐水泥熟料和火山灰质混合材料、适量石膏磨细制成的水硬性胶凝材料称为火山灰质硅酸盐水泥，简称火山灰水泥，代号P・P。

(2)火山灰质硅酸盐水泥的生产。熟料+(20%～50%)火山灰+石膏。

(3)强度等级：32.5、32.5R、42.5、42.5R、52.5、52.5R六个等级。

(4)细度、体积安定性、凝结时间的要求同普通硅酸盐水泥。

(5)特点及适用范围。火山灰质硅酸盐水泥抗渗性好；耐热性可能较差，因此在地下、水中大体积混凝土结构和有抗渗性要求的混凝土结构；蒸汽养护的混凝土构件；一般混凝土结构和有抗硫酸盐侵蚀要求的一般工程经常适用。处在干燥环境的工程，要求快硬及高强(大于400°)混凝土有腐性要求的混凝土中不适用。

以上后三种水泥中的三氧化硫含量要求，矿渣水泥不得超过4.0%，其余两种水泥不得超过3.5%。而氧化镁和碱含量以及细度、凝结时间和体积安定性的要求与普通水泥相同。矿渣水泥、火山灰水泥、粉煤灰水泥各龄期的强度要求见表2-10。

表2-10　矿渣水泥、火山灰水泥、粉煤灰水泥各龄期的强度等级　(单位：MPa)

<table>
<tr><th rowspan="2">强度等级</th><th colspan="2">抗压强度</th><th colspan="2">抗折强度</th></tr>
<tr><th>3 d</th><th>28 d</th><th>3 d</th><th>28 d</th></tr>
<tr><td>32.5</td><td>≥10.0</td><td rowspan="2">≥32.5</td><td>≥2.5</td><td rowspan="2">≥5.5</td></tr>
<tr><td>32.5R</td><td>≥15.0</td><td>≥3.5</td></tr>
<tr><td>42.5</td><td>≥15.0</td><td rowspan="2">≥42.5</td><td>≥3.5</td><td rowspan="2">≥6.5</td></tr>
<tr><td>42.5R</td><td>≥19.0</td><td>≥4.0</td></tr>
<tr><td>52.5</td><td>≥21.0</td><td rowspan="2">≥52.5</td><td>≥4.0</td><td rowspan="2">≥7.0</td></tr>
<tr><td>52.5R</td><td>≥23.0</td><td>≥4.5</td></tr>
</table>

以上三种水泥与硅酸盐水泥或普通硅酸盐水泥相比，它们的特点是：水化放热速度慢，放热量低，凝结硬化速度较慢，早期强度较低，但后期强度增长较多，甚至可超过同等级的硅酸盐水泥；这三种水泥对温度灵敏性较高，温度低时硬化较慢，当温度达到70℃以上时，硬化速度大大加快，甚至可超过硅酸盐水泥的硬化速度；由于混合材料水化时消耗了一部分氢氧化钙，水泥石中氢氧化钙含量减少，因此，这三种水泥抗软水及硫酸盐腐蚀的能力较硅酸盐水泥强，但它们的抗冻性较差；矿渣水泥和火山灰水泥的干缩值大，矿渣水泥的耐热性较好，粉煤灰水泥干缩值较小，抗裂性较好。

矿渣水泥、火山灰水泥、粉煤灰水泥除适用于地面工程外，特别适用于地下和水中的一般混凝土和大体积混凝土结构以及蒸汽养护的混凝土构件，也适用于一般抗硫酸盐侵蚀的工程。

5. 复合硅酸盐水泥

(1)含义。凡由硅酸盐水泥熟料、两种或两种以上规定的混合材料、适量石膏磨细制成的水硬性胶凝材料称为复合硅酸盐水泥，简称复合水泥，代号 P·C。

(2)复合硅酸盐水泥的生产。水泥中混合材料总掺加量按质量百分比计应大于 15%，但不超过 50%。水泥中允许用不超过 8%的窑灰代替部分混合材料；掺矿渣时混合材料掺量不得与矿渣硅酸盐水泥重复。

(3)强度等级。32.5、32.5R、42.5、42.5R、52.5、52.5R 六个等级。复合硅酸盐水泥各龄期强度要求同表 2-10。

(4)氧化镁及三氧化硫的含量。复合水泥熟料中氧化镁的含量不得超过 5.0%。如蒸压安定性合格，则含量允许放宽到 6.0%。水泥中三氧化硫含量不得超过 3.5%。

(5)细度。水泥细度以 80 μm 方孔筛筛余计不得超过 10%。

(6)凝结时间。初凝时间不得早于 45 min，终凝时间不得迟于 10 h。

(7)安定性。安定性用沸煮法检验必须合格。

复合水泥掺入了两种或两种以上规定的混合材料，矿渣与粉煤灰复掺，水泥石更加密实，明显改善了水泥的性能。总之，复合水泥的特性取决于所掺两种混合材料的种类、掺量及相对比例，与矿渣水泥、火山灰水泥、粉煤灰水泥有不同程度的相似，其使用应根据所掺入的混合材料种类参照其他掺混合材料水泥的适用范围和工程实践经验选用。

6. 掺混合材料的水泥的技术特点

(1)凝结硬化速度慢，早期强度低，后期强度高。

(2)水化放热速度慢，放热量低。

(3)对温度敏感性高，温度低时影响强度发展。

(4)抗腐蚀性好；矿渣水泥耐热性好。

(5)适于水下、大体积混凝土结构和蒸养的混凝土构件。

(6)不适于抗冻、干燥地区的混凝土工程。

第三节 其他品种水泥

一、铝酸盐水泥

1. 铝酸盐水泥的组成、水化与硬化

铝酸盐水泥的主要化学成分是：CaO、$A1_2O_3$、SiO_2，生产原料是铝矾土和石灰石。铝酸盐水泥的主要矿物成分是铝酸一钙($CaO \cdot Al_2O_3$，简写式为 CA)和二铝酸一钙($CaO \cdot 2Al_2O_3$，简写式为 CA_2)，此外还有少量的其他铝酸盐和硅酸二钙。铝酸一钙是铝酸盐水泥的最主要矿物，具有很高的活性，其特点是凝结正常、硬化迅速，是铝酸盐水泥强度的主要来源。二铝酸一钙的凝结硬化慢，早期强度低，但后期强度较高。二铝酸一钙的含量过多将影响水泥的快硬性能。铝酸盐水泥的水化产物与温度密切相关，主要是十水铝酸一钙($CaO \cdot Al_2O_3 \cdot 10H_2O$，简写式为 CAH_{10})、八水铝酸二钙($2CaO \cdot A1_2O_3 \cdot 8H_2O$，简写式为 C_2AH_8)和铝胶($A1_2O_3 \cdot 3H_2O$)。CAH_{10}和 C_2AH_8 为片状或针状的晶体，它们互相交错搭接，形成坚固的结晶连生体骨架，同时生成的铝胶填充于晶体骨架的空隙中，形成致密的水泥石结构，因此强度较高。水化 5～7 d 后，水化物的数量很少增长，故铝酸盐水泥的早期强度增长很快，后期强度增进很小。

特别需要指出的是，CAH_{10} 和 C_2AH_8 都是不稳定的，会逐步转化为 C_3AH_6，温度升高则转化加快，晶体转变的结果是使水泥石内析出了游离水，增大了孔隙率；同时也由于 C_3AH_6 本身强度较低，且相互搭接较差，所以水泥石的强度明显下降，后期强度可能比最高强度降低达40%以上。

2. 铝酸盐水泥的技术性质

(1)化学成分。铝酸盐水泥的化学成分要求见表 2-11。

表 2-11 铝酸盐水泥的化学成分要求

化学成分（质量分数，%）	Al_2O_3	SiO_2	Fe_2O	$R+O+Na_2O+0.658\ K_2O$	S(全硫)
CA－50	≥50，<60	≤8.0	≤2.5	≤0.40	≤0.1
CA－60	≥60，<68	≤5.0	≤2.0		
CA－70	≥50，<77	≤1.0	≤0.7		
CA－80	≥77	≤0.5	≤0.5		

(2)细度要求 45 μm 方孔筛筛余（质量分数）不得超过 20%，或比表面积不小于 300 m^2/kg，由供需双方商定，在无约定的情况下发生争议时以比表面积为准。

(3)铝酸盐水泥的类型及各龄期的强度见表 2-12。

表 2-12 铝酸盐水泥的类型及各龄期的强度 （单位：MPa）

水泥类型	抗压强度				抗折强度			
	6 h	1 d	3 d	28 d	6 h	1 d	3 d	28 d
CA－50	20①	40	50	—	3.0①	5.5	6.5	—
CA－60	—	20	45	85	—	2.5	5.0	10.0
CA－70	—	30	40	—	—	5.0	6.0	—
CA－80	—	25	30	—	—	4.0	5.0	—

①当用户需要时，生产厂应提供结果。

(4)凝结时间。CA－50、CA－70、CA－80 水泥的初凝时间不得早于 30 min，终凝时间不得迟于 6 h；CA－60 水泥的初凝时间不得早于 60 min，终凝时间不得迟于 18 h。

3. 铝酸盐水泥的特点及适用范围

(1)快硬早强。1 d 强度高，适用于紧急抢修工程。

(2)水化热大。放热量主要集中在早期，1 d 内即可放出水化总热量的 70%～80%，因此不宜用于大体积混凝土工程，但适用于寒冷地区冬期施工的混凝土工程。

(3)抗硫酸盐侵蚀性好。是因为铝酸盐水泥在水化后几乎不含有 $Ca(OH)_2$，且结构致密，适用于抗硫酸盐及海水侵蚀的工程。

(4)耐热性好。是因为不存在水化产物 $Ca(OH)_2$ 在较低温度下的分解，且在高温时水化产物之间发生固相反应，生成新的化合物，因此铝酸盐水泥可作为耐热砂浆或耐热混凝土的胶结材料，能耐 1 300℃～1 400℃高温。

(5)长期强度要降低。随时间延长铝酸盐水泥的长期强度一般降低 40%～50%，因此不宜用于长期承载结构，且不宜用于高温环境中的结构工程。

二、快硬型水泥

1. 快硬硅酸盐水泥

快硬硅酸盐水泥是以硅酸盐水泥熟料和适量石膏磨细制成的，以 3 d 抗压强度表示强度等级的水硬性胶凝材料。

快硬硅酸盐水泥的生产方法与普通水泥基本相同，主要依靠调节矿物组成及控制生产措施，使制得的成品的性质符合要求。主要措施包括：原料含有害杂质较少；设计合理的矿物组成，其硅酸三钙和铝酸三钙含量较高，前者含量为 50%～60%，后者为 8%～14%；水泥的比表面积较大，一般控制在 330～450 m^2/kg。

快硬硅酸盐水泥的初凝不得早于 45 min，终凝不得迟于 10 h，氧化镁含量不能高于 5%，三氧化硫含量不得超过 4%，且快硬水泥的安定性(沸煮法检验)必须合格。

快硬硅酸盐水泥，按规定方法测得的强度划分强度等级，对其初凝、终凝、安定性、细度、三氧化硫的含量、熟料中氧化镁含量都规定有技术指标。快硬硅酸盐水泥主要适用于要求早期强度高的工程、紧急抢修工程、冬季施工工程和预应力混凝土及预制构件。

2. 快硬铁铝酸盐水泥

适当成分的生料，经煅烧所得以无水硫铝酸钙、铁相和硅酸二钙为主要矿物成分的熟料，加入适量石膏和 0～10%的石灰石，经磨细制成的早期强度高的水硬性胶凝材料，称为快硬铁铝酸盐水泥，代号 R·FAC。其中石膏应符合《天然石膏》(GB/T 5483—2008)中的要求。

该水泥比表面积不小于 350 m^2/kg。初凝时间不早于 25 min，终凝不迟于 3 h。强度等级以 3 d 抗压强度表示，分为 42.5、52.5、62.5、72.5 四个等级。

快硬铁铝酸盐水泥具有早强和高强特性，长期强度可靠，还具有很好的耐海水侵蚀和耐铵盐侵蚀的能力。该水泥水化后液相碱度较高、pH 值为 11.5～12.5，对钢筋不会产生锈蚀，加之水化产物中有较多的铁胶和铝胶而使水泥石结构致密。该水泥适用于要求快硬、早强、耐腐蚀、负温施工的海工、道路等工程。

3. 快硬硫铝酸盐水泥

适当成分的生料，经煅烧所得以无水硫铝酸钙和硅酸二钙为主要矿物成分的熟料，加入适量石膏和 0～10%的石灰石，经磨细制成的早期强度高的水硬性胶凝材料，称为快硬硫铝酸盐水泥，代号 R·SAC。其中石膏应符合《天然石膏》(GB/T 5483—2008)中的要求。

快硬硫铝酸盐水泥熟料中的无水硫铝酸钙水化很快，水化过程中能够很快地与掺入的石膏反应生成钙矾石，并产生大量的氢氧化钙胶体。生成的大量钙矾石会迅速结晶形成水泥石骨架，使水泥浆凝结时间要比硅酸盐水泥大为缩短。此后随着氢氧化钙凝胶体和水化硅酸的不断生成，水泥石结构不断被填充而逐渐致密，强度发展很快，从而获得较高的早期强度。

硫铝酸盐水泥早期强度高，抗硫酸盐腐蚀的能力强。因此工程中可以利用其早强的特点，应用于冬期施工、抢修或修补工程。利用其抗腐蚀的能力，配制有抗腐蚀性要求的水泥混凝土。此外，硫铝酸盐水泥的碱度低，对于需要低碱水泥的工程特别适合，如玻璃纤维水泥及混凝土的结构或构件。

三、道路硅酸盐水泥

凡由适当成分的生料烧至部分熔融，得到以硅酸钙为主要成分和较多量铁铝酸钙的硅酸盐水泥熟料，称为道路硅酸盐水泥熟料。由道路硅酸盐水泥熟料、适量石膏磨细制成的水硬性胶凝材料称为道路硅酸盐水泥，简称道路水泥。

由于水泥混凝土路面要承受高速重载车辆反复的冲击、振动和摩擦作用，要承受各种恶劣气候如夏季高温和暴雨时的骤冷、冬季的冻融循环，路面和路基由温差造成的膨胀应力等，这些不利因素都会造成路面损坏，使耐久性下降。因而，要求水泥混凝土路面具有良好的力学性能，尤其是抗折强度要高，还要有足够的抗干缩变形能力和耐磨性，此外，对其抗冻性和抗硫酸盐腐蚀性也要求较高。因此，需要生产能满足道路使用要求的水泥。

《道路硅酸盐水泥》(GB 13693—2005)规定，道路硅酸盐水泥熟料中铝酸三钙的含量不得大于5.0%，铁铝酸四钙的含量不得小于16.0%。游离氧化钙的含量，旋窑生产应不大于1.0%；立窑生产应不大于1.8%。道路水泥分为32.5级、42.5级和52.5级三个等级，水泥的等级与各龄期的强度见表2-13。

表2-13 道路水泥的等级与各龄期的强度 (单位：MPa)

强度等级	抗折强度		抗压强度	
	3 d	28 d	3 d	28 d
32.5	≥3.5	≥6.5	≥16.0	≥32.5
42.5	≥4.0	≥7.0	≥21.0	≥42.5
52.5	≥5.0	≥7.5	≥26.0	≥52.5

道路水泥的主要特性是早期强度高、干缩值较小、抗折强度较高、抗冻性和抗冲击性能好，弹性模量较小，主要用于道路路面、飞机跑道、车站、公共广场等对耐磨、抗干缩性能要求较高的混凝土工程。

《道路硅酸盐水泥》(GB 13693—2005)规定的技术要求如下：

(1)水泥中氧化镁含量应不大于5.0%。

(2)水泥中三氧化硫含量应不大于3.5%。

(3)水泥烧失量应不大于3.0%。

(4)水泥比表面积为300～450 m^2/kg。

(5)水泥的初凝不得早于1.5 h，终凝不得迟于10 h。

(6)水泥安定值用沸煮法检验，必须合格。

(7)28 d干缩率应不大于0.1%。

(8)28 d磨耗量应不大于3.0 kg/m^2。

(9)水泥的强度等级按规定龄期的抗压和抗折强度划分，各龄期的抗压强度和抗折应不低于表2-13的数值。

四、膨胀水泥

掺入由胶凝物质和膨胀剂混合而成的胶凝材料，在水化硬化过程中产生体积膨胀的水泥，属于膨胀型水泥。如前所述，硅酸盐水泥的共同特点是在凝结硬化过程中，由于化学反应、水分蒸发等原因，将产生一定量的体积收缩，从而使混凝土内部产生裂缝，影响其强度和耐久性。而膨胀水泥则通过掺入膨胀组分，使水泥在硬化过程中不但不收缩，而且会产生一定量的膨胀，以达到补偿收缩、增加结构密实度以及获得预加应力的目的。

根据在约束条件下所产生的膨胀量（自应力值）和用途，膨胀型水泥可分为收缩补偿型膨胀水泥（简称膨胀水泥）及自应力型膨胀水泥（简称自应力水泥）两大类。前者表示水泥水化硬化过程中的体积膨胀，在实用上具有补偿因普通水泥在水化时所产生的收缩的性能，其自应力值小于 2.0 MPa，通常为 0.5 MPa，因而可减少和防止混凝土的收缩裂缝，并增加其密实度；后者表示水泥水化硬化后的体积膨胀，即能使砂浆或混凝土在受约束条件下产生可应用的化学预应力（常称自应力）的性能，其自应力水泥砂浆或混凝土膨胀变形稳定后的自应力值不小于 2.0 MPa。自应力水泥适用于生产钢筋混凝土压力管及其配件等。

根据膨胀水泥的基本组成，可分为以下几类：

(1)以硅酸盐水泥为基础的膨胀水泥。以硅酸盐水泥为主，外加铝酸盐水泥和石膏等膨胀组分配制而成。如膨胀硅酸盐水泥和自应力硅酸盐水泥等。

(2)以铝酸盐水泥为基础的膨胀水泥。由铝酸盐水泥熟料和适量石膏配制而成。如石膏矾土膨胀水泥、自应力铝酸盐水泥等。

(3)以铁铝酸盐水泥为基础的膨胀水泥。由铁铝酸盐水泥熟料加入适量石膏磨细而成。有膨胀和自应力铁铝酸盐水泥。

(4)以硫铝酸盐水泥为基础的膨胀水泥。由硫铝酸盐水泥熟料加入适量石膏磨细而成。包括膨胀与自应力硫铝酸盐水泥。

上述水泥的膨胀作用，主要是由水泥水化硬化过程中形成的钙矾石所致。通过调整各组成的配合比例，可得到不同膨胀值的膨胀水泥。

膨胀水泥适用于防水砂浆和防水混凝土，由于硬化过程中的膨胀作用，使混凝土结构密实，抗渗性强；膨胀型水泥还适用于填灌构件的接缝及管道接头；结构的加固和补修，有利于新旧混凝土的连接；固结机器底座及地脚螺栓。

五、白色及彩色硅酸盐水泥

1. 白色硅酸盐水泥

由白色硅酸盐水泥熟料加入适量石膏，经磨细制成的水硬性胶凝材料称为白色硅酸盐水泥（简称白水泥）。磨制水泥时，允许加入不超过水泥质量 5% 的石灰石或窑灰作为外加物。水泥粉磨时允许加入不损害水泥性能的助磨剂，加入量不超过水泥质量的 1%。

白色硅酸盐水泥熟料，是以适当成分的生料烧至部分熔融，所得以硅酸钙为主要成分，氧化铁含量少的熟料。为了保证色彩要求，对原材料的成分及生产工艺要求很严格，白水泥要求使用含着色杂质（铁、铬、锰等）极少的较纯原料，如纯净的高岭土、纯石英砂、纯石灰石、白垩等。在煅烧、粉磨、运输、包装过程中，应防止着色杂质混入。同时，对磨机衬板要求采用质坚的花岗岩、陶瓷或优质耐磨特殊钢等；研磨体应采用硅质卵石（白卵石）或人造瓷球等；燃料应为无灰分的天然气或液体燃料。

白色水泥熟料中氧化镁含量不宜超过 5.0%，如果水泥经压蒸安定性试验合格，则熟料中氧化镁的含量允许放宽到 6.0%。白色硅酸盐水泥强度等级分为 32.5 级、42.5 级和 52.5 级三个等级。白色硅酸盐水泥的等级及各龄期的强度的强度见表 2-14。

表 2-14　白色硅酸盐水泥的等级及各龄期的强度　（单位：MPa）

强度等级	抗压强度		抗折强度	
	3 d	28 d	3 d	28 d
32.5	≥12.0	≥32.5	≥2.5	≥5.5
42.5	≥17.0	≥42.5	≥3.5	≥6.5
52.5	≥22.0	≥52.5	≥4.0	≥7.0

《白色硅酸盐水泥》(GB 2015—2005)规定的技术要求如下：

(1)水泥中的三氧化硫的含量应不超过 3.5%。

(2)细度要求 80 μm 方孔筛筛余不得超过 10%。

(3)初凝不得早于 45 min，终凝不得迟于 10 h。

(4)安定性用沸煮法检验，必须合格。

(5)水泥白度值应不低于 87。

(6)水泥强度等级按规定的抗压和抗折强度来划分，各等级的各龄期强度不得低于表2-14规定的数值。

2.彩色硅酸盐水泥

彩色硅酸盐水泥简称彩色水泥，按生产方法可分为两大类。一类是在白水泥的生料中加少量金属氧化物，直接烧成彩色水泥熟料，然后再加适量石膏磨细而成。另一类为白水泥熟料、适量石膏和碱性颜料共同磨细而成。后者所用颜料，要求不溶于水且分散性好，耐碱性强，抗大气稳定性好，掺入水泥中不显著降低其强度，且不含有可溶盐类。通常采用的颜料有氧化铁(红、黄、褐、黑色)、二氧化锰(黑、褐色)、氧化铬(绿色)、赭石(赭色)、群青蓝(蓝色)等，但配制红、褐、黑等深色水泥时，可用普通硅酸盐水泥熟料。彩色水泥的凝结时间一般比白水泥快，其程度随颜料的品种和掺量不同而异。强度一般因掺入颜料而降低。

彩色硅酸盐水泥的等级及各龄期的强度见表 2-15。

表 2-15　彩色硅酸盐水泥的等级及各龄期的强度　（单位：MPa）

强度等级	抗压强度		抗折强度	
	3 d	28 d	3 d	28 d
27.5	≥7.5	≥27.5	≥2.0	≥5.0
32.5	≥10.0	≥32.5	≥2.5	≥5.5
42.5	≥15.0	≥42.5	≥3.5	≥6.5

《彩色硅酸盐水泥》(JC/T 870—2000)规定的技术要求如下：

(1)水泥中三氧化硫的含量不应超过 4.0%。

(2)细度要求 80 μm 方孔筛筛余不得超过 6.0%。

(3)初凝不得早于 1 h，终凝不得迟于 10 h。

(4)安定性用沸煮法检验，必须合格。

六、中热硅酸盐水泥、低热硅酸盐水泥和低热矿渣硅酸盐水泥

中热硅酸盐水泥，是以适当成分的硅酸盐水泥熟料加入适量石膏磨细制成的具有中等水

化热的水硬性胶凝材料，代号为 P·MH。中热硅酸盐水泥熟料中的 C_3A 含量不得超过 6%，C_3S 含量不得超过 55%，其强度等级为 42.5。

低热硅酸盐水泥简称低热水泥，是以适当成分的硅酸盐水泥熟料加入适量石膏磨细制成的具有低水化热的水硬性胶凝材料，代号为 P·LH。其强度等级为 42.5。

以适当成分的硅酸盐水泥熟料加入矿渣、适量石膏，磨细制成的具有低水化热的水硬性胶凝材料称为低热矿渣硅酸盐水泥，代号为 P·SLH。水泥中粒化高炉矿渣掺量按质量百分比计为 20%～60%，允许用不超过混合材总量 50%的磷渣或粉煤灰代替部分矿渣。低热矿渣水泥强度等级为 32.5。

中热硅酸盐水泥、低热硅酸盐水泥和低热矿渣硅酸盐水泥的强度和水化热指标见表 2-16。

表 2-16　中热硅酸盐水泥、低热硅酸盐水泥和低热矿渣硅酸盐水泥的强度和水化热指标

品　种	强度等级	内容或指标								
		抗压强度(MPa)　≥			抗折强度(MPa)　≥			水化热(kJ/kg)　≤		
		3 d	7 d	28 d	3 d	7 d	28 d	3 d	7 d	28 d
中热水泥	42.5	12.0	22.0	42.5	3.0	4.5	6.5	251	293	—
低热水泥	42.5	—	13.0	42.5	—	3.5	6.5	230	260	310
低热矿渣水泥	32.5	—	12.0	32.5	—	3.0	5.5	197	230	—

《中热硅酸盐水泥、低热硅酸盐水泥和低热矿渣硅酸盐水泥》(GB 200—2003)规定的技术要求如下：

(1)中热水泥和低热水泥氧化镁的含量不宜大于 5%，如果水泥经压蒸安定性试验合格，则中热水泥和低热水泥中氧化镁的含量允许放宽到 6.0%。

(2)碱含量由供需双方商定。当水泥在混凝土中和骨料可能发生有害反应并经用户提出低碱要求时，则中热水泥和低热水泥中的碱含量应不超过 0.60，低热矿渣水泥中的碱含量应不超过 1.0%，碱含量按 $Na_2O+0.658K_2O$ 计算值表示。

(3)水泥中三氧化硫含量应不大于 3.5%。

(4)初凝不得早于 1 h，终凝不得迟于 12 h。

(5)中热水泥和低热水泥的烧失量应不大于 3.0%。

(6)比表面积应不小于 250 m^2/kg。

(7)安定性用沸煮法检验，必须合格。

普通水泥在水化时必然产生一定量的水化热，而混凝土的一个重要特性是热导率很低，散热困难，这对大体积混凝土尤为不利。例如，水工大坝浇筑时，坝体内部几乎处于绝热状态，水泥水化放热能使内部混凝土温度升至 60℃或更高，与冷却较快的混凝土表面温差达数十度。在水化后期相当长的时间里，由于物体热胀冷缩的缘故，坝体悬殊的内外温差使其各处发生显著的不均匀收缩，由此产生较大拉应力，当应力值超过混凝土的抗拉强度时，就出现所谓的温度应力裂缝，给工程耐久性造成不良影响。减少和消除这一影响最直接有效的技术途径是对硅酸盐水泥进行改性，使其水化热尽可能降低。中、低热硅酸盐水泥和低热矿渣水泥成本低、性能稳定，是目前要求水化热低的大体积混凝土工程中首选的水泥品种。

七、砌筑水泥

凡由一种或一种以上的水泥混合材料，加入适量硅酸盐水泥熟料和石膏，经磨细制成的工

作性较好的水硬性胶凝材料称为砌筑水泥，代号 M。水泥中混合材料掺加量按质量百分比计应大于50%，允许掺入适量的石灰石或窑灰，水泥中混合材料掺加量不得与矿渣硅酸盐重复，强度为12.5、22.5两个等级，各等级水泥各龄期强度应不低于表2-17中数值。

表 2-17 砌筑水泥各龄期强度值 (单位：MPa)

强度等级	抗压强度		抗折强度	
	7 d	28 d	7 d	28 d
12.5	≥7.0	≥12.5	≥1.5	≥3.0
22.5	≥10.0	≥22.5	≥2.0	≥4.0

《砌筑水泥》(GB/T 3183—2003)规定的技术要求如下：

(1)水泥中三氧化硫含量应不大于4.0%。

(2)细度要求80 μm方孔筛筛余不大于10.0%。

(3)初凝不早于1 h，终凝不迟于12 h。

(4)安定性用沸煮法检验，应合格。

(5)保水率应不低于80%。

(6)砌筑水泥主要用于砌筑和抹面砂浆、垫层混凝土等，不应用于结构混凝土。

第四节 水泥的质量检测

一、水泥细度检测

1.负压筛析法

(1)检测仪器。

1)负压筛析仪：负压筛析仪由筛座、负压筛(图2-2)、负压源及收尘器组成，其筛座由转速为(30±2)r/min的喷气嘴、负压表、控制板、微电机及壳体等构成，如图2-3所示。筛析仪负压可调范围为4 000～6 000 Pa。

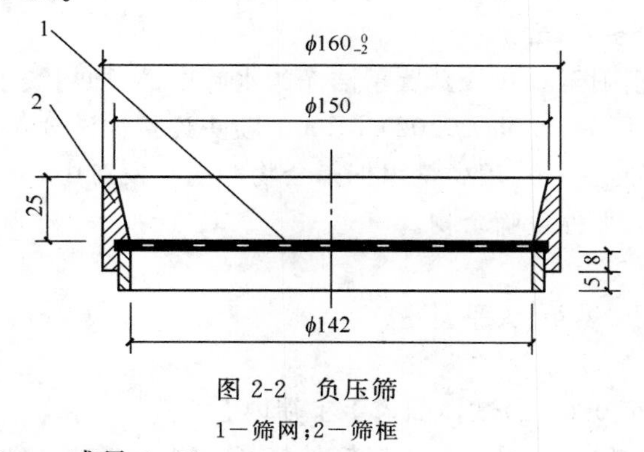

图2-2 负压筛

1—筛网；2—筛框

2)天平：最大称量100 g，感量0.01 g。

(2)检测步骤。

1)筛析试验前，所用试验筛应保持清洁，试验时，80 μm筛析试验称取试样25 g，45 μm筛析试验称取试样10 g，精确至0.01 g。

2)把负压筛放在筛座上，盖上筛盖，接通电源，检查控制系统，调节负压至4 000～

6 000 Pa范围内。

3)试样置于洁净的负压筛中盖上筛盖，放在筛座上，开动筛析仪连续筛析 2 min，在此期间如有试样附着在筛盖上，可轻轻地敲击，使试样落下。

4)试验筛必须保持洁净，筛孔畅通，如筛孔被水泥堵塞而影响筛余量时，可用弱酸浸泡，用毛刷轻轻刷洗，用淡水冲净、晾干。

5)试样筛完后，用天平称量筛余物，计算筛余百分数。

2. 水筛法

(1)检测仪器。筛子、筛座、水泥细度筛(图 2-4)、天平。

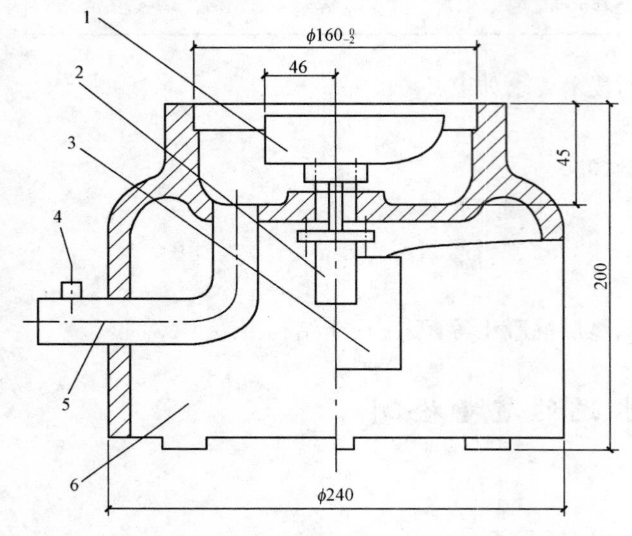

图 2-3 负压筛析仪筛座

1—喷气嘴；2—微电机；3—控制板开口；4—负压表接口；5—负压源及收尘器接口；6—壳体

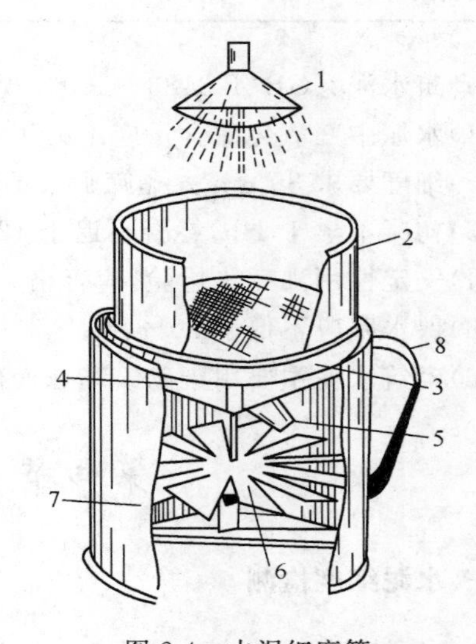

图 2-4 水泥细度筛

1—喷头；2—标准筛；3—旋转托架；4—集水斗；5—出水口；6—叶轮；7—外筒；8—把手

(2)检测步骤。

1)筛析试验前，应检查水中无泥、砂，调整好水压及筛架的位置，使其能正常运转，喷头底面和筛网之间距离为 35～75 mm。

2)称取试样 50 g(精确至 0.01 g)，置于洁净的水筛中，立即用淡水冲洗至大部分细粉通过后，放在水筛架上，用水压为(0.05±0.02) MPa 的喷头连接冲洗 3 min。

3)筛毕，将筛余物冲至一边，用少量水把筛余物冲至蒸发皿中，等水泥颗粒全部沉淀后，小心倒出清水，烘干并用天平称量筛余物。

3. 手工干筛法

(1)检测仪器。筛子、烘箱、天平。

(2)检测步骤。

1)称取 50 g(精确至 0.01 g)试样倒入手工筛内。

2)用一只手执筛往复摇动，另一只手轻轻拍打，往复摇动和拍打过程应保持近于水平。

拍打速度每分钟约 120 次，每 40 次向同一方向转动 60°，使试样均匀分布在筛网上，直至每分钟通过的试样量不超过 0.03 g 为止。用天平称筛余物量。

4. 试验结果计算及处理

水泥试样筛余百分数按式(2-1)计算：

$$F = R_S / W \times 100\% \quad (2\text{-}1)$$

式中　F——水泥试样的筛余百分数(%)；

R_S——水泥筛余物的质量(g)；

W——水泥试样的质量(g)。

结果计算至 0.1%，试验筛在使用中会有磨损，筛析结果可根据试验筛的有效修正系数进行修正。

二、水泥标准稠度用水量测定

1. 检测设备

(1)标准稠度测定仪(图 2-5)。标准稠度测定用试杆的有效长度为 50 mm±1 mm，由直径为 10 mm±0.05 mm 的圆柱形耐腐蚀金属制成。

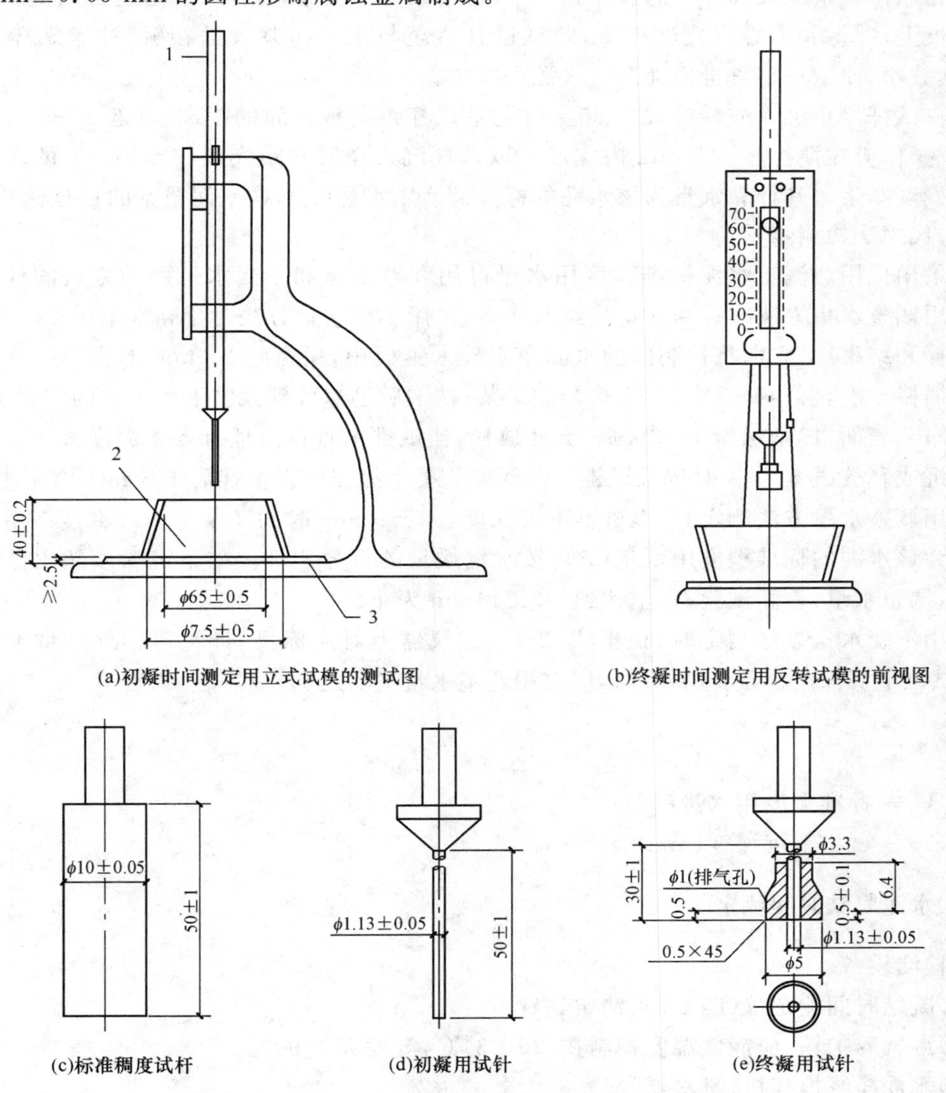

图 2-5　标准稠度测定仪和凝结时间用的维卡仪(标准法)

1—滑动杆；2—试模；3—玻璃板

(2)水泥净浆试模。试模为深(40±0.2)mm、顶内径(65±0.5)mm、底内径(75±0.5)mm的截顶圆锥体,每个试模应配备一个边长或直径约为100 mm、厚度4～5 mm的平板玻璃底板或金属底板。

(3)量水器、天平(感量1 g)。

2. 检测步骤

(1)标准法检测步骤。

1)水泥净浆拌和结束后,立即取适量水泥净浆一次性将其装入已置于玻璃底板上的试模中,浆体超过试模上端,用宽约25 mm的直边刀轻轻拍打超出试模部分的浆体5次以排除浆体中的孔隙,然后在试模上表面约1/3处,略倾斜于试模分别向外轻轻锯掉多余净浆,再从试模边沿轻抹顶部一次,使净浆表面光滑。

2)在锯掉多余净浆和抹平的操作过程中,注意不要压实净浆;抹平后迅速将试模和底板移到维卡仪上,并将其中心定在试杆下,降低试杆直至与水泥净浆表面接触,拧紧螺栓1～2 s后,突然放松,使试杆垂直自由地沉入水泥净浆中。

3)在试杆停止沉入或释放试杆30 s时记录试杆距底板之间的距离,升起试杆后,立即擦净;整个操作应在搅拌后1.5 min内完成。以试杆沉入净浆并距底板(6±1)mm的水泥净浆为标准稠度净浆。其拌和水量为该水泥的标准稠度用水量(P),按水泥质量的百分比计。

(2)代用法检测步骤。

1)采用代用法测定水泥标准稠度用水量可用调整水量和不变水量两种方法的任一种测定。采用调整水量方法时拌和水量按经验找水,采用不变水量方法时拌和水量用142.5 mL。

2)拌和结束后,立即将拌制好的水泥净浆装入锥模中,用宽约25 mm的直边刀在浆体表面轻轻插捣5次,再轻振5次,刮去多余的净浆;抹平后迅速放到试锥下面固定的位置上,将试锥降至净浆表面,拧紧螺栓1～2 s后,突然放松,让试锥垂直自由地沉入水泥净浆中。到试锥停止下沉或释放试锥30 s时记录试锥下沉深度。整个操作应在搅拌后1.5 min内完成。

3)用调整水量方法测定时,以试锥下沉深度(30±1)mm时的净浆为标准稠度净浆。其拌和水量为该水泥的标准稠度用水量(P),按水泥质量的百分比计。如下沉深度超出范围需另称试样,调整水量,重新试验,直至达到(30±1)mm为止。

4)用不变水量方法测定时,根据式(2-2)(或仪器上对应标尺)计算得到标准稠度用水量P。当试锥下沉深度小于13 mm时,应改用调整水量法测定。

$$P=33.4-0.185S \tag{2-2}$$

式中 P——标准稠度用水量(%);

S——试锥下沉深度(mm)。

三、水泥凝结时间测定

1. 检测设备

(1)凝结时间测定仪(图2-5)、测定试针。

(2)湿气养护箱:应能使温度控制在(20±3)℃,湿度大于90%。

(3)水泥净浆搅拌机、量水器等。

2. 检测步骤

(1)初凝时间的测定。

1)试件在湿气养护箱中养护至加水后 30 min 时进行第一次测定。测定时,从湿气养护箱中取出试模放到试针下,降低试针与水泥净浆表面接触。拧紧螺栓 1～2 s 后,突然放松,试针垂直自由地沉入水泥净浆。观察试针停止下沉或释放试针 30 s 时指针的读数。

2)临近初凝时间时每隔 5 min(或更短时间)测定一次,当试针沉至距底板(4±1)mm 时,为水泥达到初凝状态;由水泥全部加入水中至初凝状态的时间为水泥的初凝时间,用分钟(min)来表示。

3)在最初测定的操作时应轻轻扶持金属柱,使其徐徐下降,以防试针撞弯,但结果以自由下落为准。

4)在整个测试过程中试针沉入的位置至少要距试模内壁 10 mm。

(2)终凝时间的测定。

1)为了准确观测试针沉入的状况,在终凝针上安装了一个环形附件,如图 2-5(e)所示。在完成初凝时间测定后,立即将试模连同浆体以平移的方式从玻璃板取下,翻转 180°,直径大端向上,小端向下放在玻璃板上,再放入湿气养护箱中继续养护。

2)临近终凝时间时每隔 15 min(或更短时间)测定一次,当试针沉入试体 0.5 mm 时,即环形附件开始不能在试体上留下痕迹时,为水泥达到终凝状态。由水泥全部加入水中至终凝状态的时间为水泥的终凝时间,用分钟(min)来表示。

3)到达终凝时,需要在试体另外两个不同点测试,确认结论相同才能确定到达终凝状态。

4)每次测定不能让试针落入原针孔,每次测试完毕须将试针擦净并将试模放回湿气养护箱内,整个测试过程要防止试模受振。

注:可以使用能得出与标准中规定方法相同结果的凝结时间自动测定仪,有矛盾时以标准规定方法为准。

四、水泥体积安定性检测

1.检测设备

(1)沸煮箱。有效容积约为 410 mm×240 mm×310 mm,内设篦板和加热器,篦板结构应不影响试验结果,篦板与加热器之间的距离大于 50 mm。箱的内层由不易锈蚀的金属材料制成,能在(30±5)min 内将箱内的试验用水由室温升至沸腾,并可保持沸腾状态 3 h 而不需补充水量。

(2)雷氏夹。由铜制材料制成,其结构如图 2-6 所示。当一根指针的根部悬挂在一根金属丝或尼龙丝上,另一根指针的根部再挂上 300 g 质量的砝码时,两根指针的针尖距离增加应在(17.5±2.5)mm 范围内,当去掉砝码后针尖的距离恢复至挂砝码前的状态。

(3)雷氏夹膨胀测定仪,标尺最小刻度为 1 mm。

(4)水泥净浆搅拌机、湿气养护箱、量水器、天平等。

2.检测步骤

(1)标准法的检测步骤。

1)每个试样需成型两个试件,每个雷氏夹需配备两个边长或直径约 80 mm、厚度 4～5 mm 的玻璃板,凡与水泥净浆接触的玻璃板和雷氏夹内表面都要稍稍涂上一层油(矿物油比较合适)。

2)将预先准备好的雷氏夹放在已稍擦油的玻璃板上,并立即将已制好的标准稠度净浆一次装满雷氏夹,装浆时一只手轻轻扶持雷氏夹,另一只手用宽约 25 mm 的直边刀在浆体表面轻轻插捣 3 次,然后抹平,盖上稍涂油的玻璃板,接着立即将试件移至湿气养护箱内养护(24±2)h。

3)沸煮。调整好沸煮箱内的水位,使能保证在整个沸煮过程中都超过试件,不需中途添补试验用水，同时又能保证在(30±5)min 内升至沸腾。脱去玻璃板取下试件，先测量雷氏夹指针尖端间的距离(A)，精确到 0.5 mm，接着将试件放入沸煮箱水中的试件架上，指针朝上，然后在(30±5)min 内加热至沸并恒沸(180±5)min。

4)结果判定。沸煮结束后，立即放掉沸煮箱中的热水，打开箱盖，待箱体冷却至室温，取出试件进行判别。测量雷氏夹指针尖端的距离(C)，准确至 0.5 mm，当两个试件煮后增加距离(C-A)的平均值不大于 5.0 mm 时，即认为该水泥安定性合格，当两个试件煮后增加距离(C-A)的平均值大于 5.0 mm 时，应用同一样品立即重做一次试验。以复检结果为准。

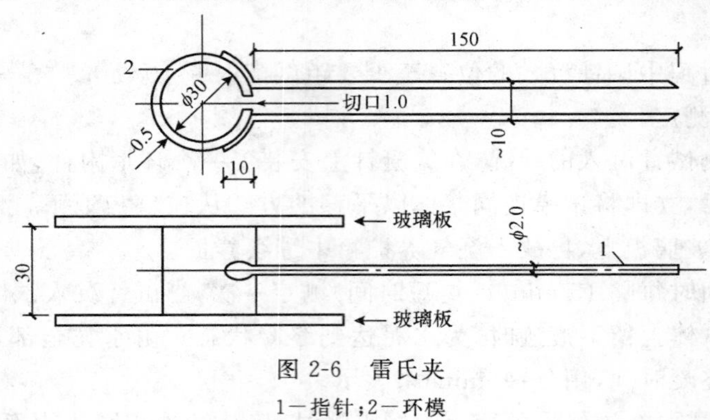

图 2-6 雷氏夹

1—指针；2—环模

(2)代用法的检测步骤。

1)准备工作。每个样品需准备两块边长约 100 mm 的玻璃板，凡与水泥净浆接触的玻璃板都要稍稍涂上一层油。

2)试饼的成型方法。将制好的标准稠度净浆取出一部分分成两等份，使之成球形，放在预先准备好的玻璃板上，轻轻振动玻璃板并用湿布擦过的小刀由边缘向中央抹，做成直径 70～80 mm、中心厚约 10 mm、边缘渐薄、表面光滑的试饼，接着将试饼放入湿气养护箱内养护(24±2)h。

3)沸煮。调整好沸煮箱内的水位，使能保证在整个沸煮过程中都超过试件，不需中途添补试验用水，同时又能保证在(30±5)min 内升至沸腾。脱去玻璃板取下试件，先测量雷氏夹指针尖端间的距离(A)，精确到 0.5 mm，接着将试件放入沸煮箱水中的试件架上，指针朝上，然后在(30±5)min 内加热至沸并恒沸(180±5)min。

4)沸煮结束后，立即放掉沸煮箱中的热水，打开箱盖，待箱体冷却至室温，取出试件进行判别。目测试饼未发现裂缝，用钢直尺检查也没有弯曲(使钢直尺和试饼底部紧靠，以两者间不透光为不弯曲)的试饼为安定性合格，反之为不合格。当两个试饼判别结果有矛盾时，该水泥的安定性为不合格。

五、水泥胶砂强度检测

1.检测设备

主要检测设备有水泥抗折机、水泥抗压机、胶砂搅拌机、水泥养护箱、试模、胶砂振动台。

2.检测步骤

(1)胶砂制备。

1)配料。水泥、砂、水和试验用具的温度与试验室相同，称量用的天平精度应为±1 g。当用自动滴管加水时，滴管精度应达到±1 mL。水泥称量(450±2)g；标准砂称量(1 350 ±5)g；

水称量(225±1)mL。

2)搅拌。每锅胶砂用搅拌机进行机械搅拌。先使搅拌机处于待工作状态,然后按以下的程序进行操作。

①把水加入锅里,再加入水泥,把锅放在固定架上,上升至固定位置。

②立即开动机器,低速搅拌 30 s 后,在第二个 30 s 开始的同时均匀地将砂子加入。当各级砂是分装时,从最粗粒级开始,依次将所需的每级砂量加完。把机器转至高速再拌 30 s。

③停拌 90 s,在第 1 个 15 s 内用一胶皮刮具将叶片和锅壁上的胶砂,刮入锅中间。在高速下继续搅拌 60 s。各个搅拌阶段,时间误差应在±1 s 以内。

(2)试件制备。胶砂制备后立即进行成型。将空试模和模套固定在振实台上,用一个适当勺子直接从搅拌锅里将胶砂分两层装入试模,装第一层时,每个槽里约放 300 g 胶砂,用大播料器垂直架在模套顶部沿每个模槽来回一次将料层播平,接着振实 60 次。再装入第二层胶砂,用小播料器播平,再振实 60 次。移走模套,从振实台上取下试模,用一金属直尺以近似 90°的角度架在试模顶的一端,然后沿试模长度方向以横向锯割动作慢慢向另一端移动,一次将超过试模部分的胶砂刮去,并用同一直尺以近乎水平的情况下将试体表面抹平。在试模上做标记或加字条标明试件编号和试件相对于振实台的位置。

(3)试件养护。

1)脱模前的处理和养护。去掉留在模子四周的胶砂。立即将做好标记的试模放雾室或湿箱的水平架子上养护,湿空气应能与试模各边接触。养护时不应将试模放在其他试模上。一直养护到规定的脱模时间时取出脱模。脱模前,用防水墨汁或颜料笔对试体进行编号和做其他标记。两个龄期以上的试体,在编号时应将同一试模中的三条试体分在两个以上龄期内。

2)脱模。脱模应非常小心,脱模时可采用塑料锤或橡胶榔头或专门脱模器防止脱模破损。对于 24 h 龄期的,应在破型试验前 20 min 内脱模。对于 24 h 以上龄期的,应在成型后 20～24 h 之间脱模。

注:如经 24 h 养护,会因脱模对强度造成损害时,可以延迟至 24 h 以后脱模,但在试验报告中应予说明。

已确定作为 24 h 龄期试验(或其他不下水直接做试验)的已脱模试体,应用湿布覆盖至做试验时为止。

3)水中养护。

①将做好标记的试件立即水平或竖直放在(20±1)℃水中养护,水平放置时刮平面应朝上。试件放在不易腐烂的篦子上,并彼此间保持一定间距,以让水与试件的六个面接触。养护期间试件间间隔或试体上表面的水深不得小于 5 mm。

注:不宜用木篦子。

②每个养护池只养护同类型的水泥试件。

③最初用自来水装满养护池(或容器),随后随时加水保持适当的恒定水位,不允许在养护期间全部换水。

④除 24 h 龄期或延迟至 48 h 脱模的试体外,任何到龄期的试体应在试验(破型)前 15 min 从水中取出。揩去试体表面沉积物,并用湿布覆盖至试验为止。

(4)抗折强度测定。将试体一个侧面放在试验机支撑圆柱上试体长轴垂直于支撑圆柱,通过加荷圆柱以(50±10)N/s 的速率均匀地将荷载垂直地加在棱柱体相对侧面上,直至折断。

保持两个半截棱柱体处于潮湿状态直至抗压试验。

抗折强度 R_1 以 MPa 表示，按式(2-3)进行计算：

$$R_1=\frac{1.5F_fL}{b^3} \tag{2-3}$$

式中 F_f——折断时施加于棱柱体中部的荷载(N)；

L——支撑圆柱之间的距离(mm)；

b——棱柱体正方形截面的边长(mm)。

各试体的抗折强度记录至 0.1(MPa)。

(5)抗压强度测定。抗压强度试验在半截棱柱体的侧面上进行。半截棱柱体中心与压力机压板受压中心差应在±0.5 mm 内，棱柱体露在抗压强度试件夹具压板外的部分约有 10 mm。在整个加荷过程中以(2 400±200)N/s 的速率均匀地加荷直至破坏。抗压强度 R_c 以 MPa 为单位，按式(2-4)进行计算：

$$R_c=\frac{F_c}{A} \tag{2-4}$$

式中 F_c——破坏时的最大荷载(N)；

A——受压部分面积(mm^2)(40 mm×40 mm=1 600 mm^2)。

各试体的抗压强度结果计算至 0.1 MPa。

第三章　气硬性胶凝材料

第一节　石　　灰

一、石灰的生产与品种

1. 石灰的生产

石灰是由石灰岩煅烧而成。石灰岩的主要成分是碳酸钙($CaCO_3$)和碳酸镁($MgCO_3$)。

石灰岩在适当温度(1 000℃～1 100℃)下煅烧，得到以 CaO 为主要成分的物质即石灰，也叫生石灰(其中含一定量 MgO)。

2. 石灰的品种

(1)块状生石灰。它是由原料煅烧而得的原产品。

(2)磨细生石灰粉。它是以块状生石灰为原料，经破碎、磨细而成，也称建筑生石灰粉。

(3)消石灰粉。它是生石灰用适量水消解而得到的粉末，也叫熟石灰，主要成分为 $Ca(OH)_2$。

(4)石灰浆。它是生石灰用较多的水(为生石灰体积的 3～4 倍)经消解沉淀而得到的可塑性膏状体，主要成分为 $Ca(OH)_2$ 和 H_2O。如果加更多的水，则成石灰乳。

生石灰根据熟化速度分为快熟石灰、中熟石灰和慢熟石灰，其熟化速度见表 3-1。

表 3-1　生石灰熟化速度分类

石灰种类	熟化速度
快熟石灰	熟化时间在 10 min 以内
中熟石灰	熟化时间为 10～30 min
慢熟石灰	熟化时间在 30 min 以上

二、石灰的熟化与硬化

1. 石灰的熟化

生石灰加水生成氢氧化钙的过程，称为石灰的熟化或消解过程。

石灰熟化时放出大量的热，其体积膨胀 1～2.5 倍，熟化后的产物 $Ca(OH)_2$ 称为熟石灰或消石灰。

石灰熟化的理论需水量为石灰质量的 32%，但为了使 CaO 充分水化，实际加水量达 70%～100%。

工程中石灰熟化的方法有两种，分别得到熟石灰粉和石灰膏：

(1)淋灰法：这一过程通常称为消化，淋灰法得到的是熟石灰粉，工地上可通过人工分层喷淋消化，每堆放半米高的生石灰块，喷淋石灰质量 60%～80%的水(理论值为 31.2%)，再堆放再淋，以成粉不结块为宜。目前通常是在工厂采用机械方法集中生产消石灰粉，作为产品销售。

(2)化灰法：当熟化时加入大量的水(约为块灰质量的2.5～3倍)，则生成浆状石灰膏。工地上常在化灰池中熟化成石灰浆后，通过筛网滤去欠火石灰和杂质，流入储灰池沉淀得到石灰膏。

石灰中常含有欠火石灰和过火石灰。当煅烧温度过低或时间不足时，由于 $CaCO_3$ 不能完全分解，石灰石没有完全变为生石灰，这类石灰称为欠火石灰。欠火石灰的特点是产浆量低，渣滓较多，石灰利用率下降。

过火石灰熟化十分缓慢，其产物在已硬化的灰浆中膨胀，引起墙面崩裂或隆起，影响工程质量。为了保证石灰充分熟化，必须将石灰浆在贮灰坑中存放两星期以上，这一过程叫石灰的"陈伏"。

2.石灰的硬化

石灰的硬化包含两个同时进行的过程。

(1)结晶过程：石灰浆在空气中因游离水分逐渐蒸发和被砌体吸收，$Ca(OH)_2$ 溶液过饱和而逐渐结晶析出，促进石灰浆体的硬化，从而具有强度，但是由于晶体溶解度较高，当再遇水时强度会降低。同时干燥使石灰浆体紧缩也会产生强度，但这种强度类似于黏土干燥后的强度，强度值较低。

(2)碳化过程：$Ca(OH)_2$ 与空气中的 CO_2 和水作用，生成不溶解于水的 $CaCO_3$ 晶体，析出的水分又逐渐被蒸发，这过程称作碳化。

碳化过程形成的 $CaCO_3$ 晶体使硬化石灰浆体结构致密、强度提高。但由于空气中 CO_2 的浓度很低，又只在表面进行，故碳化过程极为缓慢。空气中湿度过小或过大均不利于石灰的碳化硬化。

石灰浆体硬化其实是两个过程的共同作用，氢氧化钙的结晶过程主要发生在内部，碳化过程十分缓慢，很长时间仅限于表层。

三、石灰的特性

石灰的特性见表3-2。

表3-2 石灰的特性

特 性	内 容
良好的可塑性及保水性	生石灰熟化后形成颗粒极细(粒径为0.001 mm)、呈胶体分散状态的 $Ca(OH)_2$ 粒子，颗粒表面能吸附一层较厚的水膜，因而使石灰具有良好的可塑性及保水性。利用这一性质，在水泥砂浆中加入石灰膏，可明显提高砂浆的可塑性，改善砂浆的保水性
凝结硬化慢、强度低	从石灰的凝结硬化过程可知，石灰的凝结硬化速度非常缓慢。生石灰熟化时的理论需水量较小，为了使石灰具有良好的可塑性，常常加入较多的水，多余的水分在硬化后蒸发，在石灰内部形成较多的孔隙，使硬化后的石灰强度不高。1∶3石灰砂浆28 d抗压强度通常为0.2～0.5 MPa
耐水性差	石灰是一种气硬性胶凝材料，不能在水中硬化，对于已硬化的石灰浆体，若长期受到水的作用，会因 $Ca(OH)_2$ 溶解而导致破坏，所以石灰耐水性差，不宜用于潮湿环境及遭受水侵蚀的部位

续上表

特　性	内　容
体积收缩大	石灰浆体在硬化过程中要蒸发大量的水，使石灰内部毛细孔失水收缩，引起体积收缩。因此，石灰除调制成石灰乳作薄层涂刷外，一般不单独使用，常在石灰中掺入砂、麻刀、纸筋等材料以减少收缩
吸湿性强	生石灰吸湿性强，保水性好，是传统的干燥剂

四、石灰的技术指标

根据 MgO 含量的多少，生石灰分为钙质生石灰（MgO 含量≤5%）和镁质生石灰（MgO 含量>5%）。根据规定，钙质生石灰和镁质生石灰各分为优等品、一等品和合格品三个等级，各等级的质量要求见表 3-3、表 3-4。

表 3-3　生石灰主要技术指标

项　目	钙质生石灰			镁质生石灰		
	优等品	一等品	合格品	优等品	一等品	合格品
CaO+MgO 含量(%)，≥	90	85	80	85	80	75
未消化残渣含量(5 mm 圆孔筛筛余)(%)，≤	5	10	15	5	10	15
CO_2(%)，≤	5	7	9	6	8	10
产浆量(L/kg)，≥	2.8	2.3	2.0	2.8	2.3	2.0

表 3-4　建筑石灰粉的技术要求

项　目		钙质生石灰			镁质生石灰		
		优等品	一等品	合格品	优等品	一等品	合格品
CaO+MgO 含量(%)，≥		85	80	75	80	75	70
CO_2 含量(%)，≤		7	9	11	8	10	12
细度	0.90 mm 筛筛余(%)，≤	0.2	0.5	1.5	0.2	0.5	1.5
	0.125 mm 筛筛余(%)，≤	7.0	12.0	18.0	7.0	12.0	18.0

按 MgO 的含量的多少，建筑消石灰粉分为钙质消石灰粉（MgO 含量小于 4%）、镁质消石灰粉（MgO 含量为 4%～24%）和白云石消石灰粉（MgO 含量为 24%～30%），并按其技术要求分为优等品、一等品和合格品三个等级见表 3-5。优等品、一等品适用于饰面层和中间涂层，合格品用于砌筑。

表 3-5　建筑消石灰粉的技术要求

项　目	钙质消石灰粉			镁质消石灰粉			白云石消石灰粉		
	优等品	一等品	合格品	优等品	一等品	合格品	优等品	一等品	合格品
CaO+MgO 含量(%)，≥	70	65	60	65	60	55	65	60	55
游离水(%)	0.4～2	0.4～2	0.4～2	0.4～2	0.4～2	0.4～2	0.4～2	0.4～2	0.4～2

续上表

项目		钙质消石灰粉			镁质消石灰粉			白云石消石灰粉		
		优等品	一等品	合格品	优等品	一等品	合格品	优等品	一等品	合格品
体积安定性		合格	合格	—	合格	合格	—	合格	合格	—
细度	0.9 mm 筛筛余(%),≤	0	0	0.5	0	0	0.5	0	0	0.5
	0.125 mm 筛筛余(%),≤	3	10	15	3	10	15	3	10	15

五、石灰的应用与储运

1.石灰的应用

(1)配制石灰砂浆和石灰乳。用水泥、石灰膏、砂配制成的混合砂浆广泛用于墙体砌筑或抹灰,用石灰膏与砂或纸筋、麻刀配制成的石灰砂浆、石灰纸筋灰、石灰麻刀灰广泛用作内墙、天棚的抹面砂浆。由石灰膏稀释成的石灰乳,可用作简易的粉刷涂料。

(2)配制灰土与三合土。消石灰粉或生石灰粉与黏土拌和,称为灰土,若加入砂石或炉渣、碎砖等即成三合土。夯实后的灰土或三合土广泛用作建筑物的基础、路面及地面的垫层,其强度和耐水性比石灰和黏土都高,原因是黏土颗粒表面的少量活性二氧化硅、三氧化二铝与石灰起反应,生成水化硅酸钙和水化铝酸钙等不溶于水的水化矿物的缘故。另外,石灰改善了黏土的可塑性,在强力夯打下密实度提高,也是其强度和耐水性改善的原因之一。

(3)生产硅酸盐制品。磨细生石灰或消石灰粉与砂或粒化高炉矿渣、炉渣、粉煤灰等硅质材料混合成型,再经常压或高压蒸气养护,就可制得密实或多孔的硅酸盐制品,如灰砂砖、粉煤灰砖、加气混凝土砌块等。

(4)生产碳化石灰板。将磨细生石灰、纤维状填料或轻质骨料按比例混合搅拌成型,再通入 CO_2 进行人工碳化 12~24 h,可制成轻质板材。为提高碳化效果、减轻自重,可制成空心板。其制品表观密度小(为 700~800 kg/m^3),导热系数低[小于 0.23 W/(m·K)],可用作非承重的保温材料。

此外,石灰还可用作激发剂,掺加到高炉矿渣、粉煤灰等活性混合材内,共同磨细而制成具有水硬性的无熟料水泥。

2.石灰的储运

(1)在运输过程中不准与易燃、易爆及液态物品同时装运,在运输和储存过程中应注意密封,防潮、防雨。

(2)生石灰露天存放时,存放时间不宜过长,必须干燥、不易积水,石灰应尽量堆高。磨细生石灰应分类、分等储存在干燥的仓库内,但储存期一般不超过 1 个月。

(3)施工现场使用的生石灰最好立即熟化,存放于储灰池内进行陈伏。

(4)生石灰受潮熟化时放热且体积膨胀,所以应将生石灰和可燃物分开保管,以免发生火灾。

第二节 建筑石膏

一、石膏的生产与品种

生产石膏的原料主要为含硫酸钙的天然二水石膏(又称生石膏)或含硫酸钙的化工副产品和废渣(如磷石膏、氟石膏、硼石膏等),其化学式为 $CaSO_4 \cdot 2H_2O$。

将天然二水石膏在不同温度下煅烧可得到不同的石膏品种。

(1)建筑石膏。将天然二水石膏在 107℃～170℃的干燥条件下加热,脱去部分水分即得熟石膏,也称半水石膏。

该半水石膏的晶粒较为细小,称为卢型半水石膏,将此熟石膏磨细得到的白色粉末称为建筑石膏。

(2)模型石膏。模型石膏也为β型半水石膏,但杂质少、色白。主要用于陶瓷的制坯工艺,少量用于装饰浮雕。

(3)高强度石膏。将二水石膏置于蒸压釜中,在 127 kPa 的水蒸气中(124℃)脱水,得到晶粒比β型半水石膏粗大、使用时拌和用水量少的半水石膏,称为α型半水石膏。将此熟石膏磨细得到的白色粉末称为高强度石膏。由于高强度石膏的拌和用水量少(石膏用量的 35%～45%),硬化后有较高的密实度,所以强度较高,7 d 时可达 15～40 MPa。

高强度石膏主要用于室内高级抹灰、装饰制品、石膏板等。

二、建筑石膏的水化与凝结硬化

1.建筑石膏的水化

建筑石膏加水拌和后,与水发生水化反应,简称水化。

建筑石膏加水后,首先溶解于水,然后发生上述反应,生成二水石膏。由于二水石膏的溶解度较半水石膏的溶解度小许多,所以二水石膏从过饱和溶液中不断析出结晶并沉淀。二水石膏的析出促使上述反应不断进行,直至半水石膏全部转变为二水石膏为止。这一过程进行的较快,大约需 7～12 min。

2.建筑石膏的凝结硬化

随着水化的不断进行,生成的二水石膏胶体微粒不断增多,这些微粒较原来的半水石膏更加细小,比表面积很大,吸附着很多的水分;同时浆体中的自由水分由于水化和蒸发而不断减少,浆体的稠度不断增加,胶体微粒间的接近及相互之间不断增加的范德华力,使浆体逐渐失去可塑性,即浆体逐渐产生凝结。随水化的不断进行,二水石膏胶体微粒凝聚并转变为晶体。晶体颗粒逐渐长大,且晶体颗粒间相互搭接、交错、共生(两个以上晶粒生长在一起),产生强度,即浆体产生了硬化(图 3-1)。这一过程不断进行,直至浆体完全干燥,强度不再增加。此时浆体已硬化成为人造石材。

浆体的凝结硬化过程是一个连续进行的过程。将浆体开始失去可塑性的状态称为浆体初凝,从加水至初凝的这段时间称为初凝时间;浆体完全失去可塑性,并开始产生强度称为浆体终凝,从加水至终凝的时间称为浆体的终凝时间。

三、建筑石膏的特性

建筑石膏的特性见表 3-6。

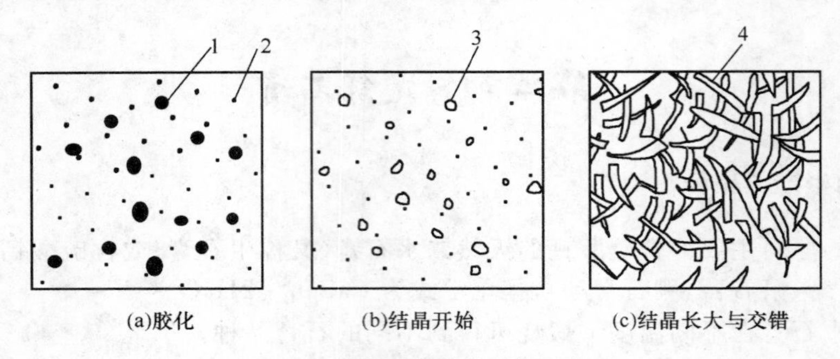

图 3-1　建筑石膏凝结硬化示意图

1—半水石膏；2—二水石膏胶体微粒；3—二水石膏晶体；4—交错的晶体

表 3-6　建筑石膏的特性

项　目	内　容
凝结硬化快	建筑石膏在加水拌和后，浆体在 10 min 内便开始失去可塑性，30 min 内完全失去可塑性而产生强度。因初凝时间较短，为满足施工的要求，一般均须加入缓凝剂，以延长凝结时间。常掺入建筑石膏用量 0.1%～0.2%的动物胶（经石灰处理），或掺入 1%的亚硫酸酒精废液，也可使用硼砂或柠檬酸。掺缓凝剂后，石膏制品的强度将有所降低。 石膏的强度发展较快，2 h 的抗压强度可达 3～6 MPa，7 d 时可达最大抗压强度值约为 8～12 MPa
体积微膨胀	石膏浆体在凝结硬化初期会产生微膨胀，膨胀率为 0.5%～1.0%。这一特性使石膏制品的表面光滑、尺寸精确、形体饱满，装饰性好，加之石膏制品洁白、细腻，特别适合制作建筑装饰制品
孔隙率大	建筑石膏在拌和时，为使浆体具有施工要求的可塑性，须加入建筑石膏用量 60%～80%的用水量，而建筑石膏水化的理论需水量为 18.6%，所以大量的自由水在蒸发后，在建筑石膏制品内部形成大量的毛细孔隙。石膏制品的孔隙率达 50%～60%，体积密度为 800～1 000 kg/m^3，导热系数小，吸声性较好，属于轻质保温材料。但因石膏制品的孔隙率大，且二水石膏可微溶于水，故石膏的抗渗性、抗冻性和耐水性差。石膏的软化系数只有 0.2～0.3
具有一定的调温和调湿性能	建筑石膏制品的比热较大，因而具有一定的调节温度的作用。它内部的大量毛细孔隙对空气中的水蒸气具有较强的吸附能力，所以对室内空气的湿度有一定的调节作用
防火性好、但耐火性较差	建筑石膏制品的导热系数小，传热慢，且二水石膏受热脱水时吸热，且产生的水蒸气能阻碍火势的蔓延。但二水石膏脱水后，强度下降，因而不耐火

四、建筑石膏的技术指标

1. 建筑石膏的组成、分类与标记

(1)建筑石膏组成中 β 半水硫酸钙（$\beta-CaSO_4 \cdot 1/2H_2O$）的含量（质量分数）应不小于 60%。

(2)利用工业副产石膏(或称化学石膏)如磷石膏、烟气脱硫石膏也可生产建筑石膏。因此建筑石膏根据原材料种类不同分为三类,主要为天然建筑石膏,脱硫建筑石膏和磷建筑石膏,代号分别为N、S和P。建筑石膏根据2 h抗折强度分为3.0、2.0、1.6三个等级。产品标记时,按产品名称、代号、等级及标准编号的顺序标记,如:等级为2.0的天然建筑石膏标记为:N2.0 GB/T 9776—2008。

2.建筑石膏的技术要求

建筑石膏的物理力学性能应符合表3-7的要求。

表3-7　建筑石膏物理力学性能

等级	细度(0.2 mm方孔筛筛余)(%)	凝结时间(min)		2 h强度(MPa)	
		初凝	终凝	抗折	抗压
3.0	≤10	≥3	≤30	≥3.0	≥6.0
2.0				≥2.0	≥4.0
1.6				≥1.6	≥3.0

注:强度试件尺寸为40 mm×40 mm×160 mm,石膏与水接触2 h后测定。

五、建筑石膏的应用与储存

1.建筑石膏的应用

(1)室内抹灰和粉刷。由于建筑石膏的优良特性,常被用于室内高级抹灰和粉刷。建筑石膏加水、砂及缓凝剂拌和成石膏砂浆,用于室内抹灰。抹灰的表面光滑、细腻、洁白美观。石膏砂浆也作为油漆等的打底层,并可直接涂刷油漆或粘贴墙布、墙纸等。建筑石膏加水及缓凝剂拌和成石膏浆体,可作为室内粉刷涂料。

(2)石膏板。石膏板具有轻质、隔热保温、吸声、防火、尺寸稳定及施工方便等性能,在建筑中得到广泛的应用,是一种很有发展前途的新型建筑材料。常用石膏板有以下几种。

1)纸面石膏板。以建筑石膏为主要原料,掺入适量的纤维材料、缓凝剂等作为芯材,以纸板作为增强护面材料,经搅拌、成型(辊压)、切割、烘干等工序制得。纸面石膏板按规范《纸面石膏板》(GB/T 9775—2008)分为普通纸面石膏板(代号P)、耐水纸面石膏板(代号S)、耐火纸面石膏板(代号H)、耐水耐火纸面石膏板(SH)。纸面石膏板的长度为1 500~3 660 mm,宽度为600~1 220 mm,厚度为9.5 mm、12 mm、15 mm、18 mm、21 mm、25 mm,其纵向抗折荷载可达400~850 N。纸面石膏板主要用于隔墙、内墙等,其自重仅为砖墙的1/5。耐水纸面石膏板主要用于厨房、卫生间等潮湿环境。耐火纸面石膏板(耐火极限分为30 min、25 min、20 min等)主要用于耐火要求高的室内隔墙、吊顶等。使用时须采用龙骨(固定石膏板的一支架,通常由木材或铝合金、薄钢等制成)。纸面石膏板的生产效率高,但纸板用量大,成本较高。

2)纤维石膏板。以纤维材料(多使用玻璃纤维)为增强材料,与建筑石膏、缓凝剂、水等经特殊工艺制成的石膏板。纤维石膏板的强度高于纸面石膏板,规格基本相同,但生产效率低。纤维石膏板除可用于隔墙、内墙外,还可用来代替木材制作家具。

3)装饰石膏板。以建筑石膏为主要原料,掺入适量纤维增强材料和外加剂,与水一起搅拌成均匀的料浆,经浇注成型、干燥而成的不带护面纸的装饰板材。装饰石膏板按板材防潮性能的不同分为普通板和防潮板(F),按正面形状分为平板(P)、孔板(K)和浮雕板(D),其规格为

500 mm×500 mm×9 mm、600 mm×600 mm×11 mm。产品标记方法为产品名称，板材分类代号，板的边长及标准号。装饰石膏板造型美观、装饰强，具有良好的吸声、防火功能，主要用于公共建筑的内墙、吊顶等。此外还有嵌装式装饰石膏板。

4)空心石膏板。以建筑石膏为主，加入适量的轻质多孔材料、纤维材料和水经搅拌、浇注、振捣成型、抽芯、脱模、干燥而成。空心石膏板的长度为 2 500～3 000 mm、宽度为 450～600 mm、厚度为 60～100 mm。主要用于隔墙、内墙等，使用时不须龙骨。

5)吸声用穿孔石膏板以装饰石膏板或纸面石膏板为基板，背面粘贴或不贴背覆材料(贴于背面的透气性材料，可提高吸声效果)，板面上有 $\phi6\sim\phi10$ 的圆孔，孔距为 18～24 mm 穿孔率为 8.7%～15.7%。安装时背面须留有 50～300 mm 的空腔，从而构成穿孔吸声结构，空腔内可填充多孔吸声材料以提高吸声能力。用于吸声性要求高的建筑，如播音室、影剧院、报告厅等。

2. 建筑石膏的储运

(1)建筑石膏容易吸湿受潮，凝结硬化变质，因此在运输、储存过程中，应防雨防潮。

(2)应分类分级存储在干燥的仓库内，储存期不宜超过 3 个月。一般储存 3 个月后强度下降 30%左右，若超过 3 个月，需重新检验确定其等级。

第三节 水 玻 璃

一、水玻璃的组成

水玻璃俗称泡花碱，是由不同比例的碱金属氧化物和二氧化硅化合而成的一种可溶于水的硅酸盐。建筑常用的为硅酸钠($Na_2O \cdot nSiO_2$)的水溶液，又称钠水玻璃。要求高时也使用硅酸钾($K_2O \cdot nSiO_2$)的水溶液，又称钾水玻璃。水玻璃为青灰色或淡黄色黏稠状液体。二氧化硅(SiO_2)与氧化钠(Na_2O)的摩尔数的比值 n，称为水玻璃的模数，水玻璃的模数越高，越难溶于水，水玻璃的密度和黏度越大、硬化速度越快，硬化后的粘结力与强度、耐热性与耐酸性越高，建筑中常用工业液体硅酸钠，液-3 型水玻璃其模数为 2.60～2.90，其技术要求应符合《工业硅酸钠》(GB/T 4209—2008)中要求。水玻璃的浓度越高，则水玻璃的密度和黏度越大、硬化速度越快，硬化后的粘结力与强度、耐热性与耐酸性越高。但水玻璃的浓度太高，则黏度太大不利于施工操作，难以保证施工质量。水玻璃的浓度一般用密度来表示。常用水玻璃的密度为 1.3～1.5 g/cm^3。

水玻璃的密度太大或太小时，可用加热浓缩或加水稀释的办法来调整。

二、水玻璃的硬化

水玻璃在空气中吸收二氧化碳，析出二氧化硅凝胶，并逐渐干燥脱水成为氧化硅而硬化。

由于空气中二氧化碳的浓度较低，因此水玻璃的硬化过程很慢。为加速水玻璃的硬化，常加入氟硅酸钠(Na_2SiF_6)作为促硬剂，加速二氧化硅凝胶的析出。

氟硅酸钠的适宜掺量为 12%～15%，掺量少，则硬化慢，且硬化不充分，强度和耐水性均较低。但掺量过多，则凝结过速，造成施工困难，且强度和抗渗性均降低。加入氟硅酸钠后，水玻璃的初凝时间可缩短到 30～60 min，终凝时间可缩短到 240～360 min，7 d 基本上达到最高强度。

三、水玻璃的特性

水玻璃的特性见表3-8。

表3-8　水玻璃的特性

项　目	内　容
粘结力强、强度较高	水玻璃在硬化后，其主要成分为二氧化硅凝胶和氧化硅，因而具有较高的粘结力和强度。用水玻璃配制的混凝土的抗压强度可达15～40 MPa
耐酸性好	由于水玻璃硬化后的主要成分为二氧化硅，其可以抵抗除氢氟酸、过热磷酸以外的几乎所有的无机和有机酸。用于配制水玻璃耐酸混凝土、耐酸砂浆、耐酸胶泥等
耐热性好	硬化后形成的二氧化硅网状集架，在高温下强度下降不大。用于配制水玻璃耐热混凝土、耐热砂浆、耐热胶泥
耐碱性和耐水性差	水玻璃在加入氟硅酸钠后仍不能完全硬化，仍然有一定量的水玻璃 $Na_2O \cdot nSiO_2$。由于 SiO_2 和 $Na_2O \cdot nSiO_2$ 均可溶于碱，且 $Na_2O \cdot nSiO_2$ 可溶于把所以水玻璃硬化后不耐碱、不耐水。为提高耐水性，常采用中等浓度的酸对已硬化的水玻璃进行酸洗处理

四、水玻璃的应用

1.涂料与浸渍材料

水玻璃溶液涂刷或浸渍材料后，能渗入缝隙和孔隙中，固化的硅凝胶能堵塞毛细孔通道，提高材料的密度和强度，从而提高材料的抗风化能力。但不能对石膏制品进行涂刷或浸渍，因为水玻璃与石膏反应生成硫酸钠晶体，会在制品孔隙内部产生体积膨胀，导致石膏制品开裂。

水玻璃基的无机涂料与水泥基材有非常牢固的粘结力，成膜硬度大、耐老化、不燃、耐酸碱，霉菌难于生长，可用于内外墙装饰工程。

以水玻璃为基体制作的混凝土养护剂，涂刷在新拆模的混凝土表面，形成致密的薄膜，可防止混凝土内部水分挥发，从而利用混凝土自身的水分最大限度地完成水化作用，达到养护的目的，节约施工用水。

2.水玻璃砂浆、混凝土

以水玻璃为胶凝材料，以氟硅酸钠为固化剂，掺入填料、骨料后可制得水玻璃砂浆、混凝土。若选用的填料、骨料为耐酸材料，则称为水玻璃耐酸防腐蚀混凝土，主要用于耐酸池等防腐工程。若选用的填料、骨料为耐热材料，则称为水玻璃耐热混凝土，主要应用于高炉基础和其他有耐热要求的结构部位。水玻璃混凝土的施工环境温度应在10℃以上，养护期间不得与水或水蒸气直接接触，并应防止烈日曝晒，也不要直接铺砌在水泥砂浆或普通混凝土的基层上。水玻璃耐酸混凝土，在使用前必须经过养护及酸化处理。

3.配制速凝防水剂

以水玻璃为基料，加入二矾或四矾水溶液，称为二矾或四矾防水剂，这种防水剂掺入硅酸盐混凝土或砂浆中，可以堵塞内部毛细孔隙，提高砂浆或混凝土的密实度，改善抗渗、抗冻性。四矾防水剂还可以加速混凝土、砂浆的凝结，适用于堵塞漏洞、缝隙等抢修工程。

4.加固土壤

将水玻璃与氯化钙溶液交替注入土壤中，两种溶液迅速反应生成硅胶和硅酸钙凝胶，包裹土壤颗粒，填充空隙、吸水膨胀，使土壤的强度和承载能力提高。常用于粉土、砂土和填土的地基加固，称为双液注浆。

第四节 菱 苦 土

一、菱苦土的成分

菱苦土即镁质胶凝材料，又称镁氧水泥、氯氧镁水泥。是以天然菱镁矿（$MgCO_3$）为主要原料，经700℃～850℃煅烧后磨细而得的以氧化镁（MgO）为主要成分的气硬性胶凝材料。

菱苦土是白色或浅黄色的粉末，密度为3.1～3.4 g/cm^3，堆积密度为800～900 kg/m^3。其质量应满足《镁质胶凝材料用原料》（JC/T 449—2008）的规定。

二、菱苦土的特点

菱苦土在使用时，若与水拌和，则迅速水化生成氢氧化镁，并放出较多的热量。由于氢氧化镁在水中溶解度很小，生成的氢氧化镁立即沉淀析出，其内部结构松散，且浆体的凝结硬化也很慢，硬化后的强度也低。因此菱苦土在使用时常用氯化镁水溶液（$MgCl_2 \cdot 6H_2O$，也称卤水）来拌制，其硬化后的主要产物是氧氯化镁（$xMgO \cdot yMgCl_2 \cdot zH_2O$）与氢氧化镁，

氯化镁的适宜用量为55%～60%（以 $MgCl_2 \cdot 6H_2O$ 计）。采用氯化镁水溶液拌制的浆体，其初凝时间为30～60 min，1 d强度可达最高强度的60%～80%，7 d左右可达最高强度（40～70 MPa），体积密度为1 000～1 100 kg/m^3。

三、菱苦土的应用与储运

菱苦土能与植物纤维及矿物纤维很好的结合，因此常将它与刨花、木丝、木屑、亚麻屑或玻璃纤维等复合制成刨花板、木丝板、木屑板、玻璃纤维增强板等，作内墙、隔墙、天花板等用。

菱苦土与木屑、颜料等配制成的板材铺设于地面，称为菱苦土地板，具有保温、防火、防爆（碰撞时不发生火星）及一定的弹性，使用时表面宜刷油漆。

在菱苦土中掺入适量的泡沫（由泡沫剂经搅拌制得），可制成泡沫菱苦土，是一种多孔轻质的保温材料。

菱苦土显著的缺点是吸湿性大、耐水性差，当空气相对湿度大于80%时，制品易吸潮产生变形或翘曲现象，且伴随表面泛霜（即返卤）。为克服上述缺陷，必须精确确定合理配方，添加具有活性的各种填料和有机、无机的改性外加剂，如过烧的红砖；含磷酸、活化磷的工业废渣；含硫化物和活化硫的工业废渣及含铜的活化工业废渣；无机铁盐和铝盐；水溶性的或水乳型的高分子聚合物等。

菱苦土在运输和储存时应避免受潮，存期不宜过长，以防镁质胶凝材料吸收空气中的水分成为氢氧化镁，再碳化成为碳酸镁，失去化学活性。

第四章　混凝土材料

第一节　混凝土概述

一、混凝土的组成和结构

混凝土是由胶凝材料、粗骨料、细骨料和水(或不加水)按适当的比例配合、拌和制成混合物,经一定时间后硬化而成的人造石材。

在混凝土中,水泥与水组成水泥浆用来包裹砂、石骨料表面,并填充骨料的空隙。在拌和物中(即混凝土硬化之前)水泥浆在砂石颗粒间起润滑作用,使拌和物具有良好的可塑性便于施工。而占混凝土总体积约 80%以上的砂、石骨料,只填充于水泥浆中,并不与水泥发生化学作用,是一种惰性成分。当混凝土硬化后,水泥石将骨料牢固地粘结在一起形成具有一定强度的人造石材,其中的砂、石则起骨架作用使混凝土具有较高的强度。在混凝土中除存在毛细孔以外还常残留有少量的空气泡。混凝土结构示意图如图 4-1 所示。

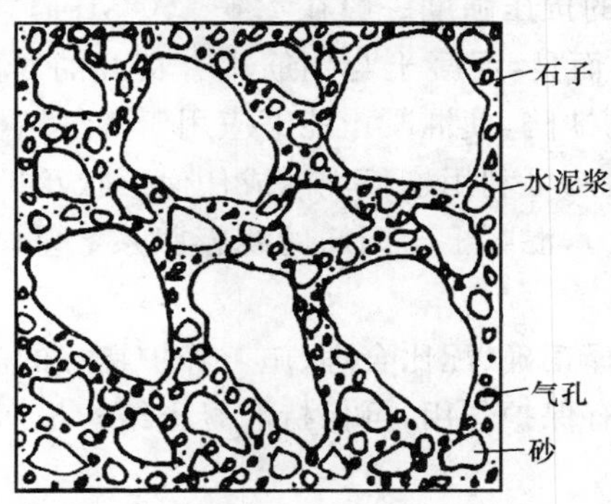

图 4-1　混凝土结构示意图

二、混凝土的分类

混凝土按所用胶凝材料可分为水泥混凝土、沥青混凝土、水玻璃混凝土、聚合物混凝土、聚合物水泥混凝土、石膏混凝土和硅酸盐混凝土等几种。

混凝土按表观密度可分为重混凝土、普通混凝土及轻混凝土三种。

重混凝土是指表观密度大于 2 600 kg/m^3 的混凝土,采用表观密度大的骨料(如重晶石、铁矿石、铁屑等)配制而成。具有良好的防射线性能,故称为防射线混凝土。主要用于核反应堆及其他防射线工程中。

普通混凝土是指表观密度为 1 950～2 500 kg/m^3 的混凝土,采用普通天然密实的骨料配制而成。广泛用于建筑、桥梁、道路、水利、码头、海洋等工程,是各种工程中用量最大的混凝土,故简称为混凝土。

轻混凝土是指表观密度小于 1 950 kg/m^3 的混凝土,采用多孔轻质骨料配制而成,或采用特殊方法在混凝土内部造成大量孔隙,使混凝土具有多孔结构。保温性较好,主要用作保温、结构保温或结构材料。

混凝土按用途分为结构混凝土、装饰混凝土、水工混凝土、道路混凝土、耐热混凝土、耐酸混凝土、大体积混凝土、防辐射混凝土、膨胀混凝土等。

混凝土按生产和施工工艺分为现场搅拌混凝土、预拌混凝土(商品混凝土)、泵送混凝土、喷射混凝土、碾压混凝土、挤压混凝土、离心混凝土、灌浆混凝土等。

混凝土按抗压强度(f_{cu})大小分为低强混凝土(<30 MPa)、中强混凝土(30～60 MPa)、高强混凝土(≥60 MPa)、超高强混凝土(≥100 MPa)。

三、混凝土的特点

1. 优点

(1)原材料来源丰富、价格低廉。混凝土中约70%以上的材料是砂石料,属地方性材料,可就地取材,避免远距离运输,因而价格低廉。

(2)使用灵活施工方便。混凝土拌和物具有良好的流动性和可塑性,可根据工程需要浇筑成各种形状尺寸的构件及构筑物。既可现场浇筑成型,也可预制。

(3)性能可根据需要设计调整。通过调整各组成材料的品种和数量,特别是掺入不同外加剂和掺合料,可获得不同施工和易性,强度、耐久性或具有特殊性能的混凝土,满足工程上的不同要求。

(4)抗压强度高。混凝土的抗压强度一般在7.5～60 MPa。当掺入高效减水剂和掺合料时,强度可达100 MPa以上。而且,混凝土与钢筋具有良好的匹配性,浇筑成钢筋混凝土后,可以有效地改善抗拉强度低的缺陷,使混凝土能够应用于各种结构部位。

(5)凝结前有良好的可塑性,可利用模板浇灌成任何形状及尺寸的构件或结构物。

(6)与钢筋有较高的握裹力,混凝土与钢筋的线膨胀系数基本相同,两者复合后能很好地共同工作等。

(7)耐久性好。原材料选择正确、配比合理、施工养护良好的混凝土具有优异的抗渗性、抗冻性和耐腐蚀性能,且对钢筋有保护作用,可保持混凝土结构长期使用性能稳定。

2. 缺点

(1)自重大。1 m^3 混凝土重约2 400 kg,故结构物自重较大,不利于建筑物(构筑物)向高层、大跨度方向发展,同时导致地基处理费用增加。

(2)抗拉强度低,抗裂性差。混凝土的抗拉强度一般只有抗压强度的1/20～1/10,易开裂。

(3)收缩变形大。水泥水化凝结硬化引起的自身收缩和干燥收缩达 500×10^{-6} m/m以上,易产生混凝土收缩裂缝。

四、混凝土在工程使用上的基本要求及其质量控制环节

1. 工程中使用混凝土的基本要求

(1)混凝土拌和物必须具有适合于施工条件的工作性能,使之便于施工。

(2)混凝土硬化后的强度必须满足结构设计的强度等级要求。

(3)混凝土应具有适应于工程所处环境条件的耐久性能,以保证混凝土的使用寿命。

(4)在满足上述三项技术要求的前提下,要最大限度地节约水泥,以降低成本。

2. 质量控制环节

为了使混凝土满足工程上的基本要求,必须对混凝土的质量加以控制。工程上对混凝土

的质量控制包括初步控制和生产控制两个环节，以便使生产的混凝土达到合格标准。

初步控制包括：

(1)组成材料的质量检验与控制，即对水泥、骨料、水、掺合料及外加剂等进行质量控制。

(2)混凝土配合比的确定与控制，即确定合理的原材料相对含量，以便使混凝土满足工程上的基本要求。

生产控制包括准确的计量；均匀搅拌；减少转运次数，缩短运输时间和采用正确的装卸方法；合理的浇筑程序，充分捣实；严格执行规定的养护制度等。加强生产过程的管理与控制是保证混凝土质量的重要措施。

第二节　普通混凝土的组成材料及质量要求

一、水泥

1. 水泥品种的选择

水泥品种的选择应根据工程特点、所处环境以及设计、施工的要求，选用适当的品种。常用水泥品种选择可参见表 4-1。

表 4-1　常用水泥品种选用参考表

<table>
<tr><th colspan="2">混凝土工程特点及所处环境条件</th><th>优先使用</th><th>可以使用</th><th>不宜使用</th></tr>
<tr><td rowspan="4">普通混凝土</td><td>在普通气候环境中的混凝土</td><td>普通水泥</td><td>矿渣水泥
火山灰水泥
粉煤灰水泥</td><td>—</td></tr>
<tr><td>在干燥环境中的混凝土</td><td>普通水泥</td><td>矿渣水泥</td><td>火山灰水泥</td></tr>
<tr><td>在高湿环境中或长期处于水下的混凝土</td><td>矿渣水泥
火山灰水泥
粉煤灰水泥</td><td>普通水泥</td><td>—</td></tr>
<tr><td>厚大体积的混凝土</td><td>矿渣水泥
火山灰水泥
粉煤灰水泥</td><td>普通水泥</td><td>硅酸盐水泥</td></tr>
<tr><td rowspan="5">有特殊要求的混凝土</td><td>要求快硬高强(≥C30)的混凝土</td><td>硅酸盐水泥
快硬硅酸盐水泥</td><td>—</td><td>—</td></tr>
<tr><td>严寒地区的露天混凝土及处于水位升降范围内的混凝土</td><td>普通水泥(≥42.5 级)
硅酸盐水泥或
抗硫酸盐硅酸盐水泥</td><td>矿渣水泥
(≥32.5 级)</td><td>火山灰水泥</td></tr>
<tr><td>有抗渗要求的混凝土</td><td>普通水泥
火山灰水泥</td><td>硅酸盐水泥
粉煤灰水泥</td><td>矿渣水泥</td></tr>
<tr><td>有耐磨要求的混凝土</td><td>普通水泥(≥42.5 级)</td><td>矿渣水泥(≥32.5 级)</td><td>火山灰水泥</td></tr>
<tr><td>受侵蚀性环境水或气体作用的混凝土</td><td colspan="3">根据介质的种类、浓度具体情况，按专门规定选用</td></tr>
</table>

2. 水泥强度等级的选择

水泥强度等级的选用应与混凝土的强度等级相适应。一般，水泥的实际强度约为混凝土配制强度的 1.5～2.0 倍较为合适。因为水泥强度等级过低，会使水泥用量过大而不经济；若水泥强度等级过高，则水泥用量必然偏少，对混凝土的工作性及耐久性均带来不利影响。

正确地选择水泥品种和强度等级是保证混凝土各项性能及经济性的重要措施，应予以重视。

二、骨料

1. 对骨料的一般要求

骨料约占混凝土总体积的 80%左右，其质量直接影响混凝土的各种性能及经济性，因此骨料的质量必须加以控制。砂石按其技术要求分为用于强度等级大于或等于 C60 的混凝土、用于强度等级 C30～C55 的混凝土和用于强度等级小于或等于 C25 的混凝土三类。

(1)泥和黏土块含量。骨料中的泥和黏土不仅能增大拌和物的需水量，而且还会阻碍水泥石与骨料间的粘结降低混凝土的强度及耐久性(抗渗、抗冻等)，因此应对骨料中的泥和黏土块含量加以控制见表 4-2。若采用人工砂，还应对其石粉含量有一定的要求。

表 4-2　砂、石子有害杂质含量及石子中针、片状颗粒含量的规定

骨料种类	砂			石		
	≥C60	C30～C55	≤C25	≥60	C30～C55	≤C25
含泥量(按质量计,%),≤	2.0	3.0	5.0	0.5	1.0	2.0
泥块含量(按质量计,%),≤	0.5	1.0	2.0	0.2	0.5	0.7
云母含量(按质量计,%),≤	2.0	2.0	2.0	—	—	—
轻物质含量(按质量计,%),≤	1.0	1.0	1.0	—	—	—
海砂中贝壳含量(按质量计,%),≤	3	5	8	—	—	—
硫化物及硫酸盐含量(折算成 SO_3 按质量计,%),≤	1.0					
有机物含量(用比色法试验)	合格					
砂中氯离子含量(按干砂质量计,%)	钢筋混凝土:≤0.06% 预应力混凝土:≤0.02%			—	—	—
石子中针、片状颗粒含量(按质量计,%),≤	—	—	—	8	15	25

(2)有害杂质含量。骨料中的有害杂质主要包括云母、硫化物与硫酸盐、氯盐及有机物等。砂中常含有云母，它的层状结构会降低混凝土的强度；硫化物与硫酸盐与某些水化产物反应生成钙矾石，引起体积膨胀破坏混凝土的结构；有机物腐烂后析出的有机酸可腐蚀水泥石；海砂中含有氯盐，氯盐的存在会促进混凝土钢筋的锈蚀等。骨料中有害杂质含量限制参见表4-2。但对于有抗冻、抗渗或其他特殊要求的小于或等于 C25 混凝土用砂，其泥量不应大于 3.0%；其泥块含量不应大于 1.0%；海砂中贝壳含量不应大于 5%。对于有抗冻、抗渗要求的混凝土

用砂，其云母含量不应大于 1.0%，对于有抗冻、抗渗或其他特殊要求的混凝土用石子，其含泥量不应大于 1.0%；对于有抗冻、抗渗或其他特殊要求的强度等级小于 C30 的混凝土用石子，其泥块含量不应大于 0.5%。此外骨料中还不宜混有草根、树枝树叶、塑料品、煤块、炉渣等杂物。

(3)坚固性。骨料的坚固性是指在自然风化和其他外界物理化学因素作用下，抵抗破裂的能力。采用硫酸钠溶液法进行试验，样品在其饱和溶液中经 5 次循环浸渍后，其质量损失应符合表 4-3 中规定。

(4)碱活性骨料。当骨料中含活性二氧化硅或活性碳酸盐时，可能与混凝土中的碱发生碱一骨料反应，导致混凝土破坏。因此，需进行碱活性检验合格后方可使用。

表 4-3 砂、石的坚固性指标

混凝土所处的环境条件及其性能要求	砂	石
在严寒极寒冷地区室外使用并经常处于潮湿或干湿交替状态下的混凝土 对于有抗疲劳、耐磨、抗冲击要求的混凝土有腐蚀介质作用或经常处于水位变化区得地下结构混凝土(质量损失,%)	≤8	≤8
其他条件下使用的混凝土(质量损失,%)	≤10	≤12

2. 细骨料——砂

(1)粗细程度。砂的粗细程度是指不同粒径的砂粒混合物的平均粗细程度。通常用细度模数 μ_f 表示。在质量相同时，粗砂总表面积较小，而砂越细其总表面积越大。因此，砂的粗细程度反映了砂总表面积的大小。

(2)颗粒级配。颗粒级配是指粒径大小不同的颗粒互相搭配的情况。较好的级配是在粗颗粒的间隙中由中颗粒填充，中颗粒的间隙再由细颗粒填充，这样一级一级的填充，使砂形成最密集的堆积，空隙率达到最小程度，如图 4-2 所示。可见，砂的级配如何，反映了砂的空隙率的大小。

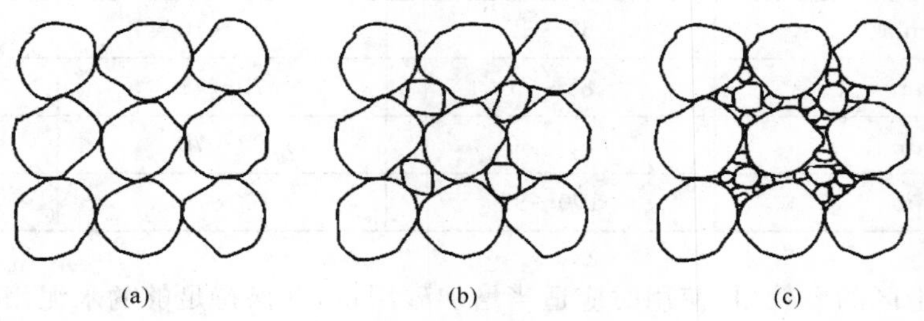

图 4-2 骨料颗粒级配

综上所述，选择细骨料时应同时考虑砂的粗细程度和颗粒级配，才能既满足设计与施工的要求，又能节约水泥。

(3)粗细程度和颗粒级配的确定。砂的粗细程度和颗粒级配用筛分析法确定，并用细度模数表示砂的粗细，用级配区判别砂的颗粒级配。

测定时，称取预先通过筛孔为 9.50 mm 筛的干砂 500 g，用一套孔径为 4.75 mm、2.36 mm、1.18 mm、600 μm、300 μm、150μm 的标准筛由粗到细依次过筛，然后称取各筛筛余试样的质量(筛余量)。各号筛上的筛余量与试样总量之比称为分析筛余百分率，每号筛上的筛余百分率加上该号筛以上各筛的筛余百分率之和称为累计筛余百分率，记作 β_1、β_2、β_3、β_4、β_5、β_6。

砂的细度模数 μ_f 可用式(4-1)计算：

$$\mu_f=\frac{(\beta_2+\beta_3+\beta_4+\beta_5+\beta_6)-5\beta_1}{100-\beta_1} \tag{4-1}$$

细度模数愈大，表示砂愈粗。砂按细度模数 μ_f 分为粗、中、细、特细四种规格，其细度模数分别为：

粗砂：$\mu_f=3.1\sim3.7$

中砂：$\mu_f=2.3\sim3.0$

细砂：$\mu_f=1.6\sim2.2$

特细砂：$\mu_f=0.7\sim1.5$

根据《普通混凝土用砂、石质量及检验方法标准》(JGJ 52—2006)中规定，除特细砂外，砂的颗粒级配可按公称直径 630 μm 筛孔的累计筛余百分率将砂分为三个级配区见表 4-4。级配良好的砂，其颗粒级配应处于任何一个级配区内。若有超出时，规定除公称粒径为5.00 mm和 630 μm 的累计筛余外，其余公称粒径的累计筛余率允许略有超出分界线，但其超出总量不应大于5%，否则视为级配不合格。

为了更直观地反映砂的级配情况，可将表 4-4 的规定绘出级配区曲线图，如图 4-3 所示。将试验所得的各号筛的累计筛余率在级配区曲线图中绘成筛分曲线，即可确认砂的级配情况。若筛分曲线全部落在某一级配区域内，则该砂为级配良好。

表 4-4 砂的颗粒级配区

累计筛余(%) / 级配区 / 公称粒径	Ⅰ区	Ⅱ区	Ⅲ区
5.00 mm	10～0	10～0	10～0
2.50 mm	35～5	25～0	15～0
1.25 mm	65～35	50～10	25～0
630 μm	85～71	70～41	40～16
315 μm	95～80	92～70	85～55
160 μm	100～90	100～90	100～90

一般，处于Ⅰ区的砂较粗，使用时应适当增加砂用量，并保持足够的水泥用量，多用于配制富混凝土或低流动性混凝土；Ⅲ区砂偏细，可提高拌和物的黏聚性和保水性，但干缩大，使用时应适当减少砂用量；Ⅱ区砂粗细适中，拌制混凝土时宜优先选用。

当砂的级配不符合表 4-4 中要求时，应采取相应措施，经试验证明能确保工程质量时方可使用。

3. 粗骨料——石

粗骨料是组成混凝土骨架的主要组分，其质量对混凝土工作性、强度及耐久性等有直接影响。因此，粗骨料除应满足骨料的一般要求外，还应对其颗粒形状、表面状态、强度、粒径及颗粒级配等有一定的要求。

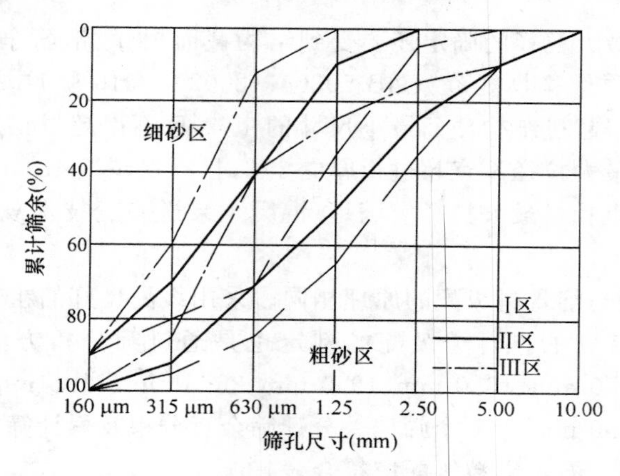

图 4-3 砂的级配区曲线

(1)颗粒形状与表面状态。卵石多为球形,表面光滑,与水泥石粘结较差;而碎石多棱角且表面粗糙,与水泥石粘结好。因此,在相同水泥用量和水用量时,用卵石拌制的混凝土拌和物流动性较好,但强度偏低;而用碎石拌制的混凝土强度较高,但拌和物流动性较差。使用时应根据实际情况、工程要求及就地取材的原则进行选取。

在粗骨料中常含有一些针状颗粒即长度大于平均粒径(指该粒级上、下限粒径的平均值)2.4 倍的颗粒和片状颗粒即厚度小于平均粒径 0.4 倍的颗粒。这些颗粒本身容易折断,而且会增大骨料的总表面积和空隙率,影响混凝土拌和物的工作性,降低混凝土的质量,因此应控制其在粗骨料中的含量。

(2)强度。碎石的强度可用岩石的抗压强度和压碎值指标表示。岩石的抗压强度应比所配制的混凝土强度至少高 20%。当混凝土强度等级大于或等于 C60 时,应进行岩石抗压强度检验。工程中可采用压碎值指标进行质量控制。

卵石的强度可用压碎值指标表示。石子的压碎值指标见表 4-5。

表 4-5 石子的压碎值指标

石子种类		混凝土强度等级	压碎值指标(%)
碎石	沉积岩	C40～C60	≤10
		≤C35	≤16
	变质岩或深层的火成岩	C40～C60	≤12
		≤C35	≤20
	喷出的火成岩	C40～C60	≤13
		≤C35	≤30
卵石		C40～C60	≤12
		≤C35	≤16

(3)最大粒径与颗粒级配。粗骨料的粗细程度用最大粒径表示。把公称粒级的上限称为该粒级的最大粒径。粗骨料最大粒径增大时,骨料的总表面积减小,可见采用较大最大粒径的骨料可以节约水泥。因此,当配制中、低强度等级混凝土时,粗骨料的最大粒径应尽可能选用得大些。

在工程中，粗骨料最大粒径的确定还要受到结构截面尺寸、钢筋净距及施工条件的限制。《混凝土结构工程施工质量验收规范》(GB 50204—2002)(2010 版)中规定，混凝土用的粗骨料，其最大颗粒粒径不得超过结构截面最小尺寸的 1/4，且不得超过钢筋最小净距的 3/4。对混凝土实心板，骨料的最大粒径不宜超过板厚的 1/3，且不得超过 40 mm。

对于泵送混凝土，粗骨料最大粒径应满足《混凝土泵送施工技术规程》(JGJ/T 10—2011)的规定。

粗骨料的颗粒级配与细骨料级配的原理相同。采用级配良好的粗骨料对节约水泥和提高混凝土的强度是极为有利的。石子级配的判定也是通过筛分析方法，其标准筛的孔径为 2.36 mm、4.75 mm、9.50 mm、16.0 mm、19.0 mm、26.5 mm、31.5 mm、37.5 mm、53.0 mm、63.0 mm、75.0 mm、90.0 mm 十二个筛档。分计筛余百分率及累计筛余百分率的计算方法与细骨料的计算方法相同。石子颗粒级配应符合表4-6规定。

粗骨料的级配按供应情况有连续粒级和单粒粒级两种。连续粒级中由小到大每一级颗粒都占有一定的比例，又称为连续级配。天然卵石的颗粒级配就属于连续级配，连续级配大小颗粒搭配合理，使得配制的混凝土拌和物的工作性好，不易发生离析现象，混凝土用石应采用连续级配。单粒级适用于组合成具有要求级配的连续粒级，或与连续粒级混合使用，用以改善级配或配成较大粒度的连续粒级。

表 4-6 石子颗粒级配 (单位：mm)

公称粒径 \ 累计筛余(%) \ 方孔筛		2.36	4.75	9.50	16.0	19.0	26.5	31.5	37.5	53.0	63.0	75.0	90.0
连续粒级	5～10	95～100	80～100	0～15	0	—	—	—	—	—	—	—	—
	5～16	95～100	85～100	30～60	0～10	0	—	—	—	—	—	—	—
	5～20	95～100	90～100	40～80	—	0～10	0	—	—	—	—	—	—
	5～25	95～100	90～100	—	30～70	—	0～5	0	—	—	—	—	—
	5～31.5	95～100	90～100	70～90	—	15～45	—	0～5	0	—	—	—	—
	5～40	—	95～100	70～90	—	30～65	—	—	0～5	0	—	—	—
单粒粒级	10～20	—	95～100	85～100	—	0～15	0	—	—	—	—	—	—
	16～31.5	—	95～100	—	85～100	—	—	0～10	0	—	—	—	—
	20～40	—	—	95～100	—	81～100	—	—	0～10	0	—	—	—
	31.5～63	—	—	—	95～100	—	—	75～100	45～75	—	0～10	0	—
	40～80	—	—	—	—	95～100	—	—	70～100	—	30～60	0～10	0

三、混凝土用水

对混凝土用水的质量要求：不得影响混凝土的和易性及凝结；不得有损于混凝土强度的发展；不得降低混凝土的耐久性、加快钢筋锈蚀及导致预应力钢筋脆断；不得污染混凝土表面。

《混凝土用水标准》(JGJ 63—2006)对混凝土用水提出了具体的质量要求。混凝土用水按水源不同分为饮用水、地表水、地下水、再生水、混凝土设备洗刷水和海水等。符合国家标准的生活用水可用于拌制混凝土；地表水、地下水和再生水等必须按照标准规定检验合格后，方可使用；混凝土企业设备洗刷水不宜用于预应力混凝土、装饰混凝土、加气混凝土和暴露于腐蚀环境的混凝土，不得用于使用碱活性或潜在碱活性骨料的混凝土；海水中含有较多硫酸盐、镁盐和氯盐，影响混凝土的耐久性并加速钢筋的锈蚀，因此未经处理的海水严禁用于钢筋混凝土和预应力混凝土，在无法获得水源的情况下，海水可用于素混凝土，但不宜用于装饰混凝土。

第三节　普通混凝土的主要技术性质

一、混凝土拌和物的和易性

1. 和易性的含义

和易性又称工作性，是指混凝土拌和物易于施工操作(搅拌、运输、浇筑、捣实)，并能获得质量均匀、成型密实的混凝土的性能。和易性是一项综合的技术性质，包括流动性、黏聚性和保水性三个方面的含义。

(1)流动性。流动性是指拌和物在自重或施工机械振动作用下，能产生流动并均匀密实地填满模具的性质。流动性的大小反映了拌和物的稀稠，故又称为稠度。稠度大小直接影响施工时浇筑捣实的难易以及混凝土的质量。众所周知，表征液体流动速度的物理参数是黏度，当切应力一定时，黏度越小，流动速度就越大；表征塑性体变形的特征参数是屈服点，应力超过屈服点，物体发生塑性变形。然而混凝土拌和料是一种非匀质的材料，既非理想的液体，又非弹性体和塑性体。它的流动性能很难用物理参数来表示。因此这里讨论的流动性完全是从工程实用的角度，表征拌和料浇筑振实难易程度的一个参数。流动性大(或好)的拌和料较易浇筑振实。影响流动性的因素使混凝土拌和料具有流动性的根本因素是水泥浆，所以从本质上讲，影响拌和料的主要因素是拌和料中水泥浆的数量和水泥浆本身的流动性。而影响水泥浆的流动性的因素是水泥浆中水泥的浓度(水胶比)、水泥的性质和外加剂。因此，影响混凝土拌和料流动性的主要因素可归结为以下几点。

1)当外加剂固定后，用水量是影响流动性最敏感的因素。所以在设计配合比时，当所用骨料一定时，首先以改变用水量来调节流动性。水胶比是由强度和耐久性要求而确定的，因此改变用水量的同时，水泥用量也随之改变。当然流动性随用水量的增大而增大。

2)外加剂对流动性的影响极大，特别是减水剂和高效减水剂。在现代混凝土中，掺加外加剂已成为提高流动性的最主要措施。除减水剂外，掺加引气剂也能提高流动性，这是因为引入的空气泡使水泥浆体的体积增大。混凝土中含气量每增加1%，水泥浆体体积增加2.0%～3.5%。同时引入的微细空气泡在拌和料中起类似滚珠的效果，引气对流动性的提高效果对贫水泥的混凝土拌和尤为显著。

3)所用水泥的品种、生产水泥时所掺加的混合材料的品种和掺量，以及拌制混凝土时掺加的混合材料的品种和掺量对拌和料流动性也有较大影响。为了叙述的方便,这里把水泥和混合材料统称为胶凝材料。胶凝材料对流动性的影响主要表现在胶凝材料需水量的不同,需水量越大,拌和料的流动性越小。

一般水泥中掺加火山灰质混合材料使胶结材料的需水量增大,在胶结材料用量虽相同的条件下,流动性降低。换句话说,为得到相同的流动性,要适当加大单位体积用水量。掺加矿渣也可能略微增大胶结材料的需水量,但对新拌混凝土的流动性影响不太大。无论在生产水泥时或在拌和混凝土时掺加粉煤灰对新拌混凝土流动性的影响主要取决于粉煤灰本身的质量(需水量),影响流动性的幅度较大。高质量粉煤灰需水量小,而且其中玻璃球含量大,有滚动的效应。所以当胶结料和水的用量一定时,掺高质量的Ⅰ级粉煤灰能增大流动性,反之低质量的粉煤灰使流动性降低。

水泥熟料中铝酸盐矿物的需水量最大,C_2S需水量最小,所以用含铝酸盐矿物多的水泥流动性较小。但由于硅酸盐水泥熟料中矿物组成的变化幅度不是很大,所以对流动性的影响不很显著。

4)骨料的级配、粒径和表面状态对新拌混凝土流动性也有影响。级配好的骨料空隙少,在相同水泥浆量的条件下,可获得较大的流动性。但在富水泥拌和料中,其影响减小。

大粒径骨料比表面积小,为包裹骨料表面所需水泥浆少,为得到相同流动性所需的用水量就少。细骨料(砂)的细度影响更显著,如用粒度较细的砂,流动性减小。细骨料与粗骨料的比率也影响流动性,砂率大则流动性小。用表面光滑的卵石和河砂较表面呈棱角形的碎石和山砂流动性得以改善。含泥量大的骨料需水量大大增加,对流动性很不利。

(2)黏聚性是指拌和物的各组成材料间具有一定的黏聚力,在施工过程中不致产生分层和离析现象,仍能保持整体均匀的性质。它反映了拌和物保持均匀的能力。

(3)保水性是指拌和物保持水分,不致产生泌水的性能。拌和物发生泌水现象会使混凝土内部形成贯通的孔隙,不但影响混凝土的密实性,降低强度,而且还会影响混凝土的抗渗、抗冻等耐久性能。

2.和易性的测定

由于和易性是一项综合的技术性质,因此很难找到一种能全面反映拌和物和易性的测定方法。通常是以测定流动性(即稠度)为主,而对黏聚性和保水性主要通过观察进行评定。

根据《普通混凝土拌和物性能试验方法标准》(GB/T 50080—2002)规定,混凝土拌和物的稠度可采用坍落度与坍落扩展度法和维勃稠度法测定。

(1)坍落度与坍落扩展度法。坍落度与坍落扩展度法适用于骨料最大粒径不大于40 mm、坍落度值大于10 mm的塑性和流动性混凝土拌和物稠度测定。方法是将拌和物按规定的试验方法装入坍落度筒内,提起坍落度筒后拌和物因自重而向下坍落,下落的尺寸即为该混凝土拌和物的坍落度值,以mm为单位,如图4-4所示。在测定坍落度的同时,应观察拌和物的黏聚性和保水性情况,以便全面地评定混凝土拌和物的和易性。当混凝土拌和物坍落度大于220 mm时还应测定其坍落扩展度。

混凝土拌和物的坍落度等级划分见表4-7。坍落度值小于10 mm的干硬性混凝土拌和物应采用维勃稠度法测定。

(2)维勃稠度法。维勃稠度法适用于骨料最大粒径不大于40 mm,维勃稠度在5～30 s之间的混凝土拌和物稠度的测定。这种方法是先按规定方法在圆柱形容器内做坍落度试验,提起坍落度筒后在拌和物试体顶面上放一透明圆盘,开启振动台,同时启动秒表并观察拌和物下落情况。当透明圆盘下面全部布满水泥浆时关闭振动台,停秒表,此时拌和物已被振实。秒表的读数即为该拌和物的维勃稠度值,以“s”为单位,如图 4-5 所示。

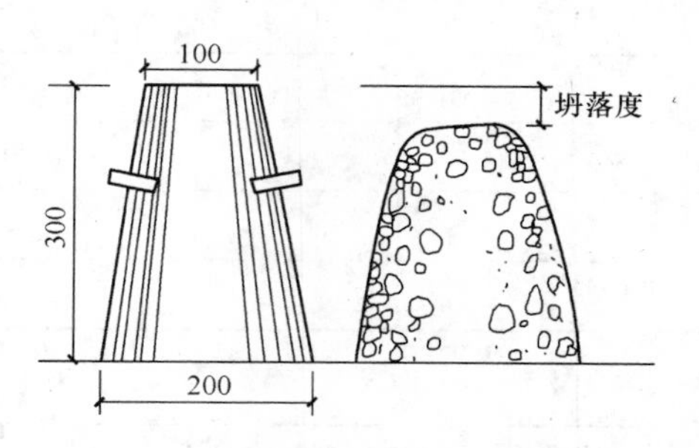

图 4-4　坍落度测定示意图(单位:mm)

表 4-7　混凝土拌和物的坍落度等级划分

等级	坍落度(mm)
S_1	10～40
S_2	50～90
S_3	100～150
S_4	160～210
S_5	≥220

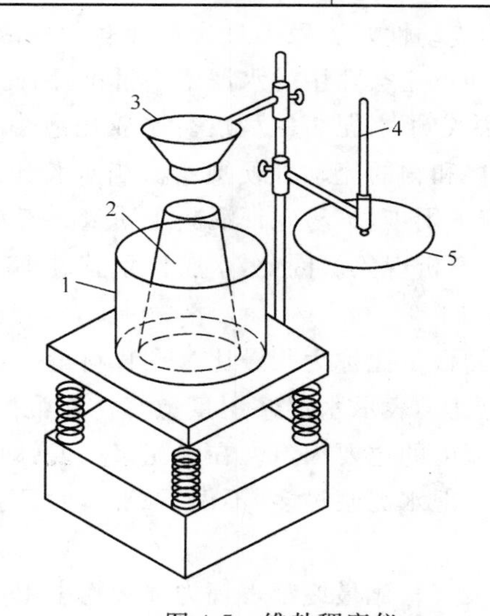

图 4-5　维勃稠度仪

1—圆柱形容器;2—坍落度筒;3—漏斗;4—测杆;5—透明圆盘;6—振动台

混凝土拌和物的维勃稠度等级划分见表 4-8。

3. 和易性的主要影响因素

混凝土拌和物的和易性取决于各组成材料的品种、规格以及组成材料之间数量的比例关系(水胶比、砂率、浆骨比),如图 4-6 所示。

表 4-8 混凝土拌和物的维勃稠度等级划分

等级	维勃稠度(s)
V_0	≥31
V_1	21～30
V_2	11～20
V_3	6～10
V_4	3～5

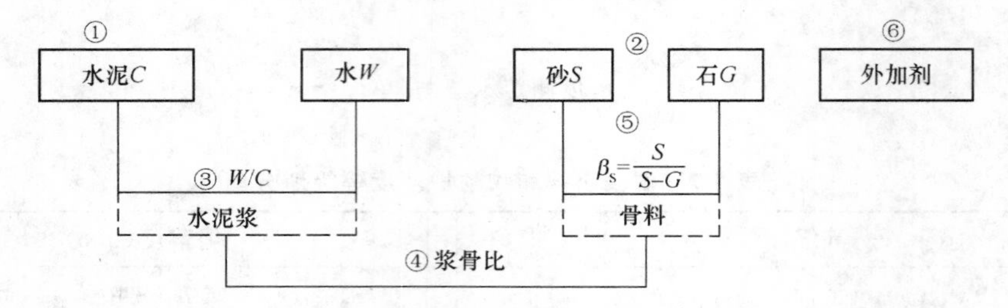

图 4-6 混凝土工作性影响因素分析图

(1)水泥品种。不同品种的水泥,需水量不同,因此在相同配合比时,拌和物的稠度也有所不同。需水量大者,其拌和物的坍落度较小。一般采用火山灰水泥、矿渣水泥时,拌和物的坍落度较用普通水泥时小些。

(2)骨料的种类、粗细程度及颗粒级配。河砂和卵石表面光滑无棱角,多呈球状,拌制的混凝土拌和物比碎石拌制的拌和物流动性好。采用最大粒径较大的级配良好的砂石,因其总表面积和空隙率小,包裹骨料表面和填充空隙用的水泥浆用量小,因此拌和物的流动性也好。

(3)水胶比。水胶比的大小决定了水泥浆的稠度。水胶比愈小,水泥浆就愈稠,当水泥浆与骨料用量比一定时,拌制成的拌和物的流动性便愈小。当水胶比过小时,水泥浆较干稠,拌制的拌和物的流动性过低会使施工困难,不易保证混凝土质量。若水胶比过大,会造成拌和物黏聚性和保水性不良,产生流浆、离析现象。因此,水胶比不宜过小或过大,一般应根据混凝土的强度和耐久性要求合理地选用。

(4)浆骨比。水泥浆与骨料的数量比称为浆骨比。在骨料量一定的情况下,浆骨比的大小可用水泥浆的数量表示,浆骨比愈大,表示水泥浆用量愈多。在混凝土拌和物中,水泥浆赋予拌和物以流动性,是影响拌和物稠度的主要因素。在水泥浆稠度(即水胶比)一定时,增加水泥浆数量,拌和物流动性随之增大。但水泥浆过多,不仅不经济,而且会使拌和物黏聚性变差,出现流浆现象。

无论是提高水胶比,或是增大浆骨比最终都表现为拌和物中用水量的增加。可见,用水量是对混凝土拌和物稠度起决定性作用的因素。试验证明,在骨料一定的情况下,为获得要求的流动性,所需拌和用水量基本上是一定的,即使水泥用量有所变动(每立方米混凝土用量增减在 50～100 kg)也无何影响。这一关系称为恒定用水量法则。

需要注意,在施工中为了保证混凝土的强度和耐久性,不准用单纯改变用水量的办法来调整拌和物的稠度。应在保证水胶比不变的条件下以改变浆骨比(即改变水泥浆数量)的方法来使拌和物达到施工要求的稠度。

(5)砂率。砂率是指拌和物中砂的质量占砂石总质量的百分率。砂的粒径比石子小得多,具有很大的比表面积，而且砂在拌和物中填充粗骨料的空隙。因而，砂率的改变会使骨料的总表面积和空隙率有显著的变化，可见砂率对拌和物的和易性有显著的影响。

砂率过大，骨料的总表面积及空隙率都会增大，在水泥浆量一定的条件下，骨料表面的水泥浆层厚度减小，水泥浆的润滑作用减弱，使拌和物的流动性变差。若砂率过小，砂填充石子空隙后，不能保证粗骨料间有足够的砂浆层，也会降低拌和物的流动性，而且会影响拌和物的黏聚性和保水性，使拌和物粗涩、松散，粗骨料易发生离析现象。当砂率适宜时，砂不但填满石子的空隙，而且还能保证粗骨料间有一定厚度的砂浆层以便减小粗骨料的滑动阻力，使拌和物有较好的流动性。这个适宜的砂率值称为合理砂率。采用合理砂率时，在用水量及水泥用量一定的情况下，能使拌和物获得最大的流动性，且能保证良好的黏聚性和保水性。或者，在保证拌和物获得所要求的流动性及良好的黏聚性和保水性时，水泥用量为最小，如图 4-7 所示。

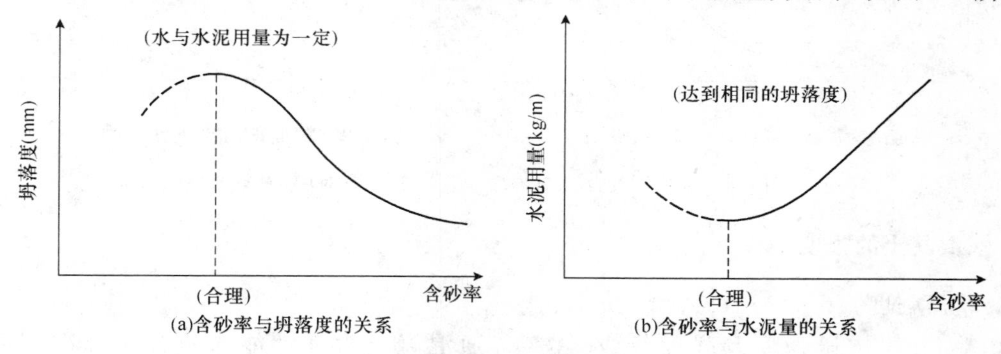

图 4-7 含砂率与坍落度和水泥量的关系

(6)外加剂。在拌制混凝土时，掺用外加剂(减水剂、引气剂)能使混凝土拌和物在不增加水泥和水用量的条件下，显著地提高流动性，且具有较好的黏聚性和保水性。

此外，由于混凝土拌和后水泥立即开始水化，使水化产物不断增多，游离水逐渐减少，因此拌和物的流动性将随时间的增长不断降低。而且，坍落度降低的速度随温度的提高而显著加快。

综上所述，在施工中因原材料(水泥、砂、石)已限定，砂率往往已采用合理砂率值，因此在保证混凝土质量的前提下，只能采取增大浆骨比(即增大用水量的同时，相应增加水泥用量)或掺入外加剂的措施来改善拌和物的和易性。

二、混凝土的凝结时间

混凝土凝结的主要原因是水泥和水的反应，但是由于各种因素，混凝土的凝结时间与配制该混凝土所用水泥的凝结时间是不一致的，而且水泥的初凝和终凝时间是根据测试方法人为规定的作为新拌水泥浆体开始固化的两个点。同样，混凝土的凝结也可定义为新拌混凝土固化的开始。混凝土的初、终凝时间也是根据试验方法人为规定的。简单地讲，其测试步骤为：从混凝土中分离出砂浆，将其装满规定的容器，测量使试针贯入砂浆(25±2)mm 所需要的力。以时间对数为因变量，贯入阻力对数为自变量，做线性回归，求出贯入阻力 3.5 MPa 的时间，即初凝时间；贯入阻力 28 MPa 时为终凝时间。

影响混凝土凝结时间的主要因素为水泥组成、水胶比、温度和外加剂。用快凝、假凝或者瞬凝的水泥所配制的混凝土，易于产生相对应的特征。由于水化水泥浆体中的凝结和硬化过程受到水化产物向空间填充情况的影响，水胶比会明显影响凝结时间。一般来讲，水胶比越大，凝结时间越长。

水泥组成、温度和缓凝剂对 ASTM C403 试验所测凝结速率的影响如图 4-8 所示。当混凝土拌和物在 10℃拌制和养护时，其初凝和终凝时间比 23℃的大约分别要延缓 4 h 和 7 h。水泥在掺缓凝剂时，发现其缓凝效果在较高的温度下更为明显。

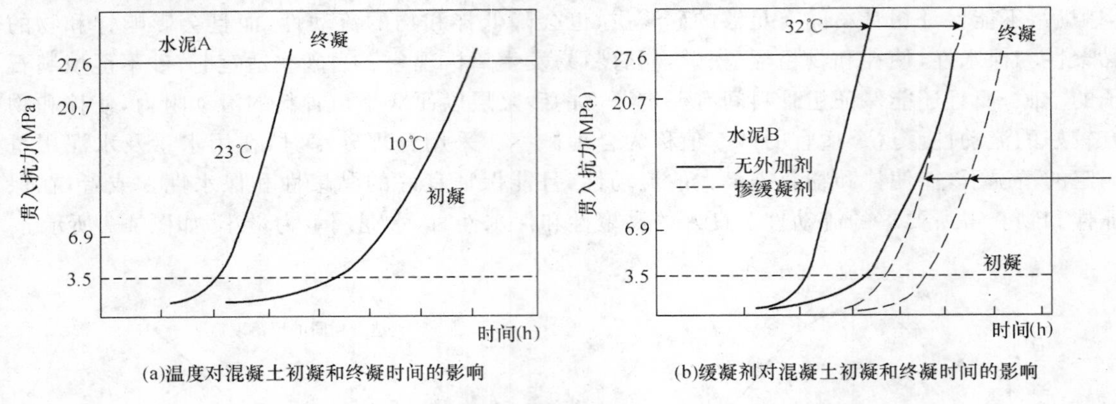

(a)温度对混凝土初凝和终凝时间的影响 (b)缓凝剂对混凝土初凝和终凝时间的影响

图 4-8 温度和缓凝剂对混凝土初凝和终凝时间的影响

三、混凝土的强度

1. 抗压强度

(1)立方体抗压强度及强度等级。按《普通混凝土力学性能试验方法标准》(GB/T 50081—2002)规定，将混凝土拌和物制成边长为 150 mm 的立方体标准试件，应在(20±5)℃的环境市静置一昼夜至二昼夜，拆模后，置于温度为(200±2)℃，相对湿度为 95%以上的标准养护室中养护，或在温度为(20±2)℃的不流动的 $Ca(OH)_2$ 饱和溶液中养护 28 d，测得其抗压强度，所测得的抗压强度值称为立方体抗压强度，以 f_{cu} 表示。

根据《混凝土强度检验评定标准》(GB/T 50107－2010)规定，混凝土的强度等级按立方体抗压强度标准值划分。混凝土的强度等级采用符号 C 与立方体抗压强度标准值 f_{cu}（以 N/mm^2 计）表示。立方体抗压强度标准值系指按标准方法制作和养护的边长为 150 mm 的方体试件在 28 d 龄期，用标准试验方法测得的抗压强度总体分布中的一个值，强度低于该值的百分率不超过 5%。混凝土的强度等级分为 C7.5、C10、C15、C20、C25、C30、C35、C40、C45、C50、C55 及 C60 十二个等级，例如 C25 表示立方体抗压强度标准值为 25 MPa，即混凝土立方体抗压强度大于 25MPa 的概率为 95%以上。

(2)轴心抗压强度。混凝土的立方体抗压强度只是评定强度等级的一个标志，它不能直接用来作为结构设计的依据。为了符合实际情况，在结构设计中混凝土受压构件的计算采用混凝土的轴心抗压强度（也称棱柱强度）。按《普通混凝土力学性能试验方法标准》(GB/T 50081—2002)规定，混凝土轴心抗压强度试验采用 150 mm×150 mm×300 mm 的棱柱体为标准试件。试验表明，混凝土的轴心抗压强度 f_{cp} 与立方体抗压强度 f_{cu} 之比约为0.7～0.8。

2. 抗拉强度

混凝土是一种脆性材料，受拉时只产生很小的变形就开裂；断裂前没有残余变形；抗拉强度比抗压强度小得多，一般只有抗压强度的 1/10～1/20，且随混凝土强度等级的提高比值有所降低。因此，混凝土工作时一般不依靠其抗拉强度。但是，混凝土的抗拉强度对抵抗裂缝的产生有着重要意义，在结构设计中抗拉强度是确定混凝土抗裂度的重要指标。

《普通混凝土力学性能试验方法标准》(GB/T 50081—2002)规定，我国采用劈裂抗拉试验法，间接地求出混凝土的抗拉强度。劈裂法试验装置示意图如图 4-9 所示。

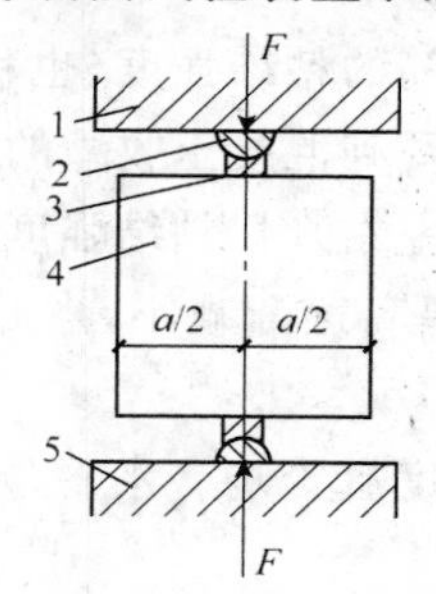

图 4-9　混凝土劈裂抗拉试验装置图

1一压力机上压板；2一垫条；3一垫层；

4一试件；5一压力机下压板

劈裂抗拉强度按式(4-2)计算：

$$f_{ts}=\frac{2F}{\pi A}=0.637\frac{F}{A} \tag{4-2}$$

式中　f_{ts}——混凝土劈裂抗拉强度(MPa)；

F——破坏荷载(N)；

A——试件劈裂面面积(mm^2)。

混凝土轴心抗拉强度可由劈裂抗拉强度值乘以换算系数取得，该系数可由试验确定。

3. 抗剪强度

在混凝土结构中出现纯剪很少，但由于剪应力与法向应力的复合，常常会导致混凝土结构的破坏。因此，混凝土的抗剪强度也是一项重要的力学性能。

直接测定混凝土的抗剪(纯剪)强度，在测试技术上还存在着困难，无论是中空圆柱体还是在跨度很短的梁上进行抗剪试验，都会因为有主拉应力的出现，且混凝土的抗拉强度又比抗剪强度低，使所测得的抗剪强度的离散性很大。只有根据复合应力试验才能得到可靠的抗剪强度。

4. 疲劳强度

在混凝土工程结构承受重复荷载时，混凝土材料在多次重复荷载的作用下会发生疲劳破坏，破坏时的混凝土强度远低于在静载下的抗压强度。

在结构承受重复荷载时，混凝土处于高应力(σ_h)和低应力(σ_l)交替力作用下工作。重复荷载作用下，混凝土的应力一应变曲线随荷载的重复次数而变化。卸载时的滞回曲线随着荷载重复次数的增加而逐渐由直线变成凹向应力轴的曲线，其凹曲程度的增大，是混凝土趋近破坏程度的标志。

混凝土的疲劳特性反映疲劳破坏是在一定应变下发生的。而疲劳极限应变值大于静力破坏时的极限应变。

混凝土的受压疲劳强度，在 1 000 万次循环下，一般介于静力抗压强度的 60%～64%。σ_h/σ_l愈高，则混凝土的疲劳强度愈低。

混凝土的弯曲疲劳特性与受压疲劳极其相似，只是弯曲疲劳强度受试件湿度的影响较显著。弯曲疲劳强度在 1 000 万次循环下，约为静力强度的 55%。掺引气剂的混凝土和轻骨料混凝土的疲劳特性与普通混凝土相同。在钢筋混凝土结构中,混凝土受疲劳而引起的裂缝扩展,会使钢筋的应力增高而使钢筋产生疲劳的可能性也增大。

5. 粘结强度

混凝土粘结强度是指混凝土与钢筋的粘结强度(也称之为握裹力),主要产生于混凝土与钢筋之间的摩擦力和粘着力以及钢筋受到混凝土收缩的影响。

在混凝土抗压强度较低(20 MPa 左右)时,粘结强度与抗压强度近似呈线性关系。但随着混凝土抗压强度的提高,粘结强度的提高逐渐减小,当混凝土抗压强度达到 40 MPa 以上时,粘结强度几乎不再提高。

钢筋在混凝土中的位置对粘结强度有影响。水平位置的钢筋由于混凝土内分层的原因,其粘结强度低于垂直位置的钢筋。

温度升高会使粘结强度降低。在 200℃～300℃时的粘结强度可比室温条件下降低一半,由于混凝土的收缩作用对钢筋的影响,干燥混凝土与钢筋间的粘结强度比潮湿混凝土高。经受干湿交替、冻融循环和重复交变荷载的作用,混凝土与钢筋的粘结强度也会降低。

6. 混凝土强度的影响因素

(1)主要影响因素。混凝土的受力破坏,主要出现在水泥石与骨料的界面上以及水泥石中。因此,混凝土的强度主要取决于水泥石与骨料的粘结强度和水泥石的强度。混凝土强度的主要影响因素见表 4-9。

表 4-9 混凝土强度的主要影响因素

影响因素	内 容
水泥的强度	在所用原材料及配合比例关系相同的情况下,所用的水泥强度愈高,水泥石的强度及与骨料的粘结强度也愈高,因此制成的混凝土的强度也愈高。试验证明,混凝土的强度与水泥的强度成正比例关系
水胶比	即用水量与水泥用量之比。在配制混凝土时,为了使拌和物具有良好的和易性,往往要加入较多的水(约为水泥质量的 40%～70%),而水泥完全水化需要的化学结合水大约只有水泥质量的 23%左右,多余的水在水泥硬化后或残留在混凝土中,或蒸发,使得混凝土内部形成各种不同尺寸的孔隙。这些孔隙大大地减少混凝土在受力时抵抗荷载作用的有效断面,而且还会在孔隙周围产生应力集中,削弱了混凝土抵抗外力的能力。因此在水泥的强度及其他条件相同的情况下,混凝土的强度主要取决于水胶比,这一规律常称为水胶比定则。水胶比愈小,水泥石的强度及与骨料的粘结强度愈大,混凝土的强度愈高。但水胶比过小,拌和物过于干稠,也不易保证混凝土的质量。试验证明,在相同材料的情况下,混凝土强度随水胶比的增大而降低,其规律呈曲线关系,而混凝土的强度与灰水比呈直线关系,如图 4-10 所示
骨料的种类、质量与数量	水泥石与骨料的粘结强度除取决于水泥石的强度以外,还与骨料(尤其是粗骨料)的种类及表面状况有关。碎石表面粗糙,水泥石与其粘结较为牢固,而卵石表面光滑,则粘结较差,因此在水泥强度与水胶比相同的条件下,碎石混凝土的强度往往高于卵石混凝土的强度。此外,当粗骨料级配良好,用量及含砂率适当,能组成密集的骨架使水泥浆数量相对减小,骨料的骨架作用充分,也会使混凝土强度有所提高

续上表

影响因素	内　容
孔隙率和空隙率	一般匀质固体材料，其强度与孔隙率间存在着密切的联系，可按式(4-3)来描述： $$S=S_0 e^{-kP} \tag{4-3}$$ 式中　S——含有一定孔隙的材料的强度； S_0——孔隙率等于零时的材料本征(固有)强度； k——常数； P——材料中所含有的孔隙率。 对混凝土而言，混凝土的强度与空隙率间同样存在着与上述相似的关系，但是由于混凝土中含有骨料，就不能将之视为均质材料，也就不能简单地将其强度与孔隙率建立一个如同水泥浆体那样的通用关系式。相同的水泥浆体孔隙率的情况下，混凝土的强度可以有极大的差异，有时其强度差别可达数倍之大。其原因在于混凝土中除水泥浆体外还含有大量的粗、细骨料，而混凝土的孔隙率主要取决于粗、细骨料的级配。此外，还由于混凝土中的粗骨料与水泥浆体间存在着过渡区的界面缝，所以，混凝土材料的强度与孔隙率的关系更为复杂化，难以建立一个通用的关系式

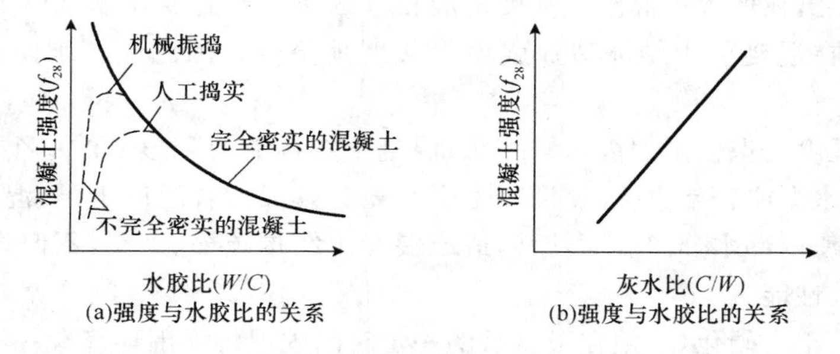

图 4-10　混凝土强度与水胶比及灰水比的关系

根据工程实践可建立混凝土强度与水泥强度、水胶比及骨料等因素之间的关系式，混凝土强度经验公式见式(4-4)：

$$f_{28}=\alpha_a f_{ce}\left(\frac{C}{W}-\alpha_b\right) \tag{4-4}$$

式中　f_{28}——混凝土 28 d 龄期的抗压强度(MPa)；

f_{ce}——水泥的实际强度(MPa)；

$\frac{C}{W}$——灰水比，水胶比的倒数；

α_a、α_b——经验系数，与骨料重力有关。

水泥的实际强度即水泥经实际测定的强度值，当无法取得水泥实际强度时可用式(4-5)计算：

$$f_{ce}=\gamma_c \cdot f_{ce,k} \tag{4-5}$$

式中　γ_c——水泥的强度富余系数，该值应按实际统计，资料确定，无统计资料时 γ_c 取 1.0。

$f_{ce,k}$——所选用强度等级的水泥的 28 d 的抗压强度标准值(MPa)。

经验系数 α_a、α_b 可根据各地的实际情况选取。即应根据使用的水泥和粗、细骨料通过试验建立的灰水比与混凝土强度关系式来确定。

利用混凝土强度经验公式可进行下面两个问题的估算：

①根据水泥强度和水胶比值来估算所制成混凝土的 28 d 强度值；

②根据水泥的强度和要求配制的混凝土强度来估算应采用的水胶比值。

(2)其他影响因素。为了使混凝土硬化后能达到预定的强度，还必须在施工中搅拌均匀、捣固密实、良好的养护并使之达到规定的龄期。

1)施工条件(搅拌与振捣)。施工条件是确保混凝土结构均匀密实，硬化正常，达到设计要求强度的基本条件。在施工过程中必须把拌和物搅拌均匀，浇注后必须捣固密实，且经良好的养护才能使混凝土硬化后达到预定的强度。

采用机械搅拌比人工搅拌的拌和物更均匀，采用机械捣固比人工捣固的混凝土更密实，而且机械捣固可适用于更低水胶比的拌和物，获得更高的强度，如图 4-10 所示。

改进施工工艺能提高混凝土强度，如采用分次投料搅拌工艺；采用高速搅拌机拌和；采用高频或多频振捣器振捣；采用二次振捣工艺等都会有效地提高混凝土的强度。

2)养护条件。混凝土成型后应在一定的养护条件(温度和湿度)下进行养护，才能使混凝土硬化后达到预定的强度及其他性能。因为混凝土强度的产生与发展是通过水泥的水化来实现的。

周围环境的温度对水泥水化作用的进行有显著影响；温度升高，水化速度加快，混凝土强度的发展也快；反之，在低温下混凝土强度发展相应迟缓。当温度在冰点以下时，不但水泥停止水化，而且还会在混凝土中结冰造成强度大幅度地降低。因此应特别防止混凝土的早期受冻。

周围环境的湿度是保证水泥能正常水化，混凝土结构能顺利形成的一个重要条件。在适当的湿度条件下，水泥能正常水化，使混凝土强度充分发展。若湿度不足，混凝土表面会发生失水干燥现象，迫使内部水分向表面迁移，造成混凝土结构疏松、干裂，不但降低强度，而且还影响混凝土的耐久性能。

为了使混凝土正常硬化，必须在成型后的一定时间内保持周围环境有一定的温度和湿度。混凝土在自然条件下，温度随气温变化，湿度条件采用人工方法实现的养护方法称为自然养护。

为了加速混凝土强度的发展，提高混凝土的早期强度还可以采用湿热处理的方法，即蒸汽养护和压蒸养护的方法来实现。

3)龄期。龄期是指混凝土在正常养护条件下所经历的时间。在正常养护条件下，混凝土的强度将随龄期的增长而不断发展，最初 7～14 d 内强度发展较快，以后便逐渐缓慢，28 d 达到预定的强度。28 d 后，强度仍在发展，其增长过程可延续数十年之久。

普通水泥配制的混凝土，在标准养护条件下，混凝土强度的发展大致与龄期的对数成正比关系，因此可根据某一龄期的强度推算另一龄期的强度。计算式见式(4-6)：

$$\frac{f_n}{\lg n}=\frac{f_a}{\lg a} \tag{4-6}$$

式中 f_n、f_a——n、a 天龄期混凝土的抗压强度(MPa)，其中 n、a 均不小于 3 d。

4)外加剂。在混凝土中加入外加剂可改变混凝土的强度发展规律，若掺入减水剂可减少拌和用水量，提高混凝土的强度；掺入早强剂可加速早期强度的发展，但对混凝土的后期强度无改变。

(3)试验条件。试验条件不同，会影响混凝土强度的试验值。试验条件指试件的尺寸、形状、表面状态、含水程度及加荷速度等。

1)试件尺寸。实践证明试件的尺寸越小，测得的强度值越高，这是由于大试件内存在的孔隙、裂缝和局部软弱等缺陷的几率大，这些缺陷的存在会降低强度的缘故。

2)试件形状。棱柱体(高度 h 比横截面的边长 a 大的试件)试件要比立方体形状的试件测得的强度值小。这是因为试件受压面与试验机压板之间存在着摩阻力，因压板刚度极大，因此在试件受力时压板的横向应变小于混凝土的横向应变，这将使压板对试件的横向应变起到约束作用，这种约束作用称为“环箍效应”，如图 4-11 所示。这种效应随与压板距离的加大而逐渐消失，其影响范围约为试件边长的$\sqrt{3}/2$倍。这种作用使破坏后的试件成图 4-11(b)的形状。可见试件的 h/a 越大，中间区段受环箍效应的影响越小，甚至消失。因此，棱柱体的抗压强度将比立方体时要小。

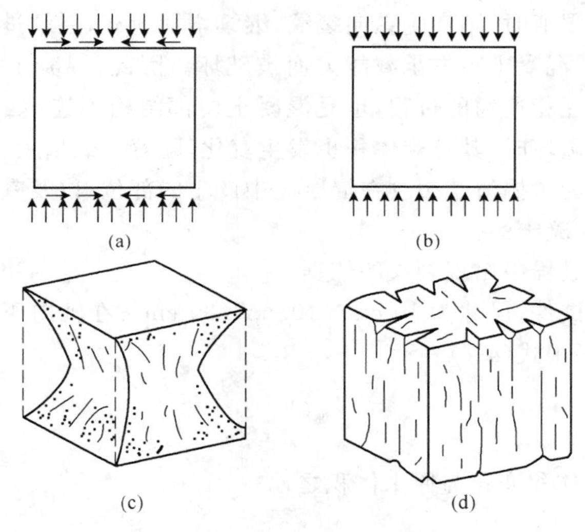

图 4-11　混凝土试件受压破坏状态

3)表面状态。当混凝土试件受压面上有油脂类润滑物质时，由于压板与试件间摩阻力小使环箍效应影响大大减小，试件将出现垂直裂纹而破坏如图 4-11(d)所示，此时测得的强度值较低。

4)含水程度。混凝土试件含水程度较大时，要比干燥状态时的强度低些。

5)加荷速度。试验时，压试件的加荷速度对强度值的影响也很大。因为破坏是试件的变形达到一定程度时才发生的，当加荷速度较快时，材料变形的增长落后于荷载的增加，故破坏时的强度值偏高。

综上所述，即使混凝土的原材料、施工工艺及养护条件等都相同，但试验条件不同，所测得的强度试验结果也会不同。因此，要得到正确的混凝土抗压强度值，还必须严格遵守国家有关试验标准的规定。

7. 提高混凝土强度的措施

提高混凝土的强度和促进混凝土强度发展的措施有以下几点：

(1)采用高强度等级的水泥。

(2)采用水胶比较小、用水量较少的干硬性混凝土。

(3)采用质量合格、级配良好的碎石及合理的含砂率。

(4)采用机械搅拌、机械振捣；改进施工工艺。

(5)采用湿热养护处理可提高水泥石与骨料的粘结强度，从而提高混凝土的强度。这种措施对采用掺混合材料的水泥拌制的混凝土更为有利。

(6)在混凝土中掺入减水剂或早强剂，可提高混凝土的强度或早期强度。

四、混凝土的断裂和破坏

1. 混凝土的破坏机理

混凝土的抗压强度是混凝土材料最基本的性质，也是实际工程对混凝土要求的基本指标；而抗压强度以混凝土破坏时的压应力大小来衡量。因此，研究混凝土的强度必须研究混凝土的破坏过程。

混凝土在压力作用下产生纵向与横向变形。当荷载增大到一定程度以后，试件中部的横向变形达到混凝土的极限值时，则产生纵向裂纹，继续增加荷载，裂纹进一步扩大和延伸，同时产生新的纵向裂纹，最后混凝土丧失承载能力而被破坏。因此，混凝土的受压破坏过程，实际上是内部裂纹扩展以至互相连通的过程，也是混凝土内部结构不连续的变化过程。当混凝土的整体性和连续性遭到破坏时，其外观体积也发生变化，随着荷载增大，体积发生膨胀。

了解机理的目的是为了搞清楚裂纹在混凝土中产生的部位，以及其扩展与延伸的途径，以采取针对性措施，提高混凝土的强度。

2. 判断混凝土受压过程中出现裂纹的依据

采用混凝土棱柱体试件，尺寸为 10 cm×10 cm×30 cm。在轴向压力作用下，从中取出单位立方体，其体积变化可用式(4-7)表示：

$$\frac{\Delta v}{v}=\varepsilon(1-2\mu) \tag{4-7}$$

式中 $\frac{\Delta v}{v}$——混凝土的体积变化与原来体积之比；

ε——纵向变形；

μ——泊松比。

从式(4-7)可知，当 $\mu>0.5$ 时，表示在压缩的情况下，混凝土的体积反而产生膨胀，这是由于混凝土在受压过程中产生了裂纹，使混凝土外观体积增大，故 $\mu>0.50$。

混凝土及其组成材料是在荷载增大到一定程度之后才出现裂纹的。当裂纹出现后，其特征是荷载增大的同时体积发生膨胀。

当作用压力为 P_1 时，材料的体积变化可用式(4-8)表示：

$$\frac{\Delta v_1}{v}=\varepsilon_1(1-2\mu_1) \tag{4-8}$$

式中 ε_1——作用压力为 P_1 时的纵向弹性变形；

μ_1——作用压力为 P_1 时的泊松比；

$\frac{\Delta v_1}{v}$——作用压力为 P_1 时的体积变化与原体积比。

当作用压力为 P_2 时，材料的体积变化可用式(4-9)表示：

$$\frac{\Delta v_2}{v}=\varepsilon_2(1-2\mu_2) \tag{4-9}$$

式中 ε_2——作用压力为 P_2 时的纵向弹性变形；

μ_2——作用压力为 P_2 时的泊松比；

$\frac{\Delta v_2}{v}$——作用压力为 P_2 时的体积变化与原体积比。

当作用压力由 P_1 增大到 P_2 时，其单位体积变化可用式(4-10)表示：

$$\frac{\Delta v_1 - \Delta v_2}{v} = (\varepsilon_2 - \varepsilon_1)(1 - 2\mu_{12}) \quad (4\text{-}10)$$

式中　μ_{12}——作用压力由 P_1 增大到 P_2 时，混凝土在该荷载区间的泊松比。

由上式可见，若 $\mu_{12} > 0.5$，则说明作用荷载由 P_1 增大到 P_2 时，混凝土的体积膨胀，$\mu_{12} > 0.5$ 作为检验混凝土在压缩条件下出现裂缝的依据。

3. 在应力状态下混凝土的力学行为

在压荷载的作用下，混凝土处于压应力状态中，其力学行为特征是混凝土内部微裂缝的扩展。通过混凝土受压的应力一应变曲线，可以明确地描述并阐明混凝土内部微裂缝的扩展与强度破损的关系，因为混凝土的应力一应变曲线的变化及混凝土的破损都是受混凝土内部微裂缝的扩展过程所控制。

混凝土是一种复合材料，其强度是水泥强度、骨料强度以及组分材料之间相互作用的函数。从如图 4-12 所示的骨料、混凝土与硬化水泥浆体的典型应力一应变曲线中，可以看出骨料与硬化水泥浆体的前大半段的应力一应变曲线部分呈线弹性关系，而混凝土的应力一应变线却呈现为高度的非线性关系，表征了混凝土在压荷载作用下的非弹性力学行为。

混凝土的应力一应变曲线与其两种组分材料的应力一应变曲线存在着明显的差别，一方面是它们之间各自的弹性模量相差较大，但是更为重要的是混凝土在承受荷载前已存在的内部裂缝和缺陷，在压应力状态下都会扩展，直接导致了混凝土应力一应变曲线的非弹性力学行为。由于混凝土内部的裂缝更多是集中在骨料与水泥浆体的界面，因此，界面粘结强度的强弱，与混凝土的应力一应变曲线的特性有更为密切的关系，最终也会影响混凝土强度的高低。降低骨料与水泥浆体间界面的粘结强度，会加剧混凝土应力一应变曲线的非线性。高强混凝土由于具有较强的界面粘结强度，其应力一应变曲线就趋于线性。而采用接近于水泥基材刚度的骨料，其混凝土的应力一应变曲线也趋于线性。

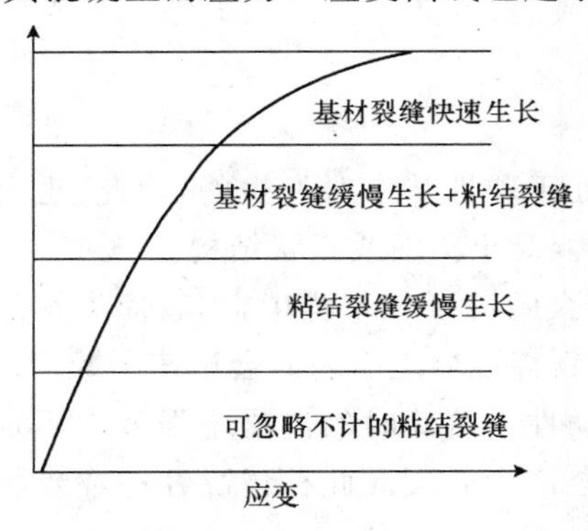

图 4-12　不同应力情况下的裂缝扩展图

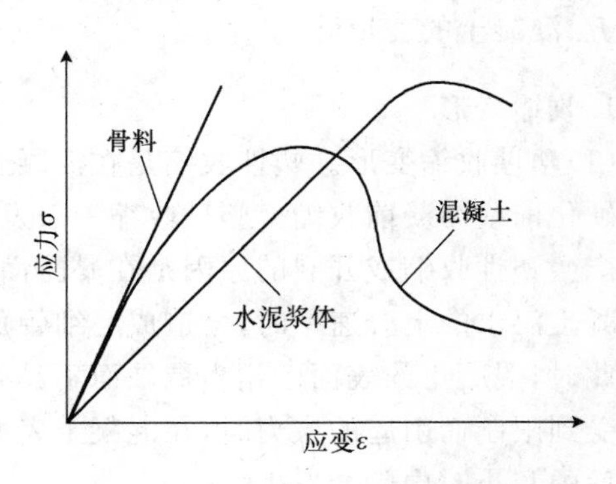

图 4-13　典型应力一应变曲线

混凝土在压荷载作用下，裂缝的扩展过程可分为裂缝引发、裂缝缓慢扩展与裂缝快速扩展 3 个阶段。混凝土在不同应力状态下，裂缝扩展的 3 个阶段决定了混凝土应力一应变曲线的性质与混凝土破损的关系，如图 4-13 所示。

(1)裂缝引发阶段。在混凝土所受的荷载低于 30％极限荷载时(即混凝土的压力低于极限的 30％)时，其内部的界面缝在这样的低压应力状态时十分稳定，几乎没有扩展的倾向。但是，在拉应变高度集中的局部区域内，也可能引发一些附加的裂缝，这些微裂缝在低应力时也能保持稳定。因此，在此阶段，混凝土的应力－应变曲线几乎是直线。

(2)裂缝缓慢扩展阶段。在混凝土所受的荷载为极限荷载的30%～50%(混凝土的压应力为极限的30%～50%)时，界面裂缝开始扩展，但较缓慢，且其扩展多数仍在界面过渡区，此时的裂缝扩展是粘结裂缝缓慢生长。在此阶段，混凝土的应力－应变曲线开始产生一定的曲率，呈较弱的非线性。此时，如果保持混凝土的应力水平不变，则裂缝扩展就会停止。因此，对此阶段也可称之为稳定的裂缝扩展阶段。

当混凝土所受的荷载一旦超过极限荷载的50%时，裂缝扩展就开始延伸到水泥基材中，随着水泥基材的开裂，原有的分离界面缝也在扩展并开始贯通，逐渐形成一个连续的裂缝体系。

(3)裂缝快速扩展阶段。当混凝土继续承受加载，其压应力超过极限应力的75%后，水泥基材的裂缝即迅速扩展并延伸，在第二阶段中所形成的裂缝体系成为不稳定状态，最终引起混凝土的破损。在此阶段，即使荷载不再继续增加，裂缝扩展也会自发继续而不停止。因此，对此阶段也可称为不稳定的裂缝扩展阶段。

通过上述的混凝土在压力状态下以应力－应变曲线表征的力学行为，就可以理解在钢筋混凝土和预应力混凝土结构设计时对混凝土一系列的力学性能指标做出的相应的规定。如混凝土设计强度的取值、疲劳强度设计值、长期荷载作用下的混凝土设计强度的取值等。这些规定都反映了混凝土在不同压应力状态下的力学行为特性都与混凝土内部裂缝扩展的规律有内在的联系。

应该指出，图4-12中的图形是在“柔性”材料试验机所做的试验情况下得出的。若使用能维持恒定应变速率并具有足够刚性的材料试验机进行试验得出全应力－应变曲线，则混凝土的应力－应变曲线将显示出很明显的曲线下降分枝。

图4-12所反映的曲线，即使当荷载达到最大值时，裂缝也还未扩展到能引起受压的混凝土完全破损。

五、混凝土的变形性

1. 收缩变形

(1)塑性收缩变形。塑性收缩是在混凝土仍处于塑性状态时发生的，因此，也可称之为混凝土硬化前或终凝前收缩。塑性收缩一般发生在混凝土路面或板状结构。

产生塑性收缩或开裂的原因是在暴露面积较大的混凝土工程中，当表面失水的速率超过了混凝土泌水的上升速率时，会造成毛细管负压，新拌混凝土的表面会迅速干燥而产生塑性收缩。此时，混凝土的表面已相当稠硬而不具有流动性。若此时的混凝土强度尚不足以抵抗因收缩受到限制而引起的应力时，在混凝土表面即会产生开裂。此种情况往往在新拌混凝土浇捣以后的几小时内就会发生。

典型的塑性收缩裂缝是相互平行的，间距为2.5～7.5 cm，深度为2.5～5 cm。

当新拌混凝土被基底或模板材料吸去水分，也会在其接触面上产生塑性收缩而开裂，也可能加剧混凝土表面失水引起塑性收缩而开裂。

引起新拌混凝土表面失水的主要原因是水分蒸发速率过大、高的混凝土温度(由水泥水化热所产生)、高的气温、低的相对湿度和高风速等，不论是单独作用还是几种因素的综合，都会加速新拌混凝土表面水分的蒸发，增大塑性收缩并开裂的可能性。

导致新拌混凝土塑性收缩的原因除前述的主要原因外，还有骨料的吸水、水泥浆体的收缩以及模板的鼓胀、下沉等因素。

为预防新拌混凝土的塑性收缩和开裂可根据实际情况，有针对性地采取以下一些技术措施：

1)设置临时挡风设施，以减小混凝土表面所受的风速。

2)设置临时遮阳设施，以降低混凝土的表面温度。

3)在高温季节施工时，将骨料与拌和用水冷却，以降低新拌混凝土的温度。

4)对干燥的、吸水性强的骨料先以水湿润。

5)与混凝土接触的能吸水的地基和模板在捣捣混凝土前先以水湿润。

6)施工时尽量缩短浇灌混凝土与养护开始前的时间间隔。

7)在浇灌混凝土与抹面之间如有较长的间隔时间，应在混凝土表面临时加盖聚乙烯薄膜等覆盖层。

8)抹面以后应立即在混凝土表面覆盖或施用喷雾、养护剂，使混凝土尽量减少蒸发。

此外，对尚处于塑性状态的混凝土施加二次振动，可以减少大面积而小厚度混凝土工程部位的沉降裂缝和塑性收缩裂缝。因为二次振动不仅可以改善混凝土与钢筋之间的粘结，而且能缓解粗骨料颗粒四周的塑性收缩应力，从而还能增进混凝土的强度。

(2)干燥收缩变形。混凝土在环境中会产生干缩湿胀变形。水泥石内吸附水和毛细孔水蒸发时，会引起凝胶体紧缩和毛细孔负压，从而使混凝土产生收缩。当混凝土吸湿时，由于毛细孔负压减小或消失而产生膨胀。

混凝土在水中硬化时，由于凝胶体中胶体粒子表面的水膜增厚，使胶体粒子间的距离增大。混凝土产生微小的膨胀，此种膨胀对混凝土一般没有危害。混凝土在空气中硬化时，首先失去毛细孔水。继续干燥时，则失去吸附水，引起凝胶体紧缩(此部分变形不可恢复)。干缩后的混凝土再遇水时，混凝土的大部分干缩变形可恢复，但有30%～50%不可恢复，混凝土的湿胀变形很小，一般无破坏作用。混凝的干缩变形对混凝土的危害较大。干缩可使混凝土的表面产生较大的拉应力而引起开裂，从而使混凝土的抗渗性、抗冻性、抗侵蚀性等降低。

影响混凝土干缩变形的因素主要有以下几项：

1)水泥用量、细度、品种。水泥用量越多，水泥石含量越多，干燥收缩越大。水泥的细度越大，混凝土的用水量越多，干燥收缩越大。高标号水泥的细度往往较大，故使用高标号水泥的混凝土干燥收缩较大。使用火山灰质硅酸盐水泥时，混凝土的干燥收缩较大；而使用粉煤灰硅酸盐水泥时，混凝土的干燥收缩较小。

2)水胶比。水胶比越大，混凝土内的毛细孔隙数量越多，混凝土的干燥收缩越大。一般用水量每增加1%，混凝土的干缩率增加2%～3%。

3)骨料的规格与质量。骨料的粒径越大，级配越好，则水与水泥用量越少，混凝土的干燥收缩越小。骨料的含泥量及泥块含量越少，水与水泥用量越少，混凝土的干燥收缩越小。针、片状骨料含量越少，混凝土的干燥收缩越小。

4)养护条件。养护湿度高，养护的时间长，则有利于推迟混凝土干燥收缩的产生与发展，可避免混凝土在早期产生较多的干缩裂纹，但对混凝土的最终干缩率没有显著的影响。采用湿热养护时可降低混凝土的干缩率。

(3)温度收缩变形。温度收缩在国内习惯称之为冷缩。此种收缩变形是由于温度下降所引起的体积收缩，当冷缩受到约束时，混凝土就会产生裂缝。

混凝土与一般固体材料一样，在热性能上呈现热胀冷缩。与温度变化有关的混凝土应变取决于混凝土的热膨胀系数与温度高低变化的程度。由于混凝土中的水泥在水化过程中会产生大量的水化热，特别是在大体积混凝土结构中，如果散热条件较差，混凝土在浇灌后的初始数天内内部温度大幅度升高，而当环境温度较低时，使混凝土的温度逐渐降至环境温度，混凝土就会产生温度收缩应变，此时混凝土的抗拉强度又较低，因此会形成混凝土的开裂。

混凝土的热膨胀系数随骨料的热膨胀系数而变；通常混凝土的热膨胀系数为$(6\sim12)\times10^{-6}/℃$，如果混凝土的热膨胀系数为$10\times10^{-6}/℃$，温度下降15℃，则会产生150×10^{-6}的温度收缩应变。假定混凝土的弹性模量为2.07×10^{4} MPa，则在约束条件下，混凝土由于温度收缩应变所产生的拉应力可高达13.1 MPa。

因此，在实际工程设计时，对一些超静定结构必须计算由于温度变化而产生的应力，特别是在大体积混凝土结构中，必须考虑由于水泥水化热而引起的混凝土温度大幅度升高。

混凝土产生温度收缩变形的主要影响因素如下：

1)水泥的品种和水泥用量会直接影响水泥水化期的发热量。低热水泥的水化热和水化速度比普通硅酸盐水泥有显著降低，为防止或减少混凝土的温度收缩变形，应优先考虑选用低热水泥。

2)在混凝土配合比设计中，在能满足混凝土强度的前提下，尽可能降低水泥用量，也可以在混凝土中掺入矿渣、火山灰或粉煤灰等掺合料，以降低混凝土的水化热。

3)骨料的特性对混凝土的温度收缩变形也有较大的影响。应选择热膨胀系数低的骨料，因为如前所述，混凝土的热膨胀系数与骨料的膨胀系数有关，骨料的膨胀系数低，所配制的混凝土的热膨胀系数也低，从而就能降低混凝土的温度收缩变形。如果在技术、经济上可行，此项措施可成为大体积混凝土防止因温度应变而产生开裂的主要办法。此外，大体积混凝土在酷暑气温下施工时，可采取冷却骨料的方法，在混凝土搅拌过程中加入冰块，但必须计算冰块的水量并在配合比中扣除该水量。该法可使新拌混凝土的温度低于10℃，能有效地降低大体积混凝土的温度应变。

(4)碳化收缩变形。混凝土碳化收缩变形是经受碳化作用而产生的。在实际工程中碳化收缩往往与干缩相伴发生。因此，也可将其视为干燥收缩的一个特例。然而，碳化收缩和干燥收缩在本质上是完全不同的。

碳化收缩变形是不可逆的，引起混凝土碳化收缩的起因有两种解释：第一种认为CO_2与C-S-H反应引起水分的损耗，收缩与失水的关系类似于普通的干燥作用。第二种认为处在由于干缩引起的应力状态下，$Ca(OH)_2$晶体的分解和在无应力空间$CaCO_3$的沉淀引起水泥浆体的可压缩性提高。

碳化收缩变形也是相对湿度的函数。在相对湿度高时，由于混凝土的孔隙中大部分被水充满，CO_2难以扩散进入混凝土，因此，碳化作用难以进行。而相对湿度过低(25%左右)时，孔隙中没有足够的水使CO_2生成碳酸，碳化作用也难以进行。只有在中等相对湿度(50%左右)时，碳化速率最高，混凝土的碳化收缩也最大。

干燥与碳化收缩产生的先后次序对混凝土总收缩值有很大的影响。干燥收缩与碳化收缩同时发生时所引起的混凝土总收缩值比先干燥收缩后再碳化收缩所引起的混凝土总收缩值有显著的降低。当混凝土在含有较高浓度的CO_2的空气中经受潮湿、干燥交替循环时，混凝土的碳化收缩变形就更加剧烈。

在混凝土工程中，由于干燥收缩变形和碳化收缩变形都集中反映在混凝土的表层，两个收缩变形值的叠加提高了混凝土不可逆收缩变形值，就可能引起混凝土严重的收缩裂缝。因此，处于 CO_2 浓度较高的环境中的混凝土工程，如汽车库、停车场、公路路面以及大会堂等，对碳化收缩变形更应引起重视。

混凝土的收缩可以持续很长时间，甚至在 28 年之后仍能观察到一些变化。在长期收缩中有一部分就可能是碳化作用所引起的。在混凝土长期的收缩变形中，后期的收缩速率则随时间的推移而显著减小，如 2 周内的混凝土的收缩为 20 年收缩的 20%～25%；3 月内的混凝土的收缩为 20 年收缩的 50%～60%；1 年内的混凝土的收缩为 20 年收缩的 75%～80%。

2. 荷载作用下的变形

(1)弹塑性变形。混凝土在荷载作用下，应力与应变的关系为一曲线，如图 4-14 所示。其变形模量随应力的增加而减小。因此，工程上采用割线弹性模量作为混凝土的弹性模量，它是应力一应变曲线上任一点与原点连线的斜率，它表示所选择点的实际变形，很容易测得。

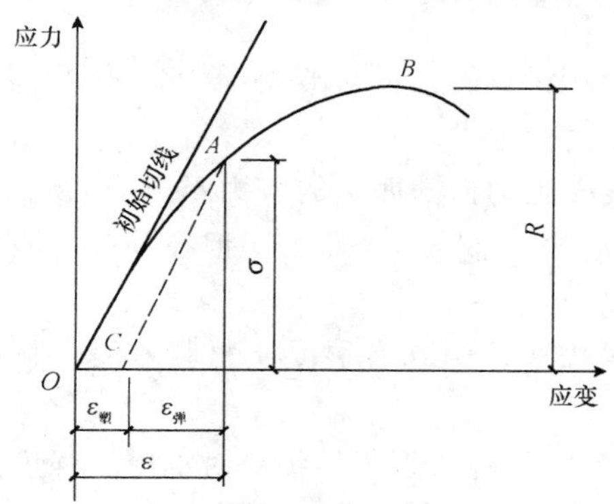

图 4-14　混凝土在压力作用下的应力一应变曲线

根据《普通混凝土力学性能试验方法标准》(GB/T 50081—2002)中规定，采用 150 mm×150 mm×300 mm 的棱柱体作为标准试件，取测定点的应力为试件轴心抗压强度的 40%(即 $\sigma=0.4\ f_{cp}$)，经三次以上反复加荷与卸荷后，测得应力与应变的比值，即为该混凝土的弹性模量。

混凝土的弹性模量主要取决于骨料和水泥石的弹性模量。由于水泥石的弹性模量低于骨料的弹性模量，因此混凝土的弹性模量略低于骨料的弹性模量，介于两者之间，其大小还与两者的体积比例有关。骨料的弹性模量越大，骨料含量越多，水泥石的水胶比较小，养护较好，龄期较长，混凝土的弹性模量就较大。蒸汽养护的混凝土其弹性模量比标准条件下养护的略低。当混凝土的强度等级为 C10～C60 时，其弹性模量约为(1.75～3.60)×10^4 MPa。

(2)徐变。混凝土在长期荷载作用下，除产生瞬间的弹性变形和塑性变形外，还会产生随时间而增长的非弹性变形。这种在长期荷载作用下，随时间而增长的变形称为徐变，如图 4-15 所示。

当卸荷后，混凝土将产生稍小于原瞬时应变的恢复称为瞬时恢复。其后还有一个随时间而减小的应变恢复称为徐变恢复。最后残留下来不能恢复的应变称为残余变形。

一般认为，混凝土的徐变是由于水泥石中凝胶体在长期荷载作用下的黏性流动所引起的。在水泥水化过程中，水化物凝胶体不断产生并填充毛细孔，使毛细孔体积逐渐减小。加荷初期，由于毛细孔较多，凝胶体在荷载作用下移动较易，故初期徐变增大较快。以后由于内部凝胶体的移动和水化的进展，毛细孔逐渐减小，同时水化产物结晶程度也不断提高，因而黏性流动的发生变难，徐

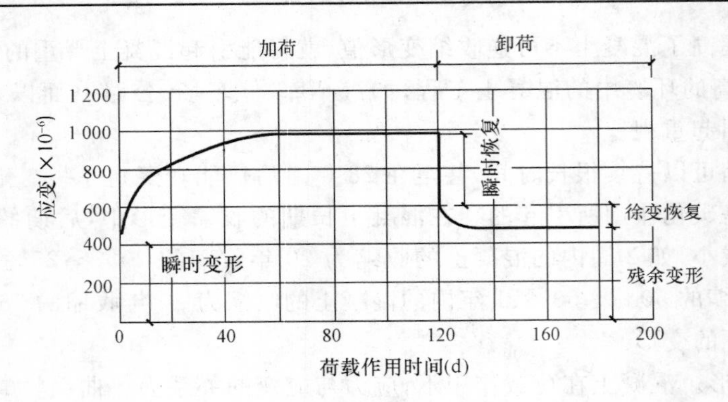

图 4-15　徐变与徐变恢复

变的发生愈来愈慢，一般可延续数年。混凝土的徐变应变一般可达$(3\sim15)\times10^{-4}$，即(0.3～1.5) mm/m。

徐变的产生主要取决于水泥石的数量与龄期，因此水泥用量愈大，水胶比愈大，养护愈不充分，龄期愈短的混凝土，其徐变愈大。

徐变的发生可使钢筋混凝土构件截面中的应力重分布，从而消除或减小了内部的应力集中现象；对大体积混凝土能消除一部分温度应力。但在预应力混凝土结构中，混凝土的徐变将使钢筋的预加应力受到损失。

影响混凝土徐变的因素普遍认为既有混凝土材料本身所固有的，也有外部条件造成的。其主要原因分述如下：

(1)水泥和水胶比。水泥的品种与强度等级等对混凝土强度是有影响的，也影响混凝土的徐变。强度高的混凝土，其徐变值小，即混凝土的徐变与强度成反比。当水泥用量为一定时，徐变随水胶比的增大而增大。至于水泥细度和水泥用量对混凝土徐变的影响，目前尚未取得一致的结论。

(2)骨料。混凝土中的骨料对徐变所起的作用与收缩相类似，是起限制或约束的作用以减少水泥浆体的潜在变形。骨料的弹性模量越高对徐变的约束影响就越大，骨料的体积含量对徐变也有影响，当骨料的体积含量由65%增加到75%时，徐变可减少10%。骨料的空隙率也是影响混凝土徐变的因素，因为孔隙率高的骨料，其弹性模量低。至于骨料的粒径、级配和表面特征等，则对混凝土徐变几乎没有影响。

(3)混凝土外加剂与掺合料。其影响作用与干缩相同。

(4)尺寸效应。混凝土试件的尺寸越大，由于增大了混凝土内部水分迁移的阻力，因此，其徐变较小。

(5)应力状态。对混凝土施加的荷载在极限荷载的50%以下时，混凝土的徐变与应力呈线性关系。超过此值后，混凝土徐变增长速率高于应力的增长速率。

(6)湿度，湿度对混凝土徐变似乎是必要条件，可以认为徐变是混凝土中可蒸发水的一个函数。从混凝土内部含水量的角度来分析，在较低的相对湿度下，总徐变量会减小。当不存在可蒸发水时，徐变可为零。在40%相对湿度下干燥时，出现水分从毛细孔中失去，能大量地降低可蒸发水，从而减少徐变。当然混凝土徐变与含水量的关系还取决于水胶比。在相对湿度低时，混凝土徐变显著增大。

(7)温度。如果在荷载作用期间，混凝土处于较高温度下，其徐变值比室温条件下为高。在80℃以下时，徐变与温度呈线性变化而增大，80℃时的混凝土徐变大约是室温条件下的3

倍。在进行徐变试验的加载过程中温度升高时，能观察到有一个附加的徐变应变，这部分徐变被称之为瞬息热徐变。

至于不同应力性质的混凝土徐变，由于混凝土的抗拉强度较低，因而拉伸徐变很难精确测量。在动荷载作用下，动力徐变比在相同应力下的静力徐变值为大，但难以分辨其中有多少徐变应变是由于动力疲劳而产生的。动力徐变应变决定了应力幅度、荷载频率和动荷载的作用持续时间。

混凝土徐变在工程上的意义，众所周知的是在预应力混凝土结构中带来预应力损失。徐变不仅被认为是一个取决于时间的应变，也同样能表示应力松弛。徐变对混凝土结构的影响不仅表现在应变上，对挠度与应力分布也均有影响。对于素混凝土的强度一般无影响，但在持续荷载超过静力荷载的85％～90％的情况下，由于此时混凝土处于高应力下，徐变会使发生破坏的混凝土极限应变加速达到。

对于承受持续荷载的钢筋混凝土简支梁，徐变对极限强度的影响可忽略不计，但会使梁的挠度有很大的增加，以至在有些情况下可能会提前达到设计所要求的临界状态。

在钢筋混凝土中，徐变可使荷载传递逐步由混凝土转移至钢筋，但一旦钢筋发生屈服，荷载的任何增加均由混凝土承担。因此，在破坏之前，钢筋和混凝土二者的强度都能得到充分的利用。但是，在偏心荷载作用下的钢筋混凝土柱，徐变会使纵向挠曲增大。

在大体积混凝土中，徐变也是使混凝土产生裂缝的一个主要原因。由于在水泥水化的初期，大体积混凝土中水化热使温度升高，随后又逐渐冷却，而徐变在混凝土快速升温时可以松弛所产生的压应力，随后降温，压应力会逐渐消失，进一步降温，由于徐变速率随龄期而减小，当混凝土降至略高于浇灌混凝土的温度时，就会产生拉应力，从而导致混凝土裂缝的产生。

此外，徐变随时间的推移而不断增大变形，对结构的稳定性带来影响，特别是在超静定结构中，徐变会引起不均匀沉陷以及由于收缩使结构产生倾角，会使大型设备的基础或支座倾斜，使机器也沿竖轴倾斜。在特高层建筑中的不均匀徐变可以引起隔墙的位移或开裂，也会对梁板结构产生影响。

六、混凝土的耐久性

1. 评价混凝土耐久性的指标

(1)抗冻性。混凝土的抗冻性是指混凝土在使用环境中，能经受多次冻融循环作用而不破坏，同时也不严重降低强度的性能。

混凝土抗冻性以抗冻等级表示，它是以 28 d 龄期的混凝土标准试件，在饱水后承受反复冻融循环，以抗压强度损失不超过 25％，且质量损失不超过 5％时的最大循环次数来确定。混凝土的抗冻等级有 F10、F15、F25、F50、F100、F150、F200、F250 和 F300 九个等级，分别表示混凝土能承受冻融循环的最大次数不小于 10、15、25、50、100、150、200、250 和 300 次。抗冻等级等于或大于 F50 的混凝土称为抗冻混凝土。

混凝土的抗冻性主要取决于混凝土的构造特征和含水程度。较密实的或具有闭口孔隙的混凝土是比较抗冻的。选用适当的水泥品种(硅酸盐水泥、普通水泥)、采用高强度等级的水泥以及掺入外加剂(引气剂)等措施，可提高混凝土的抗冻性能。在寒冷地区，特别是潮湿环境下受冻的混凝土工程，其抗冻性是评定该混凝土耐久性的重要指标。

(2)抗渗性(不透水性)。混凝土抗渗性是指混凝土抵抗压力水渗透的能力。它直接影响混凝土的抗冻性和抗侵蚀性。

混凝土的抗渗性用抗渗等级表示，它是以 28 d 龄期的标准试件，按规定方法进行试验，所能承受的最大静水压力来确定。混凝土的抗渗等级有 P4、P6、P8、P10、P12 五个等级，表示能抵抗 0.4 MPa、0.6 MPa、0.8 MPa、1.0 MPa、1.2 MPa 的静水压力而不渗透。抗渗等级等于或大于 P6 的混凝土称为抗渗混凝土。

混凝土渗水的原因是由于内部孔隙形成连通渗水通道的缘故。这些渗水通道源于水泥石中的孔隙；水泥浆泌水形成的泌水通道；各种收缩形成的微裂纹以及骨料下部积水形成的水囊等。因此，水泥品种、水胶比的大小是影响抗渗性的主要因素。为了制得抗渗性好的混凝土应选择适当的水泥品种及数量；采用较小的水胶比；良好的骨料级配及砂率；采用减水剂、引气剂；加强养护及精心施工。

(3)抗侵蚀性。环境介质对混凝土的侵蚀主要是对水泥石的侵蚀。选用适当的水泥品种，提高混凝土的密实度或使其具有封闭孔都可以有效地提高混凝土的抗侵蚀性。

(4)碳化。混凝土的碳化是指空气中的 CO_2 在潮湿(有水存在)的条件下与水泥石中的 $Ca(OH)_2$ 发生的碳化作用，生成 $CaCO_3$ 和 H_2O 的过程。这个过程是由表及里向混凝土内部缓慢扩散的。碳化后可使水泥石的组成及结构发生变化，使混凝土的碱度降低；引起混凝土的收缩；对混凝土的强度也有一定的影响。

混凝土碱度降低，会使混凝土对钢筋的保护作用降低，使钢筋易于锈蚀，对钢筋混凝土结构的耐久性有很大影响。

混凝土的碳化收缩是与干缩相伴发生的，干缩产生的压应力下，$Ca(OH)_2$ 易于溶解并转移至无压力区域后碳化沉淀，从而加大的混凝土的收缩。

碳化收缩可使混凝土的抗压强度增大，但表面碳化收缩使表面层产生拉应力，可能产生表面微细裂缝而降低混凝土的抗拉强度和抗折强度。

总体来说，碳化对钢筋混凝土结构的耐久是不利的，因此应设法提高混凝土的抗碳化能力。采取的措施如下。

1)选择适当的水泥品种，如普通水泥。

2)采用较小的水泥用量及水胶比。

3)加强养护、精心施工使混凝土结构密实。

4)掺入外加剂，改善混凝土内部的孔结构。

(5)碱骨料反应。若混凝土中含有碱金属离子(钠、钾离子)或由外界环境渗入混凝土中的碱金属离子可与骨料(砂、石)中的活性矿物在一定的条件下发生化学反应，并生成体积膨胀的产物引起混凝土破坏。这种反应称为碱骨料反应。

碱骨料反应是影响混凝土耐久性的重要原因之一。因为碱骨料反应造成的混凝土工程损坏是在工程竣工后很长一段时间发生。因此往往不被人们所重视。

碱骨料反应常有两大类，即碱硅酸反应和碱—碳酸盐反应。这两类反应都是骨料中的活性成分(活性 SiO_2 或石灰质白云石)与混凝土中的碱发生化学反应，生成体积膨胀的物质而导致混凝土的破坏。

碱骨料反应必须是固体骨料与含碱的溶液之间进行反应。因此，碱骨料反应必须同时具备三个条件：

1)碱活性骨料；

2)存在碱金属离子；

3)水。

为了防止混凝土发生碱骨料反应应采取以下几方面措施：

1)使用非活性骨料；

2)控制混凝土中的碱含量，包括水泥、水、掺合料、外加剂等来自各方面的碱的总含量；

3)在混凝土拌和物中掺入粉煤灰等活性混合材料，使其在硬化过程中消耗一部分碱金属离子，对混凝土的碱骨料反应起到一定的抑制作用。

由于发生碱骨料反应的关键原因是使用了活性骨料，因此在可能使用活性骨料的地区，防止碱骨料反应的发生是非常重要的。而在不使用活性骨料的地区，可不必考虑碱骨料反应问题。

2.提高混凝土耐久性的措施

混凝土所处的环境条件不同，其耐久性的主要含义也有所不同，因此应根据具体情况，采取相应的措施来提高混凝土的耐久性。虽然混凝土在不同的环境条件下的破坏过程各不相同，但对于提高其耐久性的措施来说，却有很多共同之处。即选择适当的原材料；提高混凝土的密实度；改善混凝土内部的孔结构。

(1)选择适当的原材料。

1)合理选择水泥品种，使其适应于混凝土的使用环境。

2)选用质量良好的，技术条件合格的砂石骨料也是保证混凝土耐久性的重要条件。

(2)提高混凝土的密实度是提高混凝土耐久性的关键。

1)控制水胶比及保证足够的水泥用量是保证混凝土密实度的重要措施。

2)选取较好级配的粗骨料及合理砂率，使骨料有最密集的堆积，以保证混凝土的密实性。

3)掺入减水剂，可明显地减少拌和水量，从而提高混凝土的密实性。

4)在混凝土施工中，均匀搅拌、合理浇筑、振捣密实、加强养护保证混凝土的施工质量，增强其耐久性。

(3)改善混凝土内部的孔隙结构。在混凝土中掺入引气剂可改善混凝土内部的孔结构，使内部形成闭口孔可显著地提高混凝土的抗冻性、抗渗性及抗侵蚀性等耐久性能。

第四节　普通混凝土的配合比设计

一、混凝土配合比设计的基本要求

混凝土配合比设计是混凝土工艺中最重要的项目之一。其目的是在满足工程对混凝土的基本要求的情况下，找出混凝土组成材料间最合理的比例，以便生产出优质而经济的混凝土。混凝土配合比设计的基本要求是：

(1)满足设计要求的强度。

(2)满足施工要求的和易性。

(3)满足与环境相适应的耐久性。

(4)在保证质量的前提下，应尽量节约水泥，降低成本。

二、混凝土配合比设计的方法与步骤

1.混凝土配制强度的确定

(1)混凝土配制强度的确定规则。

1）当混凝土的设计强度等级小于 C60 时，配制强度应按式(4-11)确定：

$$f_{cu,0} \geqslant f_{cu,k} + 1.645\sigma \tag{4-11}$$

式中 $f_{cu,0}$——混凝土配制强度(MPa)；

$f_{cu,k}$——混凝土立方体抗压强度标准值，这里取混凝土的设计强度等级值(MPa)；

σ——混凝土强度标准差(MPa)。

2）当设计强度等级不小于 C60 时，配制强度应按式(4-12)确定：

$$f_{cu,0} \geqslant 1.15 f_{cu,k} \tag{4-12}$$

(2)混凝土强度标准差的确定。

1）当具有近 1～3 个月的同一品种、同一强度等级混凝土的强度资料，且试件组数不小于 30 时，其混凝土强度标准差 σ 应按式(4-13)计算：

$$\sigma = \sqrt{\frac{\sum_{i=1}^{n} f_{cu,i}^2 - n m_{fcu}^2}{n-1}} \tag{4-13}$$

式中 σ——混凝土强度标准差；

$f_{cu,i}$——第 i 组的试件强度(MPa)；

m_{fcu}——组试件的强度平均值(MPa)；

n——试件组数。

对于强度等级不大于 C30 的混凝土，当混凝土强度标准差计算值不小于 3.0 MPa 时，应按式(4-13)计算结果取值；当混凝土强度标准差计算值小于 3.0 MPa 时，应取 3.0 MPa。

对于强度等级大于 C30 且小于 C60 的混凝土，当混凝土强度标准差计算值不小于 4.0 MPa时，应按式(4-13)计算结果取值；当混凝土强度标准差计算值小于 4.0 MPa 时，应取 4.0 MPa。

2）当没有近期的同一品种、同一强度等级混凝土强度资料时，其强度标准差 σ 可按表 4-10 取值。

表 4-10 强度标准差 σ 值 （单位：MPa）

混凝土强度标准值	≤C20	C25～C45	C50～C55
σ	4.0	5.0	6.0

2. 混凝土配合比计算

(1)水胶比。

1）当混凝土强度等级小于 C60 时，混凝土水胶比宜按式(4-14)计算：

$$W/B = \frac{\alpha_a f_b}{f_{cu,0} + \alpha_a \alpha_b f_b} \tag{4-14}$$

式中 W/B——混凝土水胶比；

α_a、α_b——回归系数；

f_b——胶凝材料 28 d 胶砂抗压强度(MPa)，可实测。

2）回归系数 α_a、α_b 宜按下列规定确定：

①根据工程所使用的原材料，通过试验建立的水胶比与混凝土强度关系式来确定；

②当不具备上述试验统计资料时，可按表 4-11 选用。

表 4-11　回归系数（α_a、α_b）取值表

系数＼粗骨料品种	碎　石	卵　石
α_a	0.53	0.49
α_b	0.20	0.13

3）当胶凝材料 28 d 胶砂抗压强度值（f_b）无实测值时，可按式（4-15）计算：

$$f_b = \gamma_f \gamma_s f_{ce} \tag{4-15}$$

式中　γ_f、γ_s——粉煤灰影响系数和粒化高炉矿渣粉影响系数，可按表 4-12 选用；

f_{ce}——水泥 28 d 胶砂抗压强度（MPa），可实测。

表 4-12　粉煤灰影响系数（γ_f）和粒化高炉矿渣粉影响系数（γ_s）

掺量（%）＼种类	粉煤灰影响系数（γ_f）	粒化高炉矿渣粉影响系数（γ_s）
0	1.00	1.00
10	0.85～0.95	1.00
20	0.75～0.85	0.95～1.00
30	0.65～0.75	0.90～1.00
40	0.55～0.65	0.80～0.90
50	—	0.70～0.85

注：1. 采用Ⅰ级、Ⅱ级粉煤灰宜取上限值；

2. 采用 S75 及粒化高炉矿渣宜取下限值，采用 S95 级粒化高炉矿渣宜取上限值，采用 S105 级粒化高炉矿渣宜取上限值加 0.05；

3. 当超出表中的掺量时，粉煤灰和粒化高炉矿渣粉影响系数应经试验确定。

4）当水泥 28 d 胶砂抗压强度（f_{ce}）无实测值时，可按式（4-16）计算：

$$f_{ce} = \gamma_c f_{ce,g} \tag{4-16}$$

式中　γ_c——水泥强度等级值的富余系数，可按实际统计资料确定；当缺乏实际统计资料时，可按表 4-13 选用；

$f_{ce,g}$——水泥强度等级（MPa）。

表 4-13　水泥强度等级值的富余系数（γ_c）

水泥强度等级值	32.5	42.5	52.5
富余系数	1.12	1.16	1.10

（2）用水量和外加剂用量。

1）每立方米干硬性或塑性混凝土的用水量（m_{w0}），应符合下列规定。

①混凝土水胶比在 0.40～0.80 范围时，可按表 4-14 和表 4-15 选取；

②混凝土水胶比小于 0.40 时，可通过试验确定。

2）掺外加剂时，每立方米流动性或大流动性混凝土的用水量（m_{w0}）可按式（4-17）计算：

$$m_{w0} = m'_{w0}(1-\beta) \tag{4-17}$$

式中 m_{w0}——计算配合比每立方米混凝土的用水量(kg/m^3)；

m'_{w0}——未掺外加剂时推定的满足实际坍落度要求的每立方米混凝土用水量(kg/m^3)，以表4-15中90 mm坍落度的用水量为基础，按每增大20 mm坍落度相应增加5 kg/m^3用水量来计算，当坍落度增大到180 mm以上时，随坍落度相应增加的用水量可减少。

β——外加剂的减水率(%)，应经混凝土试验确定。

表4-14 干硬性混凝土的用水量

拌和物稠度		卵石最大公称粒径(mm)			碎石最大公称粒径(mm)		
项目	指标	10.0	20.0	40.0	16.0	20.0	40.0
维勃稠度(s)	16～20	175	160	145	180	170	155
	11～15	180	165	150	185	175	160
	5～10	185	170	155	190	180	165

表4-15 塑性混凝土的用水量

拌和物稠度		卵石最大公称粒径(mm)				碎石最大公称粒径(mm)			
项目	指标	10.0	20.0	31.5	40.0	16.0	20.0	31.5	40.0
坍落度(mm)	10～30	190	170	160	150	200	185	175	165
	35～50	200	180	170	160	210	195	185	175
	55～70	210	190	180	170	220	205	195	185
	75～90	215	195	185	175	230	215	205	195

注：1. 本表用水量系采用中砂时的取值。采用细砂时，每立方米混凝土用水量可增加5～10 kg；采用粗砂时，可减少5～10 kg；

2. 掺用矿物掺合料和外加剂时，用水量应相应调整。

3)每立方米混凝土中外加剂用量(m_{q0})应按式(4-18)计算：

$$m_{a0}=m_{b0}\beta_a \tag{4-18}$$

式中 m_{a0}——计算算配合比每立方米混凝土中外加剂用量(kg/m^3)；

m_{b0}——计算配合比每立方米混凝土中胶凝材料用量(kg/m^3)；

β_a——外加剂掺量(%)，应经混凝土试验确定。

(3)胶凝材料、矿物掺合料和水泥用量。

1)每立方米混凝土的胶凝材料用量(m_{b0})应按式(4-19)计算，并应进行试拌调整，在拌和物性能满足的情况下，取经济合理的胶凝材料用量。

$$m_{b0}=\frac{m_{w0}}{W/B} \tag{4-19}$$

式中 m_{b0}——计算配合比每立方米混凝土中胶凝材料用量(kg/m^3)；

m_{w0}——计算配合比每立方米混凝土的用水量(kg/m^3)；

W/B——混凝土水胶比。

2)每立方米混凝土的矿物掺合料用量(m_{f0})应按式(4-20)计算：

$$m_{f0}=m_{b0}\beta_f \tag{4-20}$$

式中　m_{f0}——计算配合比每立方米混凝土中矿物掺合料用量(kg/m^3)；

β_f——矿物掺合料掺量(%)。

3)每立方米混凝土的水泥用量(m_{c0})应按式(4-21)计算：

$$m_{c0}=m_{b0}-m_{f0} \tag{4-21}$$

式中　m_{c0}——计算配合比每立方米混凝土中水泥用量(kg/m^3)。

(4)砂率。

1)砂率(β_s)应根据骨料的技术指标、混凝土拌和物性能和施工要求，参考既有历史资料确定。

2)当缺乏砂率的历史资料时，混凝土砂率的确定应符合下列规定：

①坍落度小于 10 mm 的混凝土，其砂率应经试验确定。

②坍落度为 10～60 mm 的混凝土，其砂率可根据粗骨料品种、最大公称粒径及水胶比按表 4-16 选取。

③坍落度大于 60 mm 的混凝土，其砂率可经试验确定，也可在表 4-16 的基础上，按坍落度每增大 20 mm 砂率增大 1%的幅度予以调整。

表 4-16　混凝土的砂率　(%)

水胶比	卵石最大公称粒径(mm)			碎石最大公称粒径(mm)		
	10.0	20.0	40.0	16.0	20.0	40.0
0.40	26～32	25～31	24～30	30～35	29～34	27～32
0.50	30～35	29～34	28～33	33～38	32～37	30～35
0.60	33～38	32～37	31～36	36～41	35～40	33～38
0.70	36～41	35～40	34～39	39～44	38～43	36～41

注：1. 本表数值系中砂的选用砂率，对细砂或粗砂，可相应地减少或增大砂率。

2. 采用人工砂配制混凝土时，砂率可适当增大。

3. 只用一个单粒级粗骨料配制混凝土时，砂率应适当增大。

(5)粗、细骨料用量。

1)当采用质量法计算混凝土配合比时，粗、细骨料用量应按式(4-22)计算；砂率应按式(4-23)计算。

$$m_{f0}+m_{c0}+m_{g0}+m_{s0}+m_{wo}=m_{cp} \tag{4-22}$$

$$\beta_s=\frac{m_{s0}}{m_{g0}+m_{s0}}\times 100\% \tag{4-23}$$

式中　m_{g0}——计算配合比每立方米混凝土的粗骨料用量(kg/m^3)；

m_{s0}——计算配合比每立方米混凝土的细骨料用量(kg/m^3)；

β_s——砂率(%)；

m_{cp}——每立方米混凝土拌和物的假定质量(kg)，可取 2 350～2 450 kg/m^3。

2)当采用体积法计算混凝土配合比时，砂率应按式(4-23)计算；粗、细骨料用量应按式(4-24)计算。

$$\frac{m_{c0}}{\rho_c}+\frac{m_{f0}}{\rho_f}+\frac{m_{g0}}{\rho_g}+\frac{m_{s0}}{\rho_s}+\frac{m_{w0}}{\rho_w}+0.01\alpha=1 \tag{4-24}$$

式中　ρ_c——水泥密度(kg/m^3)，也可取 2 900～3 100 kg/m^3；

ρ_f——矿物掺合料密度(kg/m^3);

ρ_g——粗骨料的表观密度(kg/m^3);

ρ_s——细骨料的表观密度(kg/m^3);

ρ_w——水的密度(kg/m^3),可取 1 000 kg/m^3;

α——混凝土的含气量百分数,在不使用引气剂或引气型外加剂时,α 可取 1。

第五节 普通混凝土的质量检测

一、普通混凝土拌和物试验室拌和方法

1. 检测设备

主要检测设备有搅拌机、磅秤、天平、拌和钢板、钢抹子、量筒、拌铲等。

2. 检测步骤

(1)人工拌和法的检测步骤。

1)按所定的配合比备料,以全干状态为准。

2)将拌板和拌铲用湿布润湿后,将砂倒在拌板上,然后加入水泥,用拌铲自拌板一端翻拌至另一端,如此反复,直至充分混合,颜色均匀,再放入称好的粗骨料与之拌和,继续翻拌,直至混合均匀为止,然后堆成锥形。

3)将干混合物锥形堆的中间作一凹槽,将已称量好的水,倒一半左右到凹槽中(勿使水流出),然后仔细翻拌,并徐徐加入剩余的水,继续翻拌,每翻拌一次,用铲在混合料上铲切一次。至少翻拌 6 遍。

4)拌和时力求动作敏捷,拌和时间从加水时算起,应大致符合下列规定:

①拌和物体积为 30 L 以下时 4～5 min;

②拌和物体积为 31～50 L 时 5～9 min;

③拌和物体积为 51～75 L 时 9～12 min。

5)拌好后,立即做坍落度试验或试件成型,从开始加水时算起,全部操作须在 30 min 内完成。

(2)机械搅拌法的检测步骤。

1)按所定的配合比备料,以全干状态为准。

2)拌前先对混凝土搅拌机挂浆,即用按配合比要求的水泥、砂、水和少量石子,在搅拌机中涮膛,然后倒去多余砂浆。其目的在于防止正式拌和时水泥浆挂失影响混凝土配合比。

3)将称好的石子、砂、水泥按顺序倒入搅拌机内,干拌均匀,再将需用的水徐徐倒入搅拌机内一起拌和,全部加料时间不得超过 2 min,水全部加入后,再拌和 2 min。

4)将拌和物自搅拌机中卸出,倾倒在拌板上,再经人工拌和 1～2 min。

5)拌好后,根据试验要求,即可做坍落度测定或试件成型。从开始加水时算起,全部操作必须在 30 min 内完成。

二、普通混凝土和易性试验

1. 新拌混凝土拌和物坍落度试验

(1)检测设备。坍落度筒(图 4-16)、捣棒、小铲、木尺、钢尺、拌板、镘刀、喂料斗等。

(2)检测步骤。

1)每次测定前,用湿布把拌板及坍落筒内外擦净、润湿,并将筒顶部加上漏斗,放在拌板上,用双脚踩紧脚踏板,使位置固定。

2)取拌好的混凝土拌和物 15 L,用取样勺将拌和物分三层均匀装入筒内,每层装入高度在插捣后大致应为筒高的 1/3,每层用捣棒插捣 25 次,插捣应呈螺旋形由外向中心进行,各次插捣均应在截面上均匀分布,插捣筒边混凝土时,捣棒应稍稍倾斜,插捣底层时,捣棒应贯穿整个深度,插捣第二层和顶层时,捣棒应插透本层,并使之刚刚插入下一层。浇灌顶层时,混凝土应灌到高出筒口,插捣过程中,如混凝土沉落到低于筒口,则应随时添加,顶层插捣完后,刮去多余混凝土,并用抹刀抹平。

3)清除筒边底板上的混凝土后,垂直平稳地提起坍落筒,坍落筒的提离过程应在 5～10 s 内完成,从开始装料到提起坍落筒整个过程应不间断地进行,并在 150 s 内完成。

4)当混凝土拌和物的坍落度大于 220 mm 时,用钢尺测量混凝土扩展后最终的最大直径和最小直径在这两个直径之差小于 50 mm 的条件下,用其算术平均值作为坍落度扩展值;否则,此次试验无效。

(3)和易性的调整。

1)当坍落度低于设计要求时,可在保持水胶比不变的前提下,适当增加水泥浆用量,其数量可各为原来计算用量的 5%与 10%。

当坍落度高于设计要求时,可在保持砂率不变的条件下,增加骨料用量。

2)当出现含砂不足,黏聚性、呆水性不良时,可适当增大砂率,反之减小砂率。

2.黏聚性和保水性的测定

(1)黏聚性检验方法。用捣棒在已坍落的混凝土锥体侧面轻轻敲打,此时,如锥体渐渐下沉,则表示黏聚性良好,如锥体崩裂或出现离析现象,则表示黏聚性不好。

(2)保水性检验。坍落筒提起后,如有较多的稀浆从底部析出,锥体部分的混凝土拌和物也因失浆而骨料外露,则表明保水性不好。

坍落筒提起后,如无稀浆或仅有少量稀浆自底部析出,则表明混凝土拌和物保水性良好。

3.普通混凝土维勃稠度试验

(1)检测设备。维勃稠度仪(图 4-17)、捣棒、小铲、秒表等。

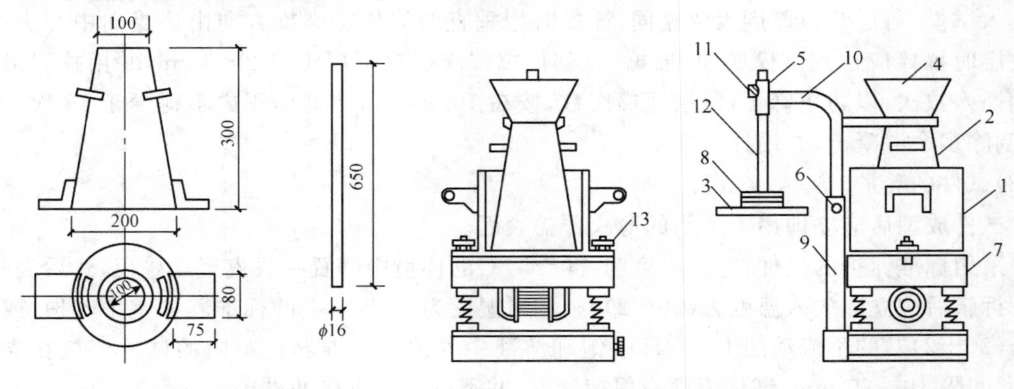

图 4-16　坍落度筒及捣棒

图 4-17　维勃稠度仪

1—容器;2—坍落度筒;3—透明圆盘;4—喂料斗;
5—套筒;6—定位螺栓;7—振动台;8—荷重;9—支柱;
10—旋转架;11—测杆螺栓;12—测杆;13—固定螺栓

(2)检测步骤。

1)把维勃稠度仪放置在坚实水平的基面上，用湿布把容器、坍落度筒、喂料斗内壁及其他用具擦湿。

2)将喂料斗提到坍落筒上方扣紧，校正容器位置，使其中心与喂料斗中心重合，然后拧紧固定螺栓。

3)把混凝土拌和物，用小铲分三层经喂料斗均匀地装入筒内，装料及插捣方式同坍落度法。

4)将圆盘、喂料斗都转离坍落筒，小心并垂直地提起坍落筒，此时应注意不使混凝土试体产生横向扭动。

5)把透明圆盘转到混凝土圆台体顶面，放松测杆螺栓，小心地降下圆盘，使它轻轻地接触到混凝土顶面。

6)拧紧定位螺栓，并检查测杆螺栓是否完全放松，同时开启振动台和秒表，当振动到透明圆盘的底面被水泥浆布满的瞬间，停下秒表，并关闭振动台，记下秒表的时间，精确到 1 s。

三、普通混凝土立方体抗压强度试验

1. 检测设备

主要仪器设备有压力试验机、上下承压板、振动台、试模、捣棒、小铁铲、钢尺等。

2. 检测步骤

(1)试件制作。

1)在制作试件前，首先要检查试模，拧紧螺栓，并清刷干净，同时在其内壁涂上一层薄层矿物油脂。

2)试件的成型方法应根据混凝土的坍落度来确定。

①坍落度不大于 70 mm 的混凝土拌和物应采用振动台成型。其方法为将拌好的混凝土拌和物一次装入试模，装料时应用抹刀沿试模内壁略加插捣并使混凝土拌和物稍有富余，然后将试模放到振动台上，用固定装置予以固定，开动振动台并计时，当拌和物表面呈现水泥浆时，停止振动台并记录振动时间，用镘刀沿试模边缘刮去多余拌和物，并抹平。

②坍落度大于 70 mm 的混凝土拌和物采用人工捣实成型。其方法为将混凝土拌和物分两层装入试模，每层装料厚度大致相同，插捣时用垂直的捣棒按螺旋方向由边缘向中心进行，插捣底层时捣棒应达到试模底面，插捣上层时，捣棒应贯穿下层深度 2～3 cm，并用抹刀沿试模内侧插入数次，以防止麻面，每层插捣次数，按在 10 000 mm^2 截面积内不得少于 12 次。捣实后，刮除多余混凝土，并用抹刀抹平。

(2)试件的养护。

1)试件成型后应立即用不透水的薄膜覆盖表面。

2)采用标准养护的试件，应在温度为(20±5)℃的环境中静置一昼夜至二昼夜，然后编号、拆膜。拆膜后应立即放入温度为(20±2)℃，相对湿度为 95%以上的标准养护室中养护，或在温度为(20±2)℃的不流动的 $Ca(OH)_2$ 饱和溶液中养护。标准养护室内的试件应放在支架上，彼此间隔 10～20 mm，试件表面应保持潮湿，并不得被水直接冲淋。

3)同条件养护试件的拆膜时间可与实际构件的拆膜时间相同，拆膜后，试件仍需保持同条件养护。

4)标准养护龄期为 28 d(从搅拌加水开始计时)。

(3)抗压强度测定。

1)试件从养护地点取出,随即擦干并量出其尺寸(精确到 1 mm),并以此计算试件的受压面积 A (mm^2)。

2)将试件安放在压力试验机的下压板上,试件的承压面应与成型时的顶面垂直。试件的轴心应与压力机下压板中心对准,开动试验机,当上压板与试件接近时,调整球座,使接触均衡。

3)加压时,应连续而均匀地加荷。

①当混凝土强度等级低于 C30 时,加荷速度取每秒钟 0.3~0.5 MPa。

②当混凝土强度等级等于或大于 C30 且小于 C60 时加荷速度取每秒钟 0.5~0.8 MPa。

③当混凝土强度等级大于或等于 C60 时,加荷速度取每秒钟 0.8~1.0 MPa。

④当试件接近破坏而开始迅速变形时,应停止调整试验机油门,直至试件破坏,然后记录破坏荷载 F(N);

(4)试验结果计算。

1)试件的抗压强度 f_{cu} 按式(4-25)计算:

$$f_{cu}=F/A \tag{2-25}$$

式中 F——试件破坏荷载(N);

A——试件受压面积(mm^2)。

2)以三个试件抗压强度的算术平均值作为该组试件的抗压强度值,精确至 0.1 MPa。

如果三个测定值中的最大或最小值中有一个与中间值的差异超过中间值的 15%,则把最大及最小值舍去,取中间值作为该组试件的抗压强度值。如果最大、最小值均与中间值相差 15%,则此组试验作废。

3)混凝土抗压强度是以 150 mm×150 mm×150 mm 的立方体试件作为抗压强度的标准试件,其他尺寸试件的测定结果均应换算成 150 mm 立方体试件的标准抗压强度值。

第六节 混凝土外加剂

一、常用的外加剂

1.减水剂

(1)减水剂的概念。减水剂是指在保持混凝土坍落度基本相同的条件下,能减少拌和用水的外加剂。根据减水剂的作用效果及功能情况,减水剂可分为普通减水剂、高效减水剂、早强减水剂、缓凝减水剂、引气减水剂等。

(2)减水剂的作用机理。常用的减水剂均属于表面活性剂。表面活性剂有着特殊的分子结构,它是由亲水基团和憎水基团两部分组成(图 4-18)。当表面活性剂溶于水后,其中的亲水基团会电离出某种离子(阴离子、阳离子或同时电离出阴、阳离子),根据电离后表面活性剂所带电性,可将表面活性剂分为阳离子表面活性剂、阴离子表面活性剂、两性表面活性剂及不需电离出离子,本身具有极性的非离子表面活性剂。大部分减水剂属于阴离子表面活性剂。当表面活性剂溶于水后,将受到水分子的作用使亲水基团指向水分子,而憎水基团则会远离水分子而指向空气、固相物或非极性的油类等,作定向排列形成单分子吸附膜如图 4-19 所示,从而降低了水的表面张力。这种表面活性作用是减水剂起减水增强作用的主要原因。

当水泥加水后，由于水泥颗粒在水中的热运动，使水泥颗粒之间在分子力的作用下形成一些絮凝状结构(图 4-20)。在这种絮凝结构中包裹着一部分拌和水，使混凝土拌和物的流动性降低。当水泥浆中加入表面活性剂后，一方面由于表面活性剂在水泥颗粒表面作定向排列使水泥颗粒表面带有相同电荷，这种电斥力远大于颗粒间分子引力，使水泥颗粒形成的絮凝结构被拆散，将结构中包裹的那部分水释放出来(图 4-21)，明显地增加了拌和物的流动性。另一方面，由于表面活性剂极性基的作用还会使水泥颗粒表面形成一层稳定的溶剂化水膜，如图 4-21(b)所示，阻止了水泥颗粒间的直接接触，并在颗粒间起润滑作用，也改善了拌和物的和易性。此外，水泥颗粒充分的分散，增大了水泥颗粒的水化面积使水化充分，从而也可以提高混凝土的强度。但由于表面活性剂对水泥颗粒的包裹作用会使初期水化速度减缓。

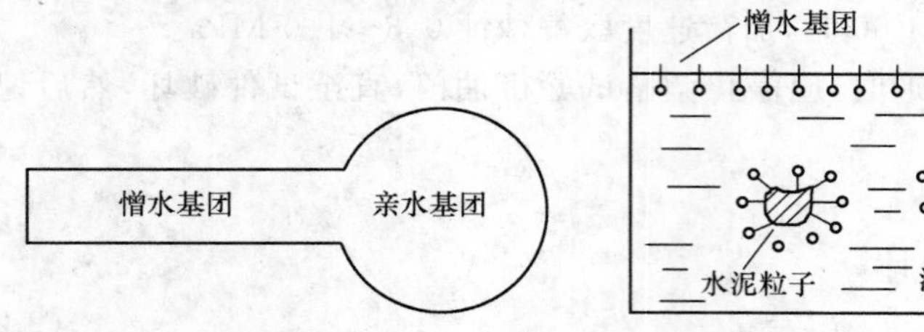

图 4-18 表面活性剂分子模型

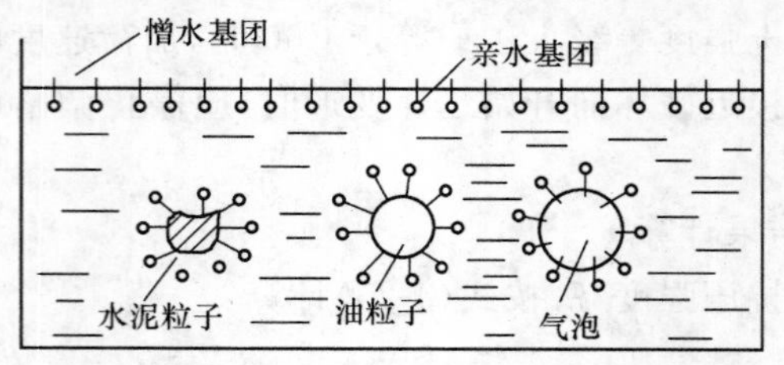

图 4-19 表面活性剂分子的吸附定向排列

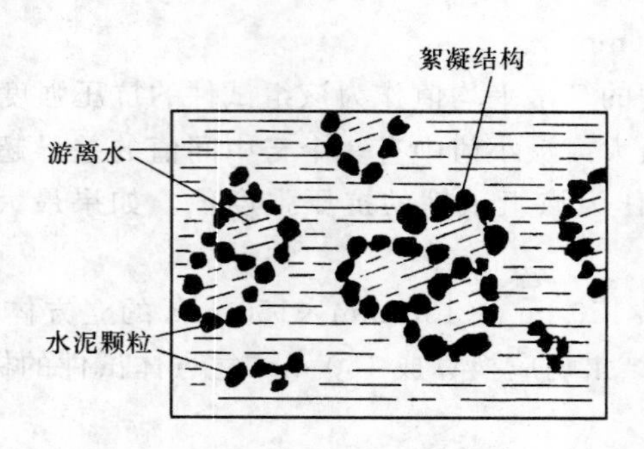

图 4-20 水泥浆絮凝结构

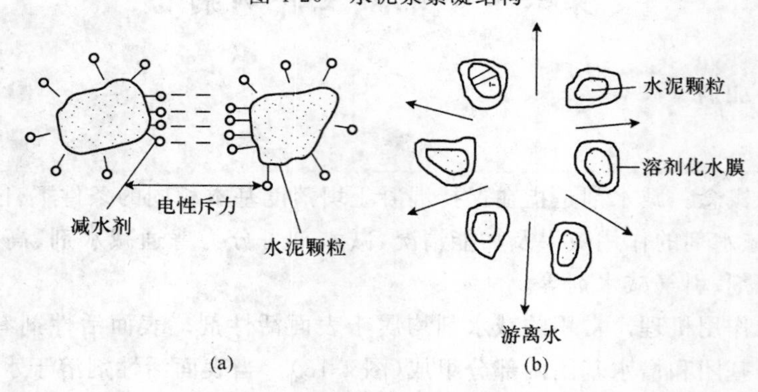

图 4-21 减水剂作用简图

(3)减水剂的技术经经效果。

1)提高流动性。在不改变原配合比的情况下，加入减水剂后可以明显地提高拌和物的流动性，而且不影响混凝土的强度。

2)提高强度。在保持流动性不变的情况下，掺入减水剂可以减少拌和用水量，若不改变水泥用量，可以降低水胶比，使混凝土的强度提高。

3)节省水泥。在保持混凝土的流动性和强度都不变的情况下,可以减少拌和水量,同时减少水泥用量。

4)改善混凝土性能。在拌和物加入减水剂后,可以减少拌和物的泌水、离析现象;延缓拌和物的凝结时间;降低水泥水化放热速度;显著地提高混凝土的抗渗性及抗冻性,使耐久性能得到提高。

(4)减水剂常用品种。

减水剂是使用最广泛,效果最显著的一种外加剂。品种繁多,按其化学成分可分为木质素系减水剂、萘系减水剂、树脂系减水剂、糖蜜系减水剂等见表4-17。

表4-17　常用减水剂的品种

种类	木质素系	萘系	树脂系	糖蜜系
类别	普通减水剂	高效减水剂	早强减水剂(高效减水剂)	缓凝减水剂
主要品种	木质素磺酸钙(木钙粉、M型减水剂)木钠、木镁等	NNO、FDN、UNF、JN、HN、MF等	CRS、SM、TF	ST、HC
适宜掺量(占水泥量,%)	0.2～0.3	0.2～1	0.5～2	0.2～0.3
减水率	10%左右	15%以上	15%～29%	6%～10%
早强效果	—	显著	显著	—
缓凝效果	1～3 h	—	—	2～4 h
引气效果	1%～2%	部分品种>2%	—	—
适用范围	一般混凝土工程及大模、滑模、泵送、大体积及夏季施工的混凝土工程	适用于所有混凝土工程,更适于配制高强混凝土及流态混凝土	因价格昂贵,宜用于特殊要求的混凝土工程高强混凝土	大体积混凝土工程及滑模、夏季施工的混凝土工程作为缓凝剂

2.早强剂

(1)早强剂的概念。早强剂是指加速混凝土早期强度发展的外加剂。一般对混凝土的后期强度无显著影响。可在不同的温度下加速混凝土的强度发展。因此常用于要求早拆模的工程、抢修工程及冬期施工。

(2)早强剂的早强机理。不同的早强剂有着不同的早强机理,但却都能加速混凝土早期强度的发展。一般可分为下面几种情况:

第一种情况:能加速水泥的水化,使早期能出现大量的水化产物而提高强度。

第二种情况:能与水泥水化产物发生反应生成不溶性复盐,形成坚强的骨架使早期强度提高。

第三种情况:能与水泥水化产物反应生成不溶性的,且有明显膨胀的盐类,不仅可形成骨架，而且还会提高混凝土早期结构的密实度，从而提高早期强度。

实际上，后两种情况由于外加剂与水化产物发生反应，也会加速水泥水化。

(3)早强剂常用品种。

1)氯盐类(氯化钙、氯化钠等)。

氯化钙的早强机理主要属于第二种情况。$CaCl_2$ 可与 C_3A 作用生成不溶性的复盐一水化氯铝酸钙，与 $Ca(OH)_2$ 作用生成不溶性的复盐一氧氯化钙，增加了水泥浆中的固相比例，形成了骨架，增长了强度。同时，$Ca(OH)_2$ 的消耗也会促进 C_3S、C_2S 的水化，从而提高混凝土的早期强度。

$CaCl_2$ 的适宜掺量为1%～2%，可使2～3 d的强度提高40%～100%，7 d的强度提高25%，但掺量过多会引起水泥快凝不利施工。

由于 Cl^- 会促进钢筋锈蚀，《混凝土结构工程施工质量验收规范》(GB 50204—2002)(2011版)中规定，在钢筋混凝土中，氯盐含量按无水状态计算不得超过水泥质量的1%。掺用氯盐的混凝土必须振捣密实，且不宜采用蒸汽养护。当采用素混凝土时氯盐掺量不得大于水泥量的3%。为了消除这一缺点，通常将 $CaCl_2$ 与阻锈剂 $NaNO_2$ 复合使用，以抑制钢筋的锈蚀。

2)硫酸盐类(硫酸钠、硫酸钙、硫代硫酸钠等)。

硫酸钠的早强机理主要属于第三种情况。它掺入混凝土中后，与水泥水化产物 $Ca(OH)_2$ 迅速发生化学反应。

生成高分散性的硫酸钙，它与 C_3A 的作用比石膏的作用快得多，能迅速生成水化硫铝酸钙。水化硫铝酸钙体积增大约1.5倍，有效地提高了混凝土早期结构的密实程度。同时，也会加快水泥的水化速度，因此混凝土早期强度得到提高。

硫酸钠的适宜掺量为0.5%～2%，与 $NaCl$、$NaNO_2$、$CaSO_4 \cdot 2H_2O$、三乙醇胺、重铬酸盐等复合使用效果更佳。硫酸钠对钢筋无锈蚀作用，适用于不允许掺用氯盐的混凝土工程及其他工程。

3)有机胺类(三乙醇胺、三异丙醇胺等)。

三乙醇胺为无色或淡黄色透明油状液体，易溶于水，呈碱性。

三乙醇胺的早强机理属于第三种情况，它能加速水泥的水化，但单独使用时早强效果不明显，当与其他早强剂复合使用才有较显著的早强效果。三乙醇胺的适宜掺量为0.02%～0.05%。

3.引气剂

(1)引气剂的概念。引气剂是指在混凝土搅拌过程中能引入大量均匀分布的、闭合和稳定的微小气泡的外加剂。

(2)引气剂的作用机理。引气剂也是表面活性物质，其界面活性作用与减水剂基本相同，区别在于减水剂的界面活性作用主要发生在液－固界面上，而引气剂的界面活性作用主要发生在气－液界面上。当搅拌混凝土拌和物时，会混入一些气体，掺入的引气剂溶于水中被吸附于气－液界面上，形成大量微水气泡。由于被吸附的引气剂离子对液膜的保护作用，因而液膜比较牢固，使气泡能稳定存在。这些气泡大小均匀(直径为20～1 000 μm)在拌和物中均匀分散，互不连通，可使混凝土的很多性能改善。

1)改善和易性。在拌和物中，微小独立的气泡可起滚珠轴承作用，减少颗粒间的摩阻力，使拌和物的流动性大大提高。若使流动性不变，可减水10%左右，由于大量微小气泡的存在，使水分均匀地分布在气泡表面，从而使拌和物具有较好的保水性和黏聚性。

2)提高耐久性。混凝土硬化后,由于气泡隔断了混凝土中的毛细管渗水通道,改善了混凝土的孔隙特征,从而可显著地提高混凝土的抗渗性和抗冻性。对抗侵蚀性也有所提高。

3)对强度及变形的影响。气泡的存在使混凝土的弹性模量略有下降,这对混凝土的抗裂性有利,但是气泡也减少了混凝土的有效受力面积,从而使混凝土的强度及耐磨性降低。一般,含气量每增加1%,混凝土的强度约下降3%~5%。

目前使用最多的是松香热聚物及松香皂等。适宜掺量为万分之0.5~1.2。引气剂多用于道路、水坝、港口、桥梁等混凝土工程中。

4.缓凝剂

缓凝剂是指延长混凝土凝结时间的外加剂。

缓凝剂能延缓混凝土凝结时间,使拌和物在较长时间内保持塑性,利于浇灌成型,提高施工质量。同时还具有减水、增强、降低水化热等多种功能,对钢筋无腐蚀作用,因而多用于高温季节施工、大体积混凝土工程、泵送与滑模方法施工以及较长时间停放或远距离运送的商品混凝土等。目前,常用的缓凝剂主要是木质素磺酸钙和糖蜜。

5.防冻剂

防冻剂是指能使混凝土在负温下硬化,并在规定时间内达到足够防冻强度的外加剂。防冻剂能显著地降低冰点,使混凝土在一定负温条件下仍有液态水存在,并能与水泥进行水化反应,使混凝土在规定的时间内获得预期强度,保证混凝土不遭受冻害。目前使用的防冻剂均为由防冻组分、早强组分、减水组分和引气组分组成的复合防冻剂。它们能使混凝土中水的冰点降至−10℃以下,使水泥在负温下仍能较快的水化增长强度。防冻剂可用于各种混凝土工程,在寒冷季节时施工中使用。

二、外加剂的选择和使用

1.外加剂的选择

外加剂品种的选择,应根据使用外加剂的主要目的,通过技术经济比较确定。外加剂的掺量,应按品种并根据使用要求、施工条件、混凝土原材料等因素通过试验确定。

2.外加剂的使用

外加剂品种确定后,要认真确定外加剂的掺量。掺量过小,往往达不到预期效果。掺量过大,可能会影响混凝土的质量,甚至造成严重事故。因此使用时应严格控制外加剂掺量。对掺量极小的外加剂,不能直接投入混凝土搅拌机,应配制成合适浓度的溶液,按使用量连同拌和水一起加入搅拌机进行搅拌。

三、外加剂使用注意事项

在混凝土或砂浆中掺入少量外加剂,可改善混凝土的多种性能,节约水泥用量,降低工程造价,缩短施工周期,是一项使用方便效果显著的技术。

混凝土外加剂是一种特殊产品,在混凝土中通常用量很少,但作用明显,如果使用不当,便会导致工程质量问题。一旦发生混凝土工程事故,后果不堪设想。欲合理使用各种外加剂,至少要做到下面几点,才能保证工程质量。

(1)对产品质量严格检查。外加剂常为化工产品,应采用正式厂家的产品。粉状外加剂应用有塑料衬里的编织袋包装,每袋20~50 kg,液体外加剂应采用塑料桶或有塑料袋内衬的金属桶。包装容器上应注明:产品名称、型号、净重或体积、推荐掺量范围、毒性、腐蚀性、易燃状况、生产厂家、生产日期、有效期及出厂编号等。

(2)对外加剂品种的选择。外加剂品种繁多,性能各异,有的能混用,有的严禁互相混用,如不注意可能会发生严重事故。选择外加剂应依据现场材料条件、工程特点、环境情况,根据产品说明及有关规定进行选择。有条件的应在正式使用之前进行试验检验。

(3)外加剂掺量的选择。外加剂用量微小,有的外加剂用量只有几万分之一,而且推荐的掺量往往是在某一范围内,外加剂的掺量和水泥品种、环境温湿度、搅拌条件等都有关。掺量的微小变化对混凝土的性质会产生明显的影响,掺量过小,外加剂起不到应有的作用,达不到预期效果;掺量过高,不仅不能达到预期目的,还会起到相反作用。所以使用前,应通过基准混凝土(不掺加外加剂的混凝土)与试验混凝土的试验对比,确定最合适的掺量,当不能达到预期效果时,应改变掺量及对水泥、骨料、用水量进行调整,以达到最优效果。

(4)外加剂的掺入方法。外加剂不论是粉状还是液体状,为保持作用的均匀性,一般不能采用直接倒入搅拌机中的方法。合适的掺入方法应该是:可溶解的粉状外加剂或液体外加剂,应预先配置成适宜浓度的溶液,再按所需掺量加入拌和水中,与拌和水一起加入搅拌机内;不可溶解的粉状外加剂,应预先称量好,再与适量的水泥、砂拌和均匀,然后倒入搅拌机中。外加剂倒入搅拌机内,要控制好搅拌时间,以满足混合均匀、时间又在允许范围内的要求。

第七节 其他品种混凝土

一、粉煤灰混凝土

粉煤灰混凝土是指掺入一定量粉煤灰的混凝土。

在混凝土中掺入一定量粉煤灰后,一方面由于粉煤灰本身具有良好的火山灰性和潜在水硬性,能同水泥一样,水化生成水化硅酸钙凝胶,起到增强的作用。另一方面,由于粉煤灰中含有大量微珠,具有较小的表面积,因此在用水量不变的情况下,可以有效地改善拌和物的和易性;若保持拌和物流动性不变,可减少用水量起减水作用,从而提高了混凝土的密实度和强度。

根据《用于水泥和混凝土中的粉煤灰》(GB/T 1596—2005)中规定,用于混凝土中的粉煤灰根据其细度、烧失量、需水量等指标划分为三个等级。见表 4-18。

表 4-18 拌制混凝土和砂浆用粉煤灰技术要求

项目		技术要求		
		Ⅰ级	Ⅱ级	Ⅲ级
细度(45 μm 方孔筛筛余),不大于(%)	F类粉煤灰	12.0	25.0	45.0
	C类粉煤灰			
需水量比,不大于(%)	F类粉煤灰	95	105	115
	C类粉煤灰			
烧失量,不大于(%)	F类粉煤灰	5.0	8.0	15.0
	C类粉煤灰			
含水量,不大于(%)	F类粉煤灰	1.0		
	C类粉煤灰			

续上表

<table>
<tr><td colspan="2" rowspan="2">项　目</td><td colspan="3">技术要求</td></tr>
<tr><td>Ⅰ级</td><td>Ⅱ级</td><td>Ⅲ级</td></tr>
<tr><td rowspan="2">三氧化硫，不大于(%)</td><td>F类粉煤灰</td><td colspan="3" rowspan="2">3.0</td></tr>
<tr><td>C类粉煤灰</td></tr>
<tr><td rowspan="2">游离氧化钙，不大于(%)</td><td>F类粉煤灰</td><td colspan="3">1.0</td></tr>
<tr><td>C类粉煤灰</td><td colspan="3">4.0</td></tr>
<tr><td>安定性 雷氏夹沸煮后增加距离，不大于(mm)</td><td>C类粉煤灰</td><td colspan="3">5.0</td></tr>
</table>

我国大多数燃煤热电厂排出的粉煤灰为Ⅱ级粉煤灰，细度稍粗些，掺入混凝土中能改善混凝土的性能，适用于钢筋混凝土和无筋混凝土。

由于粉煤灰的活性发挥较慢，往往使粉煤灰混凝土的早期强度低，因此粉煤灰混凝土的强度等级龄期可适当延长。在《粉煤灰混凝土应用技术规范》(GBJ 146—1990)中规定，粉煤灰混凝土设计强度等级的龄期，地上工程宜为 28 d；地面工程宜为 28 d 或 60 d；地下工程宜为 60 d或 90 d；大体积混凝土工程宜为 90 d 或 180 d。

混凝土中掺入粉煤灰后，虽然可以改善混凝土的某些性能(降低水化热、提高抗侵蚀性、提高密实度、改善抗渗性等)，但由于粉煤灰的水化消耗了 $Ca(OH)_2$，降低了混凝土的碱度，因而影响了混凝土的抗碳化性能，减弱了混凝土对钢筋的防锈作用。为了保证混凝土结构的耐久性，《粉煤灰混凝土应用技术规范》(GBJ 146—1990)中规定了粉煤灰的最大限量见表4-19。

表 4-19　粉煤灰取代水泥的最大限量

<table>
<tr><td rowspan="2">混凝土种类</td><td colspan="4">粉煤灰取代水泥的最大限量(%)</td></tr>
<tr><td>硅酸盐水泥</td><td>普通硅酸盐水泥</td><td>矿渣硅酸盐水泥</td><td>火山灰质硅酸盐水泥</td></tr>
<tr><td>预应力钢筋混凝土</td><td>25</td><td>15</td><td>10</td><td></td></tr>
<tr><td>钢筋混凝土
高强度混凝土
高抗冻融性混凝土
蒸养混凝土</td><td>30</td><td>25</td><td>20</td><td>15</td></tr>
<tr><td>中、低强度混凝土
泵送混凝土
大体积混凝土
水下混凝土
地下混凝土
压浆混凝土</td><td>50</td><td>40</td><td>30</td><td>20</td></tr>
<tr><td>碾压混凝土</td><td>65</td><td>55</td><td>45</td><td>35</td></tr>
</table>

混凝土中掺用粉煤灰可采用等量取代法、超量取代法和外加法。

超量取代法是在粉煤灰总掺量中，一部分取代等质量的水泥，超量部分取代等体积的砂。大量粉煤灰的增强效应补偿了取代水泥后所降低的早期强度，使掺入前后的混凝土强度等效。

粉煤灰改善拌和物流动性的作用抵消了由于大量粉煤灰的掺入而影响拌和物的流动性，使掺入前后拌和物的流动性等效。可见，超量取代法是一种既能保持强度和和易性等效，又能节约水泥的掺配方法。

在混凝土中合理地应用粉煤灰，可以使掺入后的混凝土的性能得到改善；能够提高工程质量；节约水泥、降低成本；利用了工业废渣，节约资源。因此，粉煤灰混凝土被广泛地应用于泵送混凝土、大体积混凝土、抗渗结构混凝土、抗硫酸盐和抗软水侵蚀混凝土、蒸养混凝土、轻骨料混凝土、地下工程混凝土、水下工程混凝土等。

二、抗渗混凝土

抗渗混凝土系指抗渗等级不低于 P6 级的混凝土。即它能抵抗 0.6 MPa 静水压力作用而不致发生透水现象。为了提高混凝土的抗渗性，常通过合理选择原材料；提高混凝土的密实程度以及改善混凝土内孔结构等方法来实现。

目前，常用的防水混凝土的配制方法有以下几种。

1. 富水泥浆法

这种方法是依靠采用较小的水胶比，较高的水泥用量和砂率，提高水泥浆的质量和数量，使混凝土更密实。

根据《普通混凝土配合比设计规程》(JGJ 55—2011)规定，抗渗混凝土所用原材料应符合下列规定：

(1)水泥宜采用普通硅酸盐水泥。

(2)粗骨料宜采用连续级配，其最大公称粒径不宜大于 40.0 mm，含泥量不得大于 1.0%，泥块含量不得大于 0.5%。

(3)细骨料宜采用中砂，含泥量不得大于 3.0%，泥块含量不得大于 1.0%。

(4)抗渗混凝土宜掺用外加剂和矿物掺合料，粉煤灰等级应为Ⅰ级或Ⅱ级。

抗渗混凝土配合比应符合下列规定：

(1)最大水胶比应符合表 4-20 的规定。

(2)每立方米混凝土中的胶凝材料用量不宜小于 320 kg。

(3)砂率宜为 35%～45%。

表 4-20 抗渗混凝土最大水胶比

设计抗渗等级	最大水胶比	
	C20～C30	C30 以上
P6	0.60	0.55
P8～P12	0.55	0.50
>P12	0.50	0.45

2. 骨料级配法

骨料级配法是通过改善骨料级配，使骨料本身达到最大密实程度的堆积状态。为了降低空隙率，还应加入约占有骨料量 5%～8%的粒径小于 0.16 mm 的细粉料。同时严格控制水胶比，用水量及拌和物的和易性，使混凝土结构密实，提高抗渗性。

3. 掺外加剂法

这种方法与前面两种方法比较，施工简单，造价低廉，质量可靠，被广泛采用。它是在混凝土中掺入适当品种的外加剂，改善混凝土内孔结构，隔断或堵塞混凝土中各种孔隙、裂缝、渗水通道等，以达到改善混凝土抗渗的目的。常采用引气剂（如松香热聚物）、密实剂（如采用 $FeCl_3$ 防水剂）。

4. 采用特殊水泥

采用无收缩不透水水泥、膨胀水泥等来拌制混凝土，能够改善混凝土内的孔结构，有效地提高混凝土的密实度和抗渗能力。

三、高强混凝土

一般把强度等级为 C60 及其以上的混凝土称为高强混凝土。它是用水泥、砂、石原材料外加减水剂或同时外加粉煤灰、F 矿粉、矿渣、硅粉等混合料，经常规工艺生产而获得高强的混凝土。

高强混凝土作为一种新的建筑材料，以其抗压强度高、抗变形能力强、密度大、孔隙率低的优越性，在高层建筑结构、大跨度桥梁结构以及某些特种结构中得到广泛的应用。高强混凝土最大的特点是抗压强度高，一般为普通强度混凝土的 4～6 倍，故可减小构件的截面，因此最适宜用于高层建筑。试验表明，在一定的轴压比和合适的配箍率情况下，高强混凝土框架柱具有较好的抗震性能。而且柱截面尺寸减小，减轻自重，避免短柱，对结构抗震也有利，而且提高了经济效益。高强混凝土材料为预应力技术提供了有利条件，可采用高强度钢材和人为控制应力，从而大大地提高了受弯构件的抗弯刚度和抗裂度。因此世界范围内越来越多地采用施加预应力的高强混凝土结构，应用于大跨度房屋和桥梁中。此外，利用高强混凝土密度大的特点，可用作建造承受冲击和爆炸荷载的建（构）筑物，如原子能反应堆基础等。利用高强混凝土抗渗性能强和抗腐蚀性能强的特点，建造具有高抗渗和高抗腐要求的工业用水池等。对此高强度混凝土的原材料应符合下列规定：

（1）水泥应选用硅酸盐水泥或普通硅酸盐水泥。

（2）粗骨料宜采用连续级配，其最大公称粒径不宜大于 25.0 mm，针片状颗粒含量不宜大于 5.0%，含泥量不应大于 0.5%，泥块含量不应大于 0.2%。

（3）细骨料的细度模数宜为 2.6～3.0，含泥量不应大于 2.0%，泥块含量不应大于 0.5%。

（4）宜采用减水率小于 25%的高性能减水剂。

（5）宜符合掺用粒化高炉矿渣粉、粉煤灰和硅灰等矿物掺合料；粉煤灰等级不应低于Ⅱ级；对强度等级不低于 C80 的高强混凝土宜掺用硅灰。

改善高强混凝土的方法：

（1）改善水泥的水化条件。

1）增加水泥中早强和高强的矿物成分的含量。

2）提高水泥的磨细度。

（2）掺加各种高聚物。

（3）增强骨料和水泥的粘附性。

（4）掺加高效外加剂。

（5）增加混凝土的密实度。

（6）采用纤维增强。

四、泵送混凝土

为了使混凝土施工适应于狭窄的施工场地以及大体积混凝土结构物和高层建筑，多采用泵送混凝土。泵送混凝土系指拌和物的坍落度不小于 80 mm，并用混凝土压力泵及输送管道进行浇筑的混凝土。它能一次连续完成水平运输和垂直运输，效率高、节约劳动力，因而近年来在国内外引起重视，逐步得到推广。

泵送混凝土拌和物必须具有较好的可泵性。所谓可泵性，即拌和物具有顺利通过管道、摩擦阻力小、不离析、不阻塞和黏聚性良好的性能。

为了保证混凝土有良好的可泵性，《普通混凝土配合比设计规程》(JGJ 55—2011)中对泵送混凝土原材料的要求是：

(1)水泥宜选用硅酸盐水泥、普通硅酸盐水泥、矿渣硅酸盐水泥和粉煤灰硅酸盐水泥。

(2)粗骨料宜采用连续级配，其针片状颗粒含量不宜大于 10%；粗骨料的最大公称粒径与输送管径之比宜符合表 4-21 的规定。

(3)细骨料宜采用中砂，其通过公称直径为 315 μm 筛孔的颗粒含量不宜少于 15%。

(4)泵送混凝土应掺用泵送剂或减水剂，并宜掺用矿物掺合料。

表 4-21 粗骨料的最大公称粒径与输送管径之比

粗骨料品种	泵送高度(m)	粗骨料最大公称粒径与输送管径之比
碎石	＜50	≤1∶3.0
	50～100	≤1∶4.0
	＞100	≤1∶5.0
卵石	＜50	≤1∶2.5
	50～100	≤1∶3.0
	＞100	≤1∶4.0

在进行泵送混凝土配合比设计应注意以下几点：

(1)泵送混凝土的胶凝材料用量不宜小于 300 kg/m³。

(2)泵送混凝土的砂率宜为 35%～45%。

五、高性能混凝土

高性能混凝土是近几年来提出的一个全新的概念。目前各个国家对高性能混凝土还没有一个统一的定义，但其基本含义是指具有良好的工作性、较高的抗压强度、较高的体积稳定性和良好的耐久性的混凝土。高性能混凝土既是高强混凝土(强度等级≥C60)，也是流态混凝土(坍落度＞200 mm)。因为高强混凝土强度高、耐久性好、变形小；流态混凝土具有大的流动性，混凝土拌和物不离析，施工方便；高性能混凝土也可以是满足某些特殊性能要求的匀质性混凝土。

高性能混凝土是一种新型高技术混凝土，是在大幅度提高普通混凝土性能的基础上，采用现代混凝土技术，选用优质材料，在严格的质量管理的条件下制成的。除了水泥、水、骨料以外，必须掺加足够数量的细掺料与高效外加剂。高性能混凝土重点保证下列诸性能：耐久性、和易性、各种力学性能、适用性、体积稳定性以及经济合理性。

配制高性能混凝土的主要途径是：

(1)改善原材料性能。如采用高品质水泥,选用级配良好、致密坚硬的骨料,掺加超活性掺合料等。

(2)优化配合比。普通混凝土配合比设计方法在这里不再适用,必须通过试配优化后确定配合比。

(3)掺入高效减水剂。高效减水剂可减小水胶比,获得高流动性,提高抗压强度。高效减水剂的选择及掺入技术是决定高性能混凝土各项性能的关键,需经试验研究确定。

(4)加强生产质量管理,严格控制每个施工环节。如加强养护,加强振捣等。

(5)也可掺入某些纤维材料以提高其韧性。

要获得高性能混凝土就必须从原材料品质、配合比优化、施工工艺与质量控制等方面综合考虑。首先,必须优选优质原材料,如优质水泥与粉煤灰、超细矿渣与矿粉、与所选水泥具有良好适应性的优质高效减水剂,具有优异的力学性能且级配良好的骨料等。在配合比设计方面,应在满足设计要求的情况下,尽可能降低水泥用量并限制水泥浆体的体积,根据工程的具体情况掺用一种以上矿物掺合料,在满足流动度要求的前提下,通过优选高效减水剂的品种与剂量,尽可能降低混凝土的水胶比。正确选择施工方法,合理设计施工工艺并强化质量控制意识与措施,是高性能混凝土由试验室配合比转变为满足实际工程结构需求的重要保证。

六、耐热混凝土

耐热混凝土是指能在长期高温(200℃~900℃)作用下保持其所需的物理力学性能的混凝土,它是由适当的胶凝材料、耐热粗细骨料和水按一定比例配制而成。普通混凝土在长期高温作用下,水泥石中的氢氧化钙会分解,混凝土中的某些骨料在高温下体积膨胀,有些还会分解,这些都会造成混凝土强度显著下降,故普通混凝土不能在高温环境下使用。

根据耐热混凝土所使用的胶凝材料不同,耐热混凝土有以下几种。

(1)硅酸盐水泥耐热混凝土。它是由普通水泥或矿渣水泥、磨细掺合料、耐热粗细骨料和水配制而成。这类耐热混凝土,要求所用的水泥中不得掺有石灰岩类的混合材料,磨细掺合料可用黏土熟料、磨细石英砂、砖瓦粉末等,其中的 SiO_2、Al_2O_3 在高温下能与 CaO 作用,生成无水硅酸盐和铝酸盐,提高水泥的耐热性。耐热粗、细骨料可采用重矿渣、红砖、黏土质耐火砖碎块、烧结镁砂及铬铁矿等。普通水泥配制的耐热混凝土的极限使用温度在 1 200℃以下,矿渣水泥配制的耐热混凝土的极限使用温度在 900℃以下。

(2)铝酸盐水泥耐热混凝土。它是由高铝水泥或低钙铝酸盐水泥、耐火度较大的掺合料、耐热粗、细骨料和水配制而成,其极限使用温度在 1 300℃以下。高铝水泥的熔化温度在 1 200℃~1 400℃,因此在此极限使用温度下是不会被熔化而降低强度的。

七、耐腐蚀混凝土

1. 耐酸混凝土

(1)水玻璃耐酸混凝土。它是以水玻璃为胶凝材料,氟硅酸钠为固化剂和耐酸粉料,耐酸粗、细骨料按一定比例配制而成。其强度可达 10~40 MPa,对一般无机酸(除氢氟酸及热磷酸外)、有机酸(除高级脂肪酸外)有较好的抵抗能力。在 1 000℃的高温条件下,水玻璃混凝土仍具有良好的耐酸性能和较高的机械强度。由于材料资源丰富、成本低廉,水玻璃耐酸混凝土是一种优良的应用较广的耐酸材料。其主要缺点是耐水性差,施工较复杂,养护期长。

水玻璃作为混凝土的胶结剂,其模数和密度对耐酸混凝土的性能影响较大,在技术规范中规定水玻璃的模数以2.6～2.8为佳，水玻璃密度应为1.36～1.42 g/cm³。氟硅酸钠为白色、浅灰色或黄色粉末，它是水玻璃耐酸混凝土的促硬剂，其适宜的用量为水玻璃质量的15%左右，用量过多，耐酸性将下降。耐酸粉料常用的有辉绿岩粉（铸石粉）、石英粉、69号耐酸粉、瓷粉等，其中以辉绿岩粉最好。细骨料常用石英砂，粗骨料常用石英岩、玄武岩、安山岩、花岗岩、耐酸砖块等。

(2)硫磺耐酸混凝土。它是以硫磺为胶凝材料，聚硫橡胶为增韧剂，掺入耐酸粉料和细骨料，经加热（160℃～170℃）熬制成硫磺砂浆，灌入耐酸粗骨料中冷却后即为硫磺耐酸混凝土。其抗压强度可达40 MPa以上，常用作地面、设备基础、贮酸槽等。

2.耐碱混凝土

碱性介质混凝土的腐蚀有三种情况：以物理腐蚀为主，以化学腐蚀为主，物理和化学两种腐蚀同时存在。

物理腐蚀是指碱性介质渗入混凝土表层与空气中的二氧化碳和水化合生成新的结晶物，由于体积膨胀而造成混凝土的破坏。在一般条件下，物理腐蚀的可能性比较大，当混凝土局部处于碱溶液中，碱液从毛细孔渗入，或者受碱液的干湿交替作用时都会发生这种腐蚀。化学腐蚀是指溶液中的强碱和混凝土中的水泥水化物发生化学反应，生成易溶的新化合物，从而破坏了水泥石的结构，使混凝土解体。化学腐蚀只是在温度较高、浓度较大和介质碱性较强的情况下才易发生。从上述两种腐蚀特点可知，如果能提高混凝土的密实度，物理腐蚀是可以防止的，这可以用严格控制骨料级配、降低水胶比或掺外加剂等方法达到；而为防止化学腐蚀，则要选择耐碱性的骨料和磨细掺料，特别是提高水泥的耐碱性来达到。

耐碱混凝土最好采用硅酸盐水泥。耐碱骨料常用的有石灰岩、白云岩和大理石，对于碱性不强的腐蚀介质，亦可采用密实的花岗岩、辉绿岩和石英岩。由于对耐碱混凝土的密实性要求较高，故对其骨料颗粒级配的要求也比较严格。磨细粉料主要是用来填充混凝土的空隙，提高耐碱混凝土的密实性，磨细粉料也必须是耐碱的，一般采用磨细的石灰石粉。

八、纤维混凝土

纤维混凝土是在混凝土中掺入纤维而形成的复合材料。它具有普通钢筋混凝土所没有的许多优良品质，在抗拉强度、抗弯强度、抗裂强度和冲击韧性等方面较普通混凝土有明显的改善。

常用的纤维材料有钢纤维、玻璃纤维、石棉纤维、碳纤维和合成纤维等。所用的纤维必须具有耐碱、耐海水、耐气候变化的特性。国内外研究和应用钢纤维较多，因为钢纤维对抑制混凝土裂缝的形成、提高混凝土抗拉和抗弯强度、增加韧性效果最佳。

在纤维混凝土中，纤维的含量、几何形状以及分布情况，对混凝土性能有重要影响。以钢纤维为例，为了便于搅拌，一般控制钢纤维的长径比为60～100，掺量为0.5%～1.3%（体积比），选用直径细、形状非圆形的钢纤维效果较佳，钢纤维混凝土一般可提高抗拉强度2倍左右，提高抗冲击强度5倍以上。

纤维混凝土目前主要用于非承重结构、对抗冲击性要求高的工程，如机场跑道、高速公路、桥面面层、管道等。随着各类纤维性能的改善、纤维混凝土技术的提高，纤维混凝土在建筑工程中的应用将会越来越广泛。

九、流态混凝土

流态混凝土就是在预拌的坍落度为 8～150 mm 的塑性混凝土拌和物中加入流化剂，经过搅拌得到的易于流动、不易离析、坍落度为 180～220 mm 的混凝土，其自身能像水一样地流动。

流态混凝土的发展是与泵送混凝土施工的发展密切联系的。流态混凝土的主要特点是：流动性好，能自流填满模型或钢筋间隙，适宜泵送，施工方便，由于使用流化剂，可大幅度降低水胶比而不需多用水泥，避免了水泥浆多带来的缺点，可制得高强、耐久、不渗水的优质混凝土，一般有早强和高强效果；流态混凝土流动度大，但无离析和泌水现象。

流态混凝土的配制关键之一是选择合适的流化剂。流化剂又称塑化剂，通常是高减水性、低引气性、无缓凝性的高效减水剂。目前，常用的流化剂主要有三类：萘磺酸盐甲醛缩合物系、改性木质素磺酸盐甲醛缩合物系和三聚氰胺磺酸盐甲醛缩合物系。加流化剂的方法有同时添加法和后添加法。

流态混凝土的坍落度随时间延长损失较大。一般认为流化剂后添加法是克服坍落度损失的一种有效措施。

流态混凝土主要适用于高层建筑、大型工业与公共建筑的基础、楼板、墙板及地下工程，尤其适用于配筋密、浇筑振捣困难的工程部位。随着流化剂的不断改进和成本降低，流态混凝土必将愈来愈广泛地应用于泵送、现浇和密筋的各种混凝土建筑中。

第五章　建筑砂浆

第一节　砂浆的组成材料

一、胶凝材料

砌筑砂浆中使用的胶凝材料有各种水泥、石灰、石膏和有机胶凝材料等，选择时应考虑砂浆的使用环境和用途。在干燥条件下使用的砂浆既可选用气硬性胶凝材料，又可选用水硬性胶凝材料；若在潮湿环境或水中使用的砂浆则必须选用水泥作为胶凝材料。常用的胶凝材料是水泥和石灰。

(1)水泥。配制砌筑砂浆时，水泥品种选用合理，可用普通硅酸盐水泥、矿渣硅酸盐水泥、复合硅酸盐水泥、火山灰质硅酸盐水泥和粉煤灰硅酸盐水泥等常用水泥或砌筑水泥。

水泥强度等级与所配制砂浆的强度等级相匹配，通常所用水泥的强度等级为砂浆强度的4～5倍。为了保证砂浆的和易性，水泥砂浆的最少水泥用量不宜小于200 kg/m^3，此外还要注意经济性。一般砂浆的强度不是很高，工程中多采用32.5强度等级的水泥配制砂浆，相关规程中规定砌筑砂浆用水泥的强度等级不宜大于42.5级。

(2)石灰。为节约水泥和改善砂浆的和易性，在配制混合砂浆时，常掺入石灰膏。为了消除过火石灰的危害，保证砂浆质量，应将石灰消化成石灰膏，并充分"陈伏"后使用。磨细生石灰粉也可用于混合砂浆，消石灰不得直接用于砌筑砂浆中，主要成分为氢氧化钙的电石渣可以代替石灰膏用于混合砂浆。

二、细骨料

砌筑砂浆用的细骨料主要是砂。砂的粗细程度对砂浆的水泥用量、和易性、强度及收缩性能有较大影响，砌砖砂浆宜采用符合规范规定的中砂，并应满足下列要求：

(1)不应混有草根、树叶、树枝、塑料、煤块、炉渣等杂物。

(2)砂中含泥量、泥块含量、石粉含量、云母、轻物质、有机物、硫化物、硫酸盐及氯盐含量(配筋砌体砌筑用砂)等应符合现行行业标准《普通混凝土用砂、石质量及检验方法标准》(JGJ 52—2006)的有关规定。

(3)人工砂、山砂及特细砂，应经试配能满足砌筑砂浆技术。

砌毛石宜用粗砂，光滑的抹面及勾缝砂浆可采用细砂。

由于砂浆层一般较薄，砂的最大粒径受砂浆缝厚度的限制：砌筑毛石的砂，其最大粒应小于砂浆层厚度的1/5～1/4；砌砖和小砌块的砂，其最大粒径应不小于2.36 mm；光滑抹面及勾缝砂浆的砂，其最大粒径小于1.2 mm。

三、掺合料

为改善砂浆的和易性常在砂浆中加无机的微细颗粒的掺合料，如石灰膏、磨细生石灰、消石灰粉、黏土膏及磨细粉煤灰等。

采用生石灰时，生石灰应熟化成石灰膏。熟化时应用不大于 3 mm×3 mm 的网过滤，熟化时间不得少于 7 d；采用沉淀池中贮存的石灰膏，应采取防止干燥，冻结和污染的措施。严禁使用脱水硬化的石灰膏。采用磨细生石灰粉时，其熟化时间不得小于 2 d。消石灰粉使用时也应预先浸泡，不得直接使用于砌筑砂浆。

采用黏土或粉质黏土制备黏土膏时，宜用搅拌机加水搅拌，通过孔径不大于 3 mm×3 mm 的网过筛。黏土中的有机物含量应符合规定。

石灰膏、黏土膏和电石渣膏试配时的稠度应为(120±5)mm。

粉煤灰的品质指标应符合国家有关标准的要求。

砌筑砂浆中所掺入的微沫剂等有机塑化剂，应经砂浆性能试验合格后，方可使用。

四、外加剂

为进一步改善砂浆的和易性，还可在砂浆中掺入外加剂。一类是增塑剂，又称微沫剂，它可在砂浆中产生大量均匀分布的极小的稳定气泡，从而改善砂浆的和易性。另一类是保水剂，它能显著减少砂浆泌水，防止离析，并改善砂浆和易性。常用的保水剂有甲基纤维素、硅藻土等。

五、拌和用水

对水质的要求，与混凝土的要求基本相同，凡可饮用的水均可拌制砂浆，未经试验鉴定的污水不得使用。

第二节　砌筑砂浆

一、砌筑砂浆的材料要求

(1)砌筑砂浆所用原材料不应对人体、生物与环境造成有害的影响，并应符合现行有关国家标准的规定。

(2)水泥宜采用通用硅酸盐水泥或砌筑水泥，且应符合现行国家标准《通用硅酸盐水泥》(GB 175—2007/XG1—2009)和《砌筑水泥》(GB/T 3183—2003)的规定。水泥强度等级应根据砂浆品种及强度等级的要求进行选择。M15 及以下强度等级的砌筑砂浆宜选用 32.5 级的通用硅酸盐水泥或砌筑水泥；M15 以上强度等级的砌筑砂浆宜选用 42.5 级通用硅酸盐水泥。

(3)砂宜选用中砂，并应符合现行行业标准《普通混凝土用砂、石质量及检验方法标准》(JGJ 52—2006)的规定，且应全部通过 4.75 mm 的筛孔。

(4)砌筑砂浆用石灰膏、电石膏应符合下列规定。

1)生石灰熟化成石灰膏时，应用孔径不大于 3 mm×3 mm 的网过滤，熟化时间不得少于 7 d；磨细生石灰粉的熟化时间不得少于 2 d。沉淀池中储存的石灰膏，应采取防止干燥、冻结和污染的措施。严禁使用脱水硬化的石灰膏。

2)制作电石膏的电石渣应用孔径不大于 3 mm×3 mm 的网过滤，检验时应加热至 70℃后至少保持 20 min，并应待乙炔挥发完后再使用。

3)消石灰粉不得直接用于砌筑砂浆中。

(5)石灰膏、电石膏试配时的稠度，应为(120±5)mm。

(6)粉煤灰、粒化高炉矿渣粉、硅灰、天然沸石粉应现行有关国家标准。当采用其他品种矿物掺合料时,应有可靠的技术依据,并应在使用前进行试验验证。

(7)采用保水增稠材料时,应在使用前进行试验验证,并应有完整的型式检验报告。

(8)外加剂应符合国家现行有关标准的规定,引气型外加剂还应有完整的型式检验报告。

(9)拌制砂浆用水应符合现行行业标准《混凝土用水标准》(JGJ 63—2006)的规定。

二、砌筑砂浆的技术性质

1.砂浆拌和物的和易性

(1)流动性。砂浆的流动性又称稠度,指砂浆在重力或外力的作用下流动的能力。砂浆流动性的大小用沉入度表示,通常用砂浆稠度仪测定。沉入度是指标准试锥在砂浆内自由沉入10 s时的沉入深度,单位为mm。

胶凝材料的品种和用量、掺合料的掺量、用水量、砂的细度、颗粒级配和粒形及搅拌时间等诸多因素都影响砂浆流动性的大小。

在工程实际中,应结合砌体基材、砌筑形式及施工方法等合理选择砂浆稠度。如在天气干热时砌筑多孔吸水材料,砂浆的流动性应该大一些,并应符合《砌体结构工程施工质量验收规范》(GB 50203—2011)的规定。砌筑砂浆的稠度宜按表5-1规定选用。

表5-1 砌筑砂浆的稠度

砌体种类	砂浆稠度(mm)
烧结普通砖砌体	70～90
蒸压粉煤灰砖砌体	
混凝土实心砖、混凝土多孔砖砌体	50～70
普通混凝土小型空心砌块砌体	
蒸压灰砂砖砌体	
烧结多孔砖、空心砖砌体	60～80
轻骨料小型空心砌块砌体	
蒸压加气混凝土砌块砌体	
石砌体	30～50

注:1. 采用薄灰砌筑法砌筑蒸压加气混凝土砌块砌体时,加气混凝土粘结砂浆的加水量按照其产品说明书控制。

2. 当砌筑其他块体时,其砌筑砂浆的稠度可根据块体吸水特性及气候条件确定。

(2)保水性。砂浆的保水性是指新拌砂浆保持内部水分不流出的能力,反映了砂浆中各组成材料不易分层、泌水的性质。为了保证砌体质量,砂浆在运输、存放和施工过程中,要求砂浆中水分不易较快流失且能保持一定的稠度。保水性良好的砂浆能在砌体中形成均匀密实的连接层。保水性不良的砂浆,在施工过程中容易泌水、分层离析,使砂浆流动性变差,难以铺摊均匀;同时砂浆的泌水易被砖石吸收,影响砂浆的正常硬化,最终降低砌体的强度。砌筑砂浆的表水率应符合表5-2的规定。

砂浆的保水性用分层度表示。分层度表示砂浆静置30 min后,去掉上部2/3的砂浆,在测定余下的1/3砂浆的沉入度,前后的沉入度差值。砌筑砂浆的分层度不得大于30 mm。保水性良好的砂浆，分层度应为 10～20 mm。分层度大于 20 mm，砂浆易离析，不便施工；分层度小于 10 mm，水泥浆量多，硬化后易产生干缩开缝。

表 5-2　砌筑砂浆的保水率

砂浆种类	保水率(%)
水泥砂浆	≥80
水泥混合砂浆	≥84
预拌砌筑砂浆	≥88

2. 砂浆强度和粘结力

(1)砂浆强度。砂浆的强度指的是抗压极限强度，是划分砂浆强度等级的主要依据。以标准立方体试件(70.7 mm×70.7 mm×70.7 mm)6 块为一组，在标准条件[温度为(20±2)℃、与砂浆种类相适应的湿度]养护至 28 d 的抗压强度值而定。根据砂浆的抗压强度值，砌筑砂浆的强度分为 M30、M25、M20、M15、M10、M7.5 和 M5.0 共 7 个等级。

影响砂浆抗压强度的因素很多。当基层为不吸水的材料时，砂浆的抗压强度与混凝土相似，主要取决于水泥强度和水胶比。按式(5-1)计算：

$$f_{m,0}=\alpha f_{ce}\left(\frac{C}{W}-\beta\right) \tag{5-1}$$

式中　$f_{m,0}$——砂浆 28 d 抗压强度(N/mm^2 或 MPa)；

f_{ce}——水泥 28 d 实测抗压强度(MPa)；

α、β——砂浆的特征系数，据试验资料统计确定；

C/W——灰水比。

当基层为砖或其他多孔吸水性材料时，由于基层吸水性强，即使砂浆用水量不同，但因砂浆具有一定的保水性，经过地面吸水后，保留在砂浆中的水分几乎是相同的，因此砂浆的抗压强度主要取决于水泥强度及水泥用量，而与砂浆拌和时的水胶比无关。按式(5-2)计算：

$$f_{m,0}=\frac{\alpha f_{ce}Q_c}{1\ 000}+\beta \tag{5-2}$$

式中　Q_c——水泥用量(kg)；

$f_{m,0}$——砂浆 28 d 抗压强度(N/mm^2 或 MPa)；

f_{ce}——水泥 28 d 实测抗压强度(MPa)；

α、β——砂浆的特征系数，据试验资料统计确定。

(2)粘结力。砂浆粘结力的大小直接影响砌体的抗剪强度、耐久性、稳定性及抗震性等性能。为了提高砌体的整体性，保证砌体的强度，要求砂浆具有足够的粘结力。通常，砂浆抗压强度越高，粘结力也越大。此外，砂浆的粘结力还与砌筑材料的表面状态、潮湿程度及养护条件等有关。为了提高砂浆的粘结力，保证砌体质量，砌筑前应将砌筑材料表面清理干净、润湿，必要时凿毛。

3. 砂浆的变形性和耐久性

(1)变形性能。砂浆在承受荷载或温度湿度变化时，容易产生变形。如果变形过大或变形不均匀，可能造成砌体的沉降或开裂。如果用细砂或轻骨料配制砂浆或胶凝材料用量较大，易引起砂浆的收缩变形而开裂。

(2)耐久性。由于砂浆经常受到环境中各种有害成分的影响，所以砂浆应除满足上述要求外，还应该具有与环境相适宜的耐久。

4. 砂浆的抗冻性

有抗冻性要求的砌体工程，砌筑砂浆应进行冻融试验。砌筑砂浆的抗冻性应符合表5-3的规定，且当设计对抗冻性有明确要求时，尚应符合设计规定。

表5-3 砌筑砂浆的抗冻性

使用条件	抗冻指标	质量损失率(%)	强度损失率(%)
夏热冬暖地区	F15	≤5	≤25
夏热冬冷地区	F25		
寒冷地区	F35		
严寒地区	F50		

三、砌筑砂浆的配合比设计

1. 水泥混合砂浆的配合比计算

(1)确定试配强度。

1)砂浆的试配强度应按式(5-3)计算：

$$f_{m,0}=kf_2 \tag{5-3}$$

式中 $f_{m,0}$——砂浆的试配强度(MPa)，应精确到0.1 MPa；

f_2——砂浆强度等级值(MPa)，应精确到0.1 MPa；

k——系数，按表5-4取值。

表5-4 砂浆强度标准差 σ(MPa)及 k 值

施工水平 \ 强度等级	强度标准差σ(MPa)							k
	M5	M7.5	M10	M15	M20	M25	M30	
优良	1.00	1.50	2.00	3.00	4.00	5.00	6.00	1.15
一般	1.25	1.88	2.50	3.75	5.00	6.25	7.50	1.20
较差	1.50	2.25	3.00	4.50	6.00	7.50	9.00	1.25

2)砂浆强度标准差的确定应符合下列规定：

①当有统计资料时，砂浆强度标准差应按式(5-4)计算：

$$\sigma=\sqrt{\frac{\sum_{i=1}^{n} f_{m,i}^2-n\mu_{fm}^2}{n-1}} \tag{5-4}$$

式中 $f_{m,i}$——统计周期内同一品种砂浆第 i 组试件的强度(MPa)；

μ_{fm}——统计周期内同一品种砂浆 n 组试件强度的平均值(MPa)；

n——统计周期内同一品种砂浆试件的总组数，$n\geqslant 25$。

②当无统计资料时，砂浆强度标准差可按表5-4取值。

(2)水泥用量的计算。

1)每立方米砂浆中的水泥用量，应按式(5-5)计算：

$$Q_c = 1\,000(f_{m,0} - \beta)/(\alpha \cdot f_{ce}) \tag{5-5}$$

式中　Q_c——每立方米砂浆的水泥用量(kg),应精确至1 kg;

f_{ce}——水泥的实测强度(MPa),应精确至0.1 MPa;

α、β——砂浆的特征系数,其中α取3.03,β取-15.09。

注:各地区也可用本地区试验资料确α,β值,统计用的试验组数不得少于30组。

2)在无法取得水泥的实测强度值时,可按式(5-6)计算:

$$f_{ce} = \gamma_c \cdot f_{ce,k} \tag{5-6}$$

式中　$f_{ce,k}$——水泥强度等级值(MPa);

γ_c——水泥强度等级值的富余系数,宜按实际统计资料确定;无统计资料时可取1.0。

(3)石灰膏用量的计算。石灰膏用量应按式(5-7)计算:

$$Q_D = Q_A - Q_C \tag{5-7}$$

式中　Q_D——每立方米砂浆的石灰膏用量(kg),应精确至1 kg;石灰膏使用时的稠度宜为(120±5)mm;

Q_C——每立方米砂浆的水泥用量(kg),应精确至1 kg;

Q_A——每立方米砂浆中水泥和石灰膏总量,应精确至1 kg,可为350 kg。

(4)砂用量的计算。

1)每立方米砂浆中的砂用量,应按干燥状态(含水率小于0.5%)的堆积密度值作为计算值(kg)。

2)每立方米砂浆中的用水量,可根据砂浆稠度等要求选用210～310 kg。

①混合砂浆中的用水量,不包括石灰膏中的水。

②当采用细砂或粗砂时,用水量分别取上限或下限。

③稠度小于70 mm时,用水量可小于下限。

④施工现场气候炎热或干燥季节,可酌量增加用水量。

2.水泥砂浆配合比选用

(1)水泥砂浆的材料用量可按表5-5选用。

表5-5　每立方米水泥砂浆材料用量　(单位:kg/m³)

强度等级	水泥	砂	用水量
M5	200～230	砂的堆积密度值	270～330
M7.5	230～260		
M10	260～290		
M15	290～330		
M20	340～400		
M25	360～410		
M30	430～480		

注:1. M15及M15以下强度等级水泥砂浆,水泥强度等级为32.5级;M15以上强度等级水泥砂浆,水泥强度等级为42.5级。

2. 当采用细砂或粗砂时,用水量分别取上限或下限。

3. 稠度小于70 mm时,用水量可小于下限。

4. 施工现场气候炎热或干燥季节,可酌量增加水量。

5. 试配强度应按式(5-3)计算。

(2)水泥粉煤灰砂浆材料用量可按表5-6选用。

表5-6　每立方米水泥粉煤灰砂浆材料用量　　(单位:kg/m³)

强度等级	水泥和粉煤灰总量	粉煤灰	砂	用水量
M5	210～240	粉煤灰掺量可占胶凝材料总量的15%～25%	砂的堆积密度值	270～330
M7.5	240～270			
M10	270～300			
M15	300～330			

注:1. 表中水泥强度等级为32.5级。
2. 当采用细砂或粗砂时,用水量分别取上限或下限。
3. 稠度小于70 mm时,用水量可小于下限。
4. 施工现场气候炎热或干燥季节,可酌量增加用水量。
5. 试配强度应按式(5-3)计算。

第三节　其他砂浆

一、普通抹面砂浆

普通抹面砂浆的功能是保护结构主体免遭各种侵害,提高结构的耐久性,改善结构的外观。常用的普通抹面砂浆有水泥砂浆、石灰砂浆、水泥石灰混合砂浆、麻刀石灰砂浆(简称麻刀灰)、纸筋石灰砂浆(纸筋灰)等。水泥砂浆宜用于潮湿或强度要求较高的部位;混合砂浆多用于室内底层或中层或面层抹灰;石灰砂浆、麻刀灰、纸筋灰多用于室内中层或面层抹灰。对混凝土基面多用水泥石灰混合砂浆。

为了保证抹灰表面的平整,避免开裂和脱落,抹面砂浆一般分两层或三层施工:底层砂浆的作用是使砂浆与基层能牢固地粘结,应有良好的保水性;中层主要是为了找平,有时可省去不做;面层主要为了获得平整、光洁的表面效果。各层所使用的材料和配合比及施工做法应视基层材料品种、部位及气候环境而定。

抹面砂浆一般没有具体的强度要求,但为了保证其保水性和粘结力,胶凝材料用量一般比砌筑砂浆多,有时还加入少量107胶,以增强其粘结力。为提高抗拉强度、防止抹面砂浆的开裂,常加入部分麻刀等纤维材料。通常抹面砂浆的配合比不作计算,依据经验查表选择见表5-7。

表5-7　常用抹面砂浆的配合比选择表

材料	体积配合比	应用范围
石灰∶砂	1∶3	用于干燥环境中的砖石墙面打底或找平
石灰∶黏土∶砂	1∶1∶6	干燥环境墙面
石灰∶石膏∶砂	1∶0.6∶3	不潮湿的墙基天花板
石灰∶石膏∶砂	1∶2∶3	不潮湿的线脚及装饰
石灰∶水泥∶砂	1∶0.5∶4.5	勒脚、女儿墙及较潮湿的部位
水泥∶砂	1∶2.5	用于潮湿的房间墙裙、地面基层
水泥∶砂	1∶1.5	地面、墙面、天棚

续上表

材料	体积配合比	应用范围
水泥：砂	1：1	混凝土地面压光
水泥：石膏：砂：锯末	1：1：3：5	吸声粉刷
水泥：白石子	1：1.5	水磨石
石灰膏：麻刀	1：2.5	木板条顶棚底层
石灰膏：纸筋	1 m^3 灰膏掺 3.6 kg 纸筋	较高的墙面及顶棚
石灰膏：纸筋	100：3.8(质量比)	木板条顶棚面层
石灰膏：麻刀	1：1.4(质量比)	木板条顶棚面层

二、防水砂浆

做防水层的砂浆叫做防水砂浆。砂浆防水层又叫刚性防水层，这种防水层仅适用于不受振动和具有一定刚度的混凝土或砖石砌体工程。对于变形较大或可能发生不均匀沉陷的结构，都不宜采用刚性防水层。

防水砂浆可以用普通水泥砂浆来制作，也可以在水泥砂浆中掺入高分子聚合物或具有减水引气作用的外加剂来提高砂浆的抗渗能力。防水砂浆的配制一般采用洁净的、级配良好的中砂，水泥为 42.5 强度等级的普通硅酸盐水泥。水泥与砂的比例约为 1：2.5，水胶比在 0.5～0.55 之间，稠度约为 80 mm。

防水砂浆对施工操作技术要求很高，一般有人工多层抹压法和喷射法。施工完毕后必须加强养护，防止开裂。

三、装饰砂浆

装饰砂浆是指用作建筑物饰面的砂浆。它是在抹面的同时，经各种加工处理而获得特殊的饰面形式，以满足审美需要的一种表面装饰。

装饰砂浆饰面可分为两类，即灰浆类饰面和石渣类饰面。灰浆类饰面是通过水泥砂浆的着色或水泥砂浆表面形态的艺术加工，获得一定色彩、线条、纹理质感的表面装饰。石渣类饰面是在水泥砂浆中掺入各种彩色石渣作骨料，配制成水泥石渣浆抹于墙体基层表面，然后用水洗、斧剁、水磨等手段除去表面水泥浆皮，呈现出石渣颜色及其质感的饰面。

(1)灰浆类饰面的主要施工工艺。

1)拉毛灰。先用水泥砂浆做底层，再用水泥石灰浆做面层，在砂浆尚未凝结前，将表面拍拉成凹凸不平的形状，要求表面拉毛花纹、斑点均匀、颜色一致，同一平面上无明显接槎。

2)搓毛灰。在罩面灰浆初凝时，用硬质木抹子由上而下搓出一条细而直的纹路，也可水平方向搓出一条 L 形细纹路，当纹路明显搓出后即停。此法工艺简单、造价低，效果朴实大方。

3)拉条。采用专业模具把面层做出竖向线条的装饰效果，是一种较新的抹灰做法。一般细条纹抹灰可采用同一种砂浆配合比，多次加浆抹灰拉模而成；粗线条抹灰采用底、面两种配合比的砂浆，多次加浆抹灰拉模而成。

4)假面砖。采用掺氧化铁颜料的水泥砂浆，通过手工操作达到模拟面砖装饰效果的饰面做法。适合房屋建筑外墙抹灰饰面。

5)假大理石。用掺适量的颜料的石膏色浆和素石膏按1：10比例配合，通过手工操作，做成具有大理石表面特征的装饰抹灰。这种装饰工艺对操作技术要求较高，适用于装饰工程中的室内墙面抹灰。

(2)石渣类装饰砂浆主要施工工艺。

1)水刷石。用颗粒细小(约5 mm)的石渣拌成的砂浆做面层，在水泥浆终凝前，喷水冲刷表面，冲洗掉石渣表面的水泥浆，使石渣表面外露。水刷石用于建筑物的外墙面，具有一定的质感，且经久耐用，不需维护。

2)干粘石。在水泥砂浆面层的表面，粘结粒径5 mm以下的白色或彩色石渣、小石子、彩色玻璃、陶瓷碎粒等，要求石渣粘结均匀，牢固。干粘石的装饰效果与水刷石相近，且石子表面更洁净艳丽；避免了喷水冲洗的湿作业，施工效率高，而且节约材料和水。干粘石在预制外墙板的生产中有较多的应用。

3)斩假石。又称为斧剁石，砂浆的配置制与水刷石基本一致。待砂浆抹面硬化后，用斧刀将表面剁毛并露出石渣。斩假石的装饰效果与粗面花岗岩相似。

4)水磨石。用普通水泥、白水泥、彩色水泥或普通水泥加耐碱颜料拌和各种色彩的大理石石渣做面层，硬化后用机械反复磨平抛光表面而成。水磨石多用于地面、水池等工程部位。可事先设计图案色彩，磨平抛光后更具艺术效果。水磨石还可制成预制件或预制块，作楼梯踏步、窗台板、柱面、台面、踢脚板、地面板等构件。室内外的地面、墙面、台面、柱面等也可用水磨石进行装饰。

四、特种砂浆

1.绝热砂浆

采用水泥、石灰、石膏等胶凝材料与膨胀珍珠岩砂、膨胀蛭石或陶粒砂等轻质多孔骨料，按一定比例配制的砂浆称为绝热砂浆。绝热砂浆质轻且具有良好的绝热性能，其热导率为0.07～0.10 W/(m·K)。主要用于屋面隔热层、隔热墙壁、冷库以及工业窑炉、供热管道隔热层等处。如在绝热砂浆中掺入或在绝热砂浆表面喷涂憎水剂，则这种砂浆的保温隔热效果会更好。常用的绝热砂浆有水泥膨胀珍珠岩砂浆、水泥膨胀蛭石砂浆、水泥石灰膨胀蛭石砂浆等。水泥膨胀珍珠岩砂浆采用强度等级42.5的普通水泥配制，其体积比为水泥：膨胀珍珠岩砂=1：(12～15)，水胶比为1.5～2.0，热导率为0.067～0.074 W/(m·K)，可用于砖及混凝土内墙表面抹灰或喷涂。

2.膨胀砂浆

在水泥砂浆中加入膨胀剂或使用膨胀水泥，可配置膨胀砂浆。膨胀砂浆具有一定的膨胀特性，可补偿水泥砂浆的收缩，防止干缩开裂。膨胀砂浆用在修补工程和装配式大板工程中，依赖其膨胀作用而填充缝隙，以达到粘结密封的目的。

3.耐酸砂浆

耐酸砂浆是用水玻璃和氟硅酸钠加入石英砂、花岗岩砂、铸石等耐酸粉料和耐酸粉料组成。在某些有酸雨腐蚀的地区，也可用于建筑物的外墙装饰，以提高建筑物的耐酸雨腐蚀能力。

4.吸声砂浆

用水泥、石膏、砂、锯末等也可以配制成吸声砂浆。如果在吸声砂浆内掺入玻璃纤维、矿物棉等松软的材料能获得更好的吸声效果。吸声砂浆常用于室内的墙面和顶棚的抹灰。

5. 防辐射砂浆

在水泥浆中掺入重晶石粉和砂，可配制成有防 X 射线能力的砂浆；如在水泥浆中掺加硼砂、硼酸等可配制有抗中子辐射能力的砂浆。此类防射线砂浆应用于射线防护工程。

6. 商品砂浆

我国近年来逐渐推广使用的一种建筑砂浆，目前，商品砂浆主要用于城市辖区内的土木工程中。商品砂浆最大的特点是集中配制生产和供应，砂浆组成材料和配比稳定，砂浆质量好。根据生产和供应方式的不同，商品砂浆可分为干粉砂浆和预拌砂浆两种。

第四节 建筑砂浆的检测

一、砂浆的稠度检测

1. 检测设备

砂浆稠度仪（图 5-1）、捣棒、台秤、拌锅、拌板、秒表等。

2. 检测步骤

（1）应先采用少量润滑油轻擦滑杆，再将滑杆上多余的油用吸油纸擦净，使滑杆能自由滑动。

（2）应先采用湿布擦净盛浆容器和试锥表面，再将砂浆拌和物一次装入容器，砂浆表面宜低于容器口 10 mm，用捣棒自容器中心向边缘均匀地插捣 25 次，然后轻轻地将容器摇动或敲击 5～6 下，使砂浆表面平整，随后将容器置于稠度测定仪的底座上。

（3）拧开制动螺栓，向下移动滑杆，当试锥尖端与砂浆表面刚接触时，应拧紧制动螺栓，使齿条测杆下端刚接触滑杆上端，并将指针对准零点上。

（4）打开制动螺栓，同时计时间，10 s 时立即拧紧螺栓，将齿条测杆下端接触滑杆上端，从刻度盘上读出下沉深度（精确至 1 mm），即为砂浆的稠度值。

（5）盛浆容器内的砂浆，只允许测定一次稠度，重复测定时，应重新取样测定。

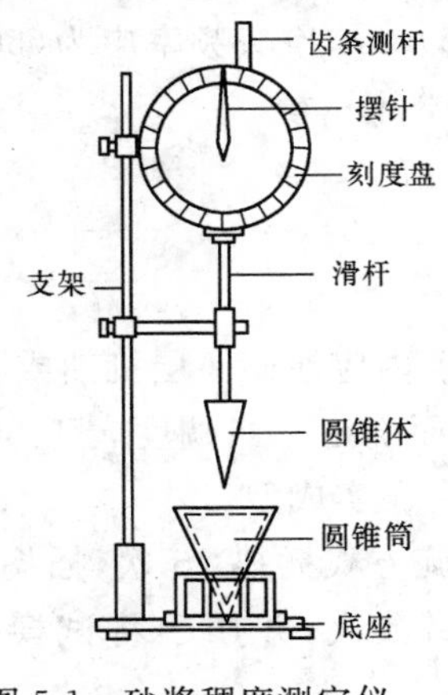

图 5-1 砂浆稠度测定仪

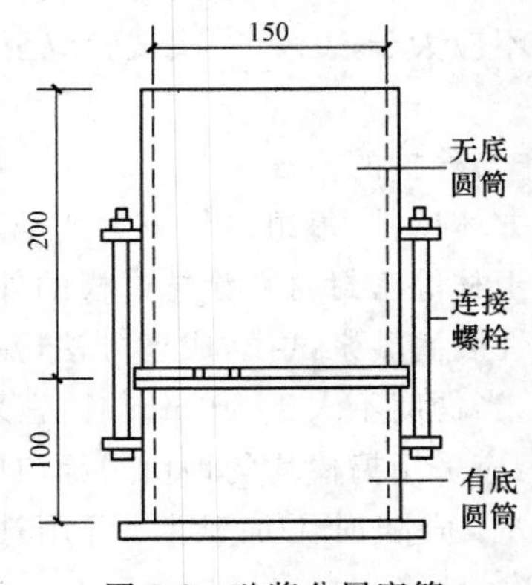

图 5-2 砂浆分层度筒

二、砂浆的分层度检测

1. 检测设备

分层度测定仪（图 5-2）、振动台：振幅应为（0.5±0.05）mm，频率应为（50±3）Hz、砂浆稠度仪、木槌等。

2. 检测步骤

(1)标准法测定分层度的检测步骤。

1)应按照标准规定测定砂浆拌和物的稠度。

2)应将砂浆拌和物一次装入分层度筒内，待装满后，用木槌在分层度筒周围距离大致相等的四个不同部位轻轻敲击 1～2 下，当砂浆沉落到低于筒口时，应随时添加，然后刮去多余的砂浆并用抹刀抹平。

3)静置 30 min 后，去掉上节 200 mm 砂浆，然后将剩余的 100 mm 砂浆倒在拌和锅内拌 2 min，再按照规定测其稠度。前后测得的稠度之差即为该砂浆的分层度值。

(2)快速法测定分层度的检测步骤。

1)应按照标准规定测定砂浆拌和物的稠度。

2)应将分层度筒预先固定在振动台上，砂浆一次装入分层度筒内，振动 20 s。

3)去掉上节 200 mm 砂浆，剩余 100 mm 砂浆倒出放在拌和锅内拌 2 min，再按标准试验方法测其稠度，前后测得的稠度之差即为该砂浆的分层度值。

三、砂浆的抗压强度检测

1. 检测设备

立方体抗压强度试验的检测设备设备：

(1)试模：应为 70.7 mm×70.7 mm×70.7 mm 的带底试模。

(2)钢制捣棒：直径为 10 mm，长度为 350 mm，端部磨圆。

(3)压力试验机：精度应为 1%，试件破坏荷载应不小于压力机量程的 20%，且不应大于全量程的 80%。

(4)垫板：试验机上、下压板及试件之间可垫以钢垫板，垫板的尺寸应大于试件的承压面，其不平度应为每 100 mm 不超过 0.02 mm。

(5)振动台：空载中台面的垂直振幅应为(0.5±0.05)mm，空载频率应为(50±3)Hz，空载台面振幅均匀度不应大于 10%，一次试验应至少能固定 3 个试模。

2. 检测步骤

(1)试件制作与养护的步骤。

1)应采用立方体试件，每组试件应为 3 个。

2)应采用凡士林等密封材料涂抹试模的外接缝，试模内应涂刷薄层机油或隔离剂，应将拌制好的砂浆一次性装满砂浆试模，成型方法应根据稠度而确定。当稠度大于 50 mm 时，宜采用人工插捣成型，当稠度不大于 50 mm 时，宜采用振动台振实成型。

①人工插捣：应采用捣棒均匀地由边缘向中心按螺旋方式插捣 25 次，插捣过程中当砂浆沉落低于试模口时，应随时添加砂浆，可用油灰刀插捣数次，并用手将试模一边抬高 5～10 mm各振动 5 次，砂浆应高出试模顶面 6～8 mm。

②机械振动：将砂浆一次装满试模，放置到振动台上，振动时试模不得跳动，振动 5～10 s 或持续到表面泛浆为止，不得过振。

③应待表面水分稍干后，将浆高出试模部分的砂浆沿试模顶面刮去并抹平。

④试件制作后应在温度为(20±5)℃的环境下静置(24±2)h，对试件进行编号、拆模。当气温较低时，或者凝结时间大于 24 h 的砂浆，可适当延长时间，但不应超过 2 d，试件拆模后应

立即放入温度为(20±20)℃,相对湿度为90%以上的标准养护室中养护,养护期间,试件彼此间隔不得小于10 mm,混合砂浆、湿拌砂浆试件上面应覆盖,防止有水滴在试件上。

⑤从搅拌加水开始计时,标准养护龄期应为28 d,也可根据相关标准要求增加7 d或14 d。

(2)砂浆抗压强度测定步骤。

1)试件从养护地点取出后应及时进行试验。试验前应将试件表面擦拭干净,测量尺寸,并检查其外观,并应计算试件的承压面积,当实测尺寸与公称尺寸之差不超过1 mm时,可按照公称尺寸进行计算。

2)将试件安放在试验机的下压板或下垫板上,试件的承压面应与成型时的顶面垂直,试件中心应与试验机下压板或下垫板中心对准,开动试验机,当上压板与试件或上垫板接近时,调整球座,使接触面均衡受压。承压试验应连续而均匀地加荷,加荷速度应为0.25~1.5 kN/s,砂浆强度不大于2.5 MPa时,宜取下限。当试件接近破坏而开始迅速变形时,停止调整试验机油门,直至试件破坏,然后记录破坏荷载。

(3)试验结果计算。

砂浆立方体抗压强度应按式(5-8)计算:

$$f_{m,cu}=K\frac{N_u}{A} \tag{5-8}$$

式中 $f_{m,cu}$——砂浆立方体抗压强度(MPa),应精确至0.1 MPa;

N_u——立方体破坏压力(N);

A——试件承压面积(mm^2);

K——换算系数,取1.35。

第六章　墙体与屋面材料

第一节　砖

一、烧结普通砖

1. 烧结普通砖的原料及分类

烧结普通砖是指以黏土、页岩、煤矸石或粉煤灰为主要原料，经制坯和焙烧制成的普通实心砖。烧结普通砖为矩形体，标准尺寸是 240 mm×115 mm×53 mm，若加上砌筑灰缝厚度(10 mm)，则 4 个砖长、8 个砖宽、16 个砖厚都恰好是 1 m。这样，每立方米砌体的理论需用砖数 512 块。根据所用原料不同，可分为烧结黏土砖(符号为 N)、烧结页岩砖(Y)、烧结煤矸石砖(M)和烧结粉煤灰砖(F)。

2. 烧结普通砖的生产

烧结普通砖的生产工艺过程：

采土 ⟶ 配料调制 ⟶ 制坯 ⟶ 干燥 ⟶ 焙烧 ⟶ 成品

(1)生产烧结黏土砖主要采用砂质黏土，其矿物组成是高岭石($A1_2O_3 \cdot 2SiO_2 \cdot 2H_2O$)。黏土中除含 $A1_2O_3$、SiO_2 外，还有少量的 Fe_2O_3、CaO 等。黏土和成浆体后，具有良好的可塑料，可塑制成各种制品。

(2)焙烧是制砖的关键过程，砖的焙烧温度控制在 950℃～1 050℃。焙烧时火候要适当、均匀，以免出现欠火砖或过火砖。欠火砖色浅、断面包心(黑心或白心)、敲击声哑、孔隙率大、强度低、耐久性差。因此，国标规定欠火砖为不合格品。过火砖色较深、敲击声脆、较密实、强度高、耐久性好，但容易出现变形砖(酥砖或螺纹砖)。变形砖也为不合格品。

(3)当黏土中含有石灰质($CaCO_3$)时，经焙烧制成的黏土砖易发生石灰爆裂现象。黏土中若含有可溶性盐类时，还会使砖砌体发生盐析现象(亦称泛霜)。

(4)在烧砖时，若使窑内氧气充足，使之在氧化气氛中焙烧，黏土中的铁元素被氧化成高价的 Fe_2O_3，烧得红砖。若在焙烧的最后阶段使窑内缺氧，则窑内燃烧气氛呈还原气氛，则砖中的高价 Fe_2O_3 被还原成青灰色的低价氧化铁，即烧得青砖。青砖比红砖结实、耐久，但价格较红砖高。

(5)当采用页岩、煤矸石、粉煤灰为原料烧砖时，因其含有可燃成分，焙烧时可在砖内燃烧，不但节省燃料，还使坯体烧结均匀，提高了砖的质量。常将用可燃性工业废料作为内燃料烧制成的砖称为内燃砖。

3. 烧结普通砖的技术要求

根据《烧结普通砖》(GB 5101—2003)规定，烧结普通砖的技术要求包括尺寸偏差、外观质量、强度等级、抗风化性、泛霜、石灰爆裂和放射性物质等。并规定强度、抗风化性能和放射性物质合格的砖，根据尺寸偏差、外观质量、泛霜和石灰爆裂分为优等品(A)、一等品(B)和合格品(C)三个产品质量等级。

(1)尺寸偏差。为保证砌筑质量,要求砖的尺寸偏差应符合表 6-1。

表 6-1　尺寸偏差　(单位:mm)

公称尺寸	优等品		一等品		合格品	
	样本平均偏差	样本极差,≤	样本平均偏差	样本极差,≤	样本平均偏差	样本极差,≤
240	±2.0	6	±2.5	7	±3.0	8
115	±1.5	5	±2.0	6	±2.5	7
53	±1.5	4	±1.6	5	±2.0	6

(2)外观质量。砖的外观质量包括两条面高度差、弯曲、杂质凸出高度、缺棱掉角、裂纹、完整面等项内容,应符合表 6-2。

表 6-2　外观质量　(单位:mm)

<table>
<tr><th colspan="2">项　目</th><th>优等品</th><th>一等品</th><th>合格品</th></tr>
<tr><td colspan="2">两条面高度差,≤</td><td>2</td><td>3</td><td>4</td></tr>
<tr><td colspan="2">弯曲 ,≤</td><td>2</td><td>3</td><td>4</td></tr>
<tr><td colspan="2">杂质突出高度 ,≤</td><td>2</td><td>3</td><td>4</td></tr>
<tr><td colspan="2">缺棱掉角的三个破坏尺寸(不得同时大于)</td><td>5</td><td>20</td><td>30</td></tr>
<tr><td rowspan="2">裂纹长度,≤</td><td>大面上宽度方向及其延伸至条面的长度</td><td>30</td><td>60</td><td>80</td></tr>
<tr><td>大面上长度方向及其延伸至顶面的长度或条顶面上水平裂纹的长度</td><td>50</td><td>80</td><td>100</td></tr>
<tr><td colspan="2">完整面(不得少于)</td><td>两条面和两顶面</td><td colspan="2">一条面和一顶面</td></tr>
<tr><td colspan="2">颜色</td><td>基本一致</td><td>—</td><td>—</td></tr>
</table>

注:凡有下列缺陷之一者,不得称为完整面:①缺损在条面或顶面上造成的破坏面尺寸同时大于10 mm×10 mm;②条面或顶面上裂纹宽度大于 1 mm,其长度超过 30 mm;③压陷、粘底、焦花在条面或顶面的凹陷或凸出超过 2 mm,区域尺寸同时大于 10 mm×10 mm。

(3)强度等级。根据抗压强度将烧结普通砖分为 MU30、MU25、MU20、MU15、MU10 五个等级,各强度等级的砖应符合表 6-3 规定。

表 6-3　强度等级

强度等级	抗压强度平均值 $\bar{f}$(MPa),≥	变异系数 $\delta \leqslant 0.21$	变异系数 $\delta \leqslant 0.21$
		强度标准植 f_k(MPa),≥	单块最小抗压强度值 f_{min}(MPa),≥
MU30	30.0	22.0	25.0
MU25	25.0	18.0	22.0
MU20	20.0	14.0	16.0
MU15	15.0	10.0	12.0
MU10	10.0	6.5	7.5

(4)抗风化性能。抗风化性能是指能抵抗干湿变化、温度变化、冻融变化等气候作用的性

能。《烧结普通砖》(GB 5101—2003)规定,在严重风化地区的砖必须进行抗冻性试验;其他风化地区的砖的吸水率和饱和系数指标若达到标准中规定,可认为抗风化性能合格,不再进行冻融试验,当有一项指标达不到要求时,也必须进行冻融试验,再判别抗风化性能是否合格。

(5)砖的放射性物应符合《建筑材料放射性核素限量》(GB 6566—2010)的规定。

此外,砖的泛霜和石灰爆裂程度也应符合《烧结普通砖》(GB 5101—2003)的规定,并且产品中不允许有欠火砖、酥砖和螺纹砖。

烧结普通砖的产品标记采用产品名称、品种、强度等级、产品等级和标准编号按顺序编写,如强度等级为 MU10、合格品的烧结黏土砖其标记为:烧结黏土砖 N MU10 C GB 5101—2003。

二、烧结多孔砖

1.烧结多孔砖的种类及规格

(1)规格。

1)砖和砌块的外型一般为直角六面体,在与砂浆的接合面上应设有增加结合力的粉刷槽和砌筑砂浆槽,并应符合下列要求:

①粉刷槽:混水墙用砖和砌块,应在条面和顶面上设有均匀分布的粉刷槽或类似结构,深度不小于 2 mm。

②砌筑砂浆槽:砌块至少应在一个条面或顶面上设立砌筑砂浆槽。两个条面或顶面都有砌筑砂浆槽时,砌筑砂浆槽深应大于 15 mm 且小于 25 mm;只有一个条面或顶面有砌筑砂浆槽时,砌筑砂浆槽深应大于 30 mm 且小于 40 mm。砌筑砂浆槽宽应超过砂浆槽所在砌块面宽度的 50%。

2)砖和砌块的长度、宽度、高度尺寸应符合下列要求:

①砖规格尺寸:290 mm、240 mm、190 mm、180 mm、140 mm、115 mm、90 mm。

②砌块规格尺寸:490 mm、440 mm、390 mm、340 mm、290 mm、240 mm、190 mm、180 mm、140 mm、115 mm、90 mm;

③其他规格尺寸由供需双方协商确定。

(2)等级。

1)强度等级。根据抗压强度分为 MU30、MU25、MU20、MU15、MU10 五个强度等级。

2)密度等级。

①砖的密度等级分为 1 000、1 100、1 200、1 300 四个等级。

①砌块的密度等级分为 9 00、1 000,1 100、1 200 四个等级。

(3)产品标记。砖和砌块的产品标记按产品名称、品种、规格、强度等级、密度等级和标准编号顺序编写。标记示例:规格尺寸 290 mm×140 mm×90 mm、强度等级 MU25、密度 1 200 级的黏土烧结多孔砖,其标记为:烧结多孔砖 N 290×140×90 MU25 1 200 GB 13544—2011。

2.烧结多孔砖的技术要求

(1)尺寸偏差。尺寸允许偏差应符合表 6-4 的规定。

表 6-4 尺寸允许偏差 (单位:mm)

尺 寸	样本平均偏差	样本极差,≤
>400	±3.0	10.0

续上表

尺　寸	样本平均偏差	样本极差,≤
300～400	±2.5	9.0
200～300	±2.5	8.0
100～200	±2.0	7.0
＜100	±1.5	6.0

(2)外观质量。外观质量应符合表 6-5 的规定。

表 6-5　外观质量

项　目		指　标
完整面,≥		一条面和一顶面
缺棱掉角的三个破坏尺寸,不得同时大于		30 mm
裂纹长度	大面(有孔面)上深入孔壁 15 mm 以上宽度方向及其延伸到条面的长度,≤	80 mm
	大面(有孔面)上深入孔壁 15 mm 以上长度方向及其延伸到顶面的长度,≤	100 mm
	条顶面上的水平裂纹,≤	100 mm
杂质在砖或砌块面上造成的凸出高度,≤		5 mm

注:凡有下列缺陷之一者,不能称为完整面:①缺损在条面或顶面上造成的破坏面尺寸同时大于20 mm×30 mm;②条面或顶面上裂纹宽度大于 1 mm,其长度超过 70 mm;③压陷、焦花、粘底在条面或顶面上的凹陷或凸出超过 2 mm,区域最大投影尺寸同时大于 20 mm×30 mm。

(3)密度等级。密度等级应符合表 6-6 的规定。

表 6-6　密度等级

密度等级		3 块砖或砌块干燥表观密度平均值(kg/m³)
砖	砌块	
—	900	≤900
1 000	1 000	900～1 000
1 100	1 100	1 00～1 100
1 200	1 200	1 100～1 200
1 300	—	1 200～1 300

(4)强度等级。强度等级应符合表 6-7 的规定。

表 6-7 强度等级 (单位:MPa)

强度等级	抗压强度平均值 $\bar{f}$,≥	强度标准值 f_k,≥
MU30	30.0	22.0
MU25	25.0	18.0
MU20	20.0	14.0
MU15	15.0	10.0
MU10	10.0	6.5

(5)孔型、孔结构及孔洞率。孔型、孔结构及孔洞率应符合表 6-8 的规定。

表 6-8 孔型孔结构及孔洞率

孔型	孔洞尺寸(mm)		最小外壁厚(mm)	最小肋厚(mm)	孔洞率(%)		孔洞排列
	孔宽度尺寸 b	孔长度尺寸 L			砖	砌块	
矩形条孔或矩形孔	≤13	≤40	≥12	≥5	≥28	≥33	(1)所有孔宽应相等,孔采用单向或双向交错排列。 (2)孔洞排列上下、左右应对称,分布均匀,手抓孔的长度方向尺寸必须平行于砖的条面

注:1. 矩形孔的孔长 L、孔宽 b 满足式 $L \geq 3b$,为矩形条孔。

2. 孔四个角应做成过渡圆角,不得做成直尖角。

3. 如设有砌筑砂浆槽,则砌筑砂浆槽不计算在孔洞率内。

4. 规格大的砖和砌块应设置手抓孔,手抓孔尺寸为(30~40)mm×(75~85)mm。

(6)泛霜。每块砖或砌块不允许出现泛霜。

(7)石灰爆裂。

1)破裂尺寸大于 2 mm 且小于或等于 15 mm 的爆裂区域,每组砖或砌块不得多与 15 处,其中大于 10 mm 的不得多于 7 处。

2)不允许出现破坏尺寸大于 15 mm 的爆裂区域。

(8)抗风化性能。严重风化区中的 1、2、3、4、5 地区的砖、砌块和其他地区以淤泥、固体废弃物为主要原料生产的砖和砌块必须进行冻融试验;其他地区以黏土、粉煤灰、页岩、煤矸石为主要原料生产的砖和砌块的抗风化性能符合表 6-9 规定时可不做冻融试验,否则必须进行冻融试验。

表 6-9 抗风化性能

种 类	项 目							
	严重风化区				非严重风化区			
	5 h 沸煮吸水率(%),≤		饱和系数,≤		5 h 沸煮吸水率(%),≤		饱和系数,≤	
	平均值	单块最大值	平均值	单块最大值	平均值	单块最大值	平均值	单块最大值
黏土砖和砌块	21	23	0.85	0.87	23	25	0.88	0.90
粉煤灰砖和砌块	23	25			30	32		

续上表

种　类	项　目							
	严重风化区				非严重风化区			
	5 h沸煮吸水率(%),≤		饱和系数,≤		5 h沸煮吸水率(%),≤		饱和系数,≤	
	平均值	单块最大值	平均值	单块最大值	平均值	单块最大值	平均值	单块最大值
页岩砖和砌块	16	18	0.74	0.77	18	20	0.78	0.80
煤矸石砖和砌块	19	21			21	23		

注:粉煤灰掺入量(质量比)小于30%时按黏土砖和砌块规定判断。

三、烧结空心砖

1.烧结空心砖的种类及规格

(1)规格。

1)砖的外形为直角六面体。

2)砖的公称尺寸。长度、宽度、高度尺寸应符合下列要求:390 mm、290 mm、240 mm、190 mm、180 mm(175 mm)、140 mm、115 mm、90 mm,其他规格尺寸产品,由供需双方商定。

(2)类别。按主要原料分为黏土砖、页岩砖、煤矸石砖、粉煤灰砖。

(3)等级。

1)强度级别。根据抗压强度和抗折强度分为MU2.5,MU2.0,MU1.5,MU1.0四级。

2)质量等级。根据尺寸偏差和外观质量、强度及抗冻性分为:优等品(A)、一等品(B)、合格品(C)。

(4)产品标记。产品按下列顺序标记:产品名称、类别、规格、密度等级、强度级别、质量等级、标准编号的顺序进行,示例:规格尺寸290 mm×190 mm×90 mm、密度等级800、强度等级MU7.5、优等品的页岩空心砖,其标记为烧结空心砖 Y(290×190×90)800 MU7.5 A GB 13545—2003。

2.烧结空心砖的技术要求

(1)尺寸偏差。尺寸偏差应符合表6-10的规定。

表6-10　尺寸偏差　(单位:mm)

尺寸	优等品		一等品		合格品	
	样本平均偏差	样本极差,≤	样本平均偏差	样本极差,≤	样本平均偏差	样本极差,≤
>300	±2.5	6.0	±3.0	7.0	±3.5	8.0
200~300	±2.0	5.0	±2.5	6.0	±3.0	7.0
100~200	±1.5	4.0	±2.0	5.0	±2.5	6.0
<100	±1.5	3.0	±1.7	4.0	±2.0	5.0

(2)外观质量。外观质量应符合表 6-11 的规定。

表 6-11 外观质量 (单位:mm)

项目		指标		
		优等品	一等品	合格品
弯曲,≤		3	4	5
缺棱掉角的三个破坏尺寸 不得同时大于		15	30	40
垂直度差,≤		3	4	5
未贯穿裂纹长度,≤	大面上宽度方向及其延伸到条面的长度	不允许	100	120
	大面上长度方向或条面上水平面方向的长度	不允许	120	140
贯穿裂纹长度,≤	大面上宽度方向及其延伸到条面的长度	不允许	40	60
	壁、肋沿长度方向、宽度方向及其水平方向的长度	不允许	40	60
肋、壁内残缺长度		不允许	40	60
完整面		一条面和一大面	一条面或一大面	—

注:凡有下列缺陷之一者,不能称为完整面:①缺损在大面、条面上造成的破坏面尺寸同时大于 20 mm×30 mm;②大面、条面上裂纹宽度大于 1 mm,其长度超过 70 mm;③压陷、粘底、焦花在大面、条面上的凹陷或凸出超过 2 mm,区域尺寸同时大于 20 mm× 30 mm。

(3)强度等级。强度等级应符合表 6-12 的规定。

表 6-12 强度等级

强度等级	抗压强度(MPa)			密度等级范围(kg/m^3)
	抗压强度平均值 $\bar{f}$,≥	变异系数 $\delta \leqslant 0.21$	变异系数 $\delta \leqslant 0.21$	
		强度标准值 f_k,≥	单块最小抗压强度值 f_{min}	
MU10.0	10.0	7.0	8.0	≤1 100
MU7.5	7.5	5.0	5.8	
MU5.0	5.0	3.5	4.0	
MU3.5	3.5	2.5	2.8	
MU2.5	2.5	1.6	1.8	≤800

(4)密度等级。密度等级应符合表 6-13 的规定。

表 6-13 密度等级 (单位:kg/m^3)

密度等级	5 块密度平均值	密度等级	5 块密度平均值
800	≤800	1 000	901~1 000
900	801~900	1 100	1 001~1 100

（5）孔洞率和孔洞排数。孔洞率和孔洞排数应符合表 6-14 的规定。

表 6-14　孔洞率和孔洞排数

等　级	孔洞排列	孔洞排数（排）		孔洞率（%）
		宽度方向	高度方向	
优等品	有序交错排列	b≥200 mm，≥7 b＜200 mm，≥5	≥2	≥10
一等品	有序排列	b≥200 mm，≥5 b＜200 mm，≥4	≥2	
合格品	有序排列	≥3	—	

（6）泛霜及石灰爆裂。泛霜及石灰爆裂应符合表 6-15 的规定。

表 6-15　泛霜及石灰爆裂

等　级	泛　霜	石灰爆裂
优等品	无泛霜	不允许出现最大破坏尺寸＞2 mm 的爆裂区域
一等品	不允许出现中等泛霜	（1）最大破坏尺寸＞2 mm 且≤10 mm 的爆裂区域，每组砖和砌块不得多于 15 处。 （2）不允许出现最大破坏尺寸＞10 mm 的爆裂区域
合格品	不允许出现严重泛霜	（1）最大破坏尺寸＞2 mm 且≤15 mm 的爆裂区域，每组砖和砌块不得多于 15 处，其中＞10 mm 的不得多于 7 处。 （2）不允许出现最大破坏尺寸＞15 mm 的爆裂区域

（7）吸水率。吸水率平均值应符合表 6-16 的规定。

表 6-16　吸水率平均值

等　级	吸水率（%），≤	
	普通砖、页岩砖、煤矸石砖	粉煤灰砖
优等品	16.0	20.0
一等品	18.0	22.0
合格品	20.0	24.0

四、粉煤灰砖

1. 粉煤灰砖的种类及规格

（1）规格。砖的外形为直角六面体，其公称尺寸为：长 240 mm、宽 115 mm、高 53 mm。

（2）等级。根据抗压强度和抗折强度将强度等级分为 MU30、MU25、MU20、MU15、MU10 五个级别。

（3）根据尺寸偏差、外观质量、强度等级和干燥收缩分为：优等品（A）、一等品（B）、合格品（C）。

（4）产品标记。粉煤灰按产品名称（FB）、颜色、强度等级、质量等级、标准编号顺序编号。强度等级为 20 级的优等品彩色粉煤灰砖标记为 FB Co 20 A JC 239—2001。

2. 粉煤灰砖的技术要求

(1)尺寸偏差和外观质量。尺寸偏差和外观质量应符合表 6-17 的规定。

表 6-17　尺寸偏差和外观质量　(单位:mm)

项目			指标		
			优等品(A)	一等品(B)	合格品(C)
尺寸允许偏差	长		±2	±3	±4
	宽		±2	±3	±4
	高		±1	±2	±3
外观质量	对应高度差		≤1	≤2	≤3
	缺棱掉角的最小破坏尺寸		≤10	≤15	≤20
	完整面,不少于		二条面和一顶面或二顶面和一条面	一条面和一顶面	一条面和一顶面
	裂纹长度	大面上宽度方向的裂纹(包括延伸到条面上的长度)	≤30	≤50	≤70
		其他裂纹	≤50	≤70	≤100
	层裂		不允许		

注:在条面或顶面上破坏的两个尺寸同时大于 10 mm 和 20 mm 者为非完整面。

(2)强度等级。强度等级应符合表 6-18 的规定,优等品的强度级别应不低于 MU15,一等品的强度级别应不低于 MU10。

表 6-18　强度等级　(单位:MPa)

强度等级	抗压强度		抗折强度	
	10 块平均值,≥	单块值,≥	10 块平均值,≥	单块值,≥
MU30	30.0	24.0	6.2	5.0
MU25	25.0	20.0	5.0	4.0
MU20	20.0	16.0	4.0	3.2
MU15	15.0	12.0	3.3	2.6
MU10	10.0	8.0	2.5	2.0

(3)抗冻性。抗冻性应符合表 6-19 的规定。

表 6-19　抗冻性

强度等级	抗压强度(MPa),平均值≥	砖的干质量损失(%),单块值≤
MU30	24.0	2.0
MU25	20.0	
MU20	16.0	
MU15	12.0	
MU10	8.0	

(4)干燥收缩和碳化性能。

1)干燥收缩值:优等品和一等品应不大于 0.65 mm/m;合格品应不大于 0.75 mm/m。

2)碳化性能:碳化系数 $K_c \geqslant 0.8$。

五、蒸压灰砂多孔砖

1.蒸压灰砂多孔砖的品种及规格

(1)规格。孔洞采用圆形或其他孔形,孔洞应垂直于大面。

(2)产品等级。

1)按抗压强度分为 MU30、MU25、MU20、MU15 四个级别。

2)按尺寸允许偏差和外观质量将产品分为优等品(A)和合格品(C)。

(3)产品标记。按产品名称、规格、强度等级、产品等级、标准编号顺序编号。示例:强度等级为 15 级,优等品,规格尺寸为 240 mm×115 mm×90 mm 的蒸压灰砂多孔砖,标记为蒸压灰砂多孔砖 240×115×90 15 A JC/T 637—2009。

2.蒸压灰砂多孔砖的技术要求

(1)尺寸偏差。蒸压灰砂多孔砖尺寸允许偏差见表 6-20。

表 6-20 尺寸允许偏差 (单位:mm)

尺寸	优等品		合格品	
	样本平均偏差	样本极差,≤	样本平均偏差	样本极差,≤
长度	±2.0	4	±2.5	6
宽度	±1.5	3	±2.0	5
高度	±1.5	2	±1.5	4

(2)外观质量。蒸压灰砂多孔砖外观质量见表 6-21。

表 6-21 外观质量

项目		指标	
		优等品	合格品
缺棱掉角	最大尺寸(mm)	≤10	≤15
	大于以上尺寸的缺棱掉角个数(个)	0	≤1
贯穿裂纹长度	大面宽度方向及其延伸到条面的长度(mm)	≤20	≤50
	大面长度方向及其延伸到顶面或条面长度方向及其延伸到顶面的水平裂纹长度(mm)	≤30	≤70
	大于以上尺寸的裂纹条数(条)	0	≤1

(3)孔型、孔洞率及孔洞结构。空洞排列上下左右应对称;圆孔直径不大于 22 mm;非圆孔内切圆直径不大于 15 mm;孔洞外壁厚度不小于 10 mm;肋厚度不小于 7 mm;孔洞率不小于 25%。

(4)强度等级。蒸压灰砂多孔砖的强度等级见表 6-22。

表 6-22　强度等级　(单位：MPa)

强度等级	抗压强度	
	平均值，≥	单块最小值，≥
MU30	30.0	34.0
MU25	25.0	20.0
MU20	20.0	16.0
MU15	15.0	12.0

(5)抗冻性。蒸压灰砂多孔砖的抗冻性要求见表 6-23。

表 6-23　抗冻性

强度等级	冻后抗压强度(MPa)，平均值≥	单块砖的干质量损失(%)，≤
MU30	24.0	2.0
MU25	20.0	
MU20	16.0	
MU15	12.0	

(6)干燥收缩率、碳化性能及软化性能。干燥收缩率应不大于 0.05%；碳化系数应不小于 0.85；软化系数应不小于 0.85。

第二节　砌　　块

一、普通混凝土小型空心砌块

1. 普通混凝土小型空心砌块的等级、规格和标记

(1)等级。

1)按其尺寸偏差、外观质量分为：优等品(A)，一等品(B)及合格品(C)。

2)按其强度等级分为：MU3.5，MU5.0，MU7.5，MU10.0，MU15.0，MU20.0。

(2)规格。

1)主规格尺寸为 390 mm×190 mm×190 mm，其他规格尺寸可由供需双方协商。

2)最小外壁厚应不小于 30 mm，最小肋厚应不小于 25 mm。

3)空心率应不小于 25%。

(3)标记。按产品名称(代号 NHB)、强度等级、外观质量等级和标准编号的顺序进行标记。示例：强度等级为 MU7.5，外观质量为优等品(A)的砌块，标记为 NHB MU7.5 A GB 8329—1997。

2. 普通混凝土小型空心砌块的技术要求

(1)尺寸偏差。普通混凝土小型空心砌块的尺寸偏差见表 6-24。

表 6-24 普通混凝土小型空心砌块的尺寸偏差 (单位:mm)

项目名称	优等品(A)	一等品(B)	合格品(C)
长度	±2	±3	±3
宽度	±2	±3	±3
高度	±2	±3	+3 −4

(2)外观质量。普通混凝土小型空心砌块的外观质量要求见表 6-25。

表 6-25 普通混凝土小型空心砌块的外观质量要求

项目名称		优等品(A)	一等品(B)	合格品(C)
弯曲(mm),≤		2	2	3
掉角缺棱	个数(个),不多于	0	2	2
	三个方向投影尺寸的最小值(mm),≤	0	20	30
裂纹延伸的投影尺寸累计(mm),≤		0	20	30

(3)强度等级。普通混凝土小型空心砌块的强度等级要求见表 6-26。

表 6-26 普通混凝土小型空心砌块的强度等级 (单位:MPa)

强度等级	砌块抗压强度	
	平均值,≥	单块最小值,≥
MU3.5	3.5	2.8
MU5.0	5.0	4.0
MU7.5	7.5	6.0
MU10.0	10.0	8.0
MU15.0	15.0	12.0
MU20.0	20.0	16.0

(4)相对含水率。普通混凝土小型空心砌块的相对含水率见表 6-27。

表 6-27 普通混凝土小型空心砌块的相对含水率 (%)

使用地区	潮湿	中等	干燥
相对含水率≤	45	40	35

注:潮湿——是指年平均相对湿度大于 75%的地区;中等——是指年平均相对湿度大于 50%~75%的地区;干燥——是指年平均相对湿度小于 50%的地区。

(5)抗渗性。用于清水墙的砌块,其抗渗性应符合表 6-28 的规定。

表 6-28 普通混凝土小型空心砌块的抗渗性 (单位:mm)

项目名称	指 标
水面下降高度	三块中任一块不大于 10

(6)抗冻性。普通混凝土小型空心砌块的抗冻性要求见表 6-29。

表 6-29 普通混凝土小型空心砌块的抗冻性要求

使用环境条件		抗冻等级	指 标
非采暖地区		不规定	—
采暖地区	一般环境	D15	强度损失≤25% 质量损失≤5%
	干湿交替环境	D25	

二、粉煤灰混凝土小型空心砌块

1. 粉煤灰混凝土小型空心砌块的种类和规格

(1)分类。按砌块孔的排数分为:单排孔(1)、双排孔(2)和多排孔(D)三类。

(2)规格。主规格尺寸为 390 mm×190 mm×190 mm,其他规格尺寸可由供需双方商定。

(3)等级。

1)按砌块密度等级分为:600、700、800、900、1 000、1 200 和 1 400 七个等级。

2)按砌块抗压强度分为:MU3.5、MU5、MU7.5、MU10、MU15 和 MU20 六个等级。

(4)标记。产品按下列顺序进行标记:代号(FHB)、分类、规格尺寸、密度等级、强度等级、标准编号。示例:规格尺寸为 390 mm×190 mm×190 mm、密度等级为 800 级、强度等级为 MU5 的双排孔砌块的标记为 FHB2 390×190×190 800 MU5 JC/T 862—2008。

2. 粉煤灰混凝土小型空心砌块的技术要求

(1)尺寸偏差和外观质量。粉煤灰混凝土小型空心砌块的尺寸偏差和外观质量要求见表 6-30。

表 6-30 粉煤灰混凝土小型空心砌块的尺寸偏差和外观质量

项 目			指 标
尺寸允许偏差(mm)		长度	±2
		宽度	±2
		高度	±2
外观质量	最小外壁厚(mm)	用于承重墙体	≥30
		用于非承重墙体	≥20
	肋厚(mm)	用于承重墙体	≥25
		用于非承重墙体	≥15
	缺棱掉角	个数不多于(个)	2
		3 个方向投影的最小值(mm)	≤20
		裂缝延伸投影的累积尺寸(mm)	≤20
	弯曲(mm)		≤2

(2)密度等级。粉煤灰混凝土小型空心砌块的密度等级要求见表6-31。

表6-31　粉煤灰混凝土小型空心砌块的密度等级要求　(单位:kg/m³)

密度等级	砌块干燥表观密度的范围
600	≤600
700	610～700
800	710～800
900	810～900
1 000	910～1 000
1 200	1 010～1 200
1 400	1 210～1 400

(3)强度等级。粉煤灰混凝土小型空心砌块的强度等级要求见表6-32。

表6-32　粉煤灰混凝土小型空心砌块的强度等级　(单位:MPa)

强度等级	砌块抗压强度	
	平均值≥	单块最小值≥
MU3.5	3.5	2.8
MU5	5.0	4.0
MU7.5	7.5	6.0
MU10	10.0	8.0
MU15	15.0	12.0
MU20	20.0	16.0

(4)干燥收缩率和相对含水率。粉煤灰混凝土小型空心砌块的干燥收缩率和相对含水率要求见表6-33。

表6-33　粉煤灰混凝土小型空心砌块的干燥收缩率和相对含水率

项　目	指　标			
干燥收缩率	≤0.060%			
相对含水率(%)	使用地区	潮湿	中等	干燥
	相对含水率	≤40	≤35	≤30

注:1. 相对含水率即装饰砌块含水率与吸水率之比:$W=100w_1/w_2$

式中　W——装饰砌块的相对含水率(%);

w_1——装饰砌块的含水率(%);

w_2——装饰砌块的吸水率(%)。

2. 使用地区的湿度条件:潮湿——是指年平均相对湿度大于75%的地区;中等——是指年平均相对湿度大于50%～75%的地区;干燥——是指年平均相对湿度小于50%的地区。

(5)抗冻性。粉煤灰混凝土小型空心砌块的抗冻性要求见表6-34。

表 6-34 粉煤灰混凝土小型空心砌块的抗冻性 (%)

使用条件	抗冻指标	质量损失率	强度损失率
夏热冬暖地区	F15	≤5	≤25
夏热冬冷地区	F25		
寒冷地区	F35		
严寒地区	F50		

三、蒸压加气混凝土砌块

1.蒸压加气混凝土砌块的种类及规格

(1)规格。蒸压加气混凝土砌块的规格尺寸见表 6-35。

表 6-35 蒸压加气混凝土砌块的规格尺寸 (单位:mm)

长度 L	宽度 B	高度 H
600	100 120 125 150 180 200 240 250 300	200 240 250 300

注:如需要其他规格,可由供需双方协商解决。

(2)砌块按强度和干密度分级。

1)强度级别有:A1.0,A2.0,A2.5,A3.5,A5.0,A7.5,A10 七个级别。

2)干密度级别有:B03,B04,B05,B06,B07,B08 六个级别。

(3)砌块等级。砌块按尺寸偏差与外观质量、干密度、抗压强度和抗冻性分为;优等品(A)、合格品(B)二个等级。

(4)产品标记。示例;强度级别为 A3.5、干密度级别为 B05、优等品、规格尺寸为 600 mm×200 mm×250 mm 的蒸压加气混凝土砌块,其标记为:ACB A3.5 B05 600×200×250 A GB 11968—2006。

2.蒸压加气混凝土砌块的技术要求

(1)允许偏差和外观质量。蒸压加气混凝土砌块的允许偏差和外观质量见表 6-36。

表 6-36 蒸压加气混凝土砌块的允许偏差和外观质量

项目				指标
				优等品(A)
尺寸允许偏差(mm)		长度	L	±3
		宽度	B	±1
		高度	H	±1
缺棱掉角	最小尺寸不得大于(mm)			0
	最大尺寸不得大于(mm)			0
	大于以上尺寸的缺棱掉角个数,不多于(个)			0

续上表

项目		指标
		优等品(A)
裂纹长度	贯穿一棱二面的裂纹长度不得大于裂纹所在面的裂纹方向尺寸总和的	0
	任一面上的裂纹长度不得大于裂纹方向尺寸的	0
	大于以上尺寸的裂纹条数,不多于(条)	0
爆裂、粘模和损坏深度不得大于(mm)		10
平面弯曲		不允许
表面疏松、层裂		不允许
表面油污		不允许

(2)抗压强度。蒸压加气混凝土砌块的抗压强度见表 6-37。

表 6-37 蒸压加气混凝土砌块的抗压强度 (单位:MPa)

强度级别	立方体抗压强度	
	平均值不小于	单组最小值不小于
A1.0	1.0	0.8
A2.0	2.0	1.6
A2.5	2.5	2.0
A3.5	3.5	2.8
A5.0	5.0	4.0
A7.5	7.5	6.0
A10.0	10.0	8.0

(3)干密度。蒸压加气混凝土砌块的干密度见表 6-38。

表 6-38 蒸压加气混凝土砌块的干密度 (单位:kg/m³)

干密度级别		B03	B04	B05	B06	B07	B08
干密度	优等品(A)≤	300	400	500	600	700	800
	合格品(B)≤	325	425	525	625	725	825

(4)强度级别。蒸压加气混凝土砌块的强度级别见表 6-39。

表 6-39 蒸压加气混凝土砌块的强度级别

干密度级别		B03	B04	B05	B06	B07	B08
强度级别	优等品(A)	A1.0	A2.0	A3.5	A5.0	A7.5	A10.0
	合格品(B)			A2.5	A3.5	A5.0	A7.5

(5)干燥收缩、抗冻性和导热系数。蒸压加气混凝土砌块的干燥收缩、抗冻性和导热系数(干态)见表 6-40。

表 6-40 蒸压加气混凝土砌块的干燥收缩、抗冻性和导热系数(干态)

干密度级别			B03	B04	B05	B06	B07	B08
干燥收缩值	标准法(mm/m),≤		0.50					
	快速法(mm/m),≤		0.80					
抗冻性	质量损失(%),≤		5.0					
	冻后强度(MPa),≥	优等品(A)	0.8	1.6	2.8	4.0	6.0	8.0
		合格品(B)			2.0	2.8	4.0	6.0
导热系数(干态)[W/(m·K)],≤			0.10	0.12	0.14	0.16	0.18	0.20

注:规定采用标准法、快速法测定砌块干燥收缩值,若测定结果发生矛盾不能判定时,则以标准法测定的结果为准。

四、装饰混凝土砌块

1.装饰混凝土砌块的种类及规格

(1)分类。

1)按装饰效果分为彩色砌块、劈裂砌块、凿毛砌块、条纹砌块、磨光砌块、鼓形砌块、模塑砌块、露骨料砌块、仿旧砌块。

2)按用途分为砌体装饰砌块(代号 Mq)和贴面装饰砌块(代号 Fq)。

(2)规格。装饰混凝土砌块的规格尺寸见表 6-41,其他规格尺寸可由供需双方商定。

表 6-41 装饰混凝土砌块的规格尺寸 (单位:mm)

长度 L		390,290,190
宽度 B	砌体装饰砌块(Mq)	290,240,190,140,90
	贴面装饰砌块(Fq)	30~90
高度 H		190,90

(3)等级。

1)砌体装饰砌块按抗压强度分为 MU10、MU15、MU20、MU25、MU30、MU35、MU40 七个等级。

2)装饰砌块按抗渗性分为普通型(P)和防水型(F)。

(4)标记。产品按下列顺序进行标记:产品装饰效果名称、类型、规格尺寸($L\times B\times H$)、强度等级、抗渗性、标准编号。示例:规格尺寸 390 mm×190 mm×190 mm、强度等级为 MU10、防水性劈裂砌体装饰砌块的标记为:劈裂砌块 Mq 390×190×190 MU10 F JC/T 641—2008。

2.装饰混凝土砌块的技术要求

(1)外观质量。装饰混凝土砌块的外观质量要求见表 6-42。

表 6-42 装饰混凝土砌块的外观质量要求

项 目	指 标
弯曲(mm)	≤2

续上表

项　目			指　标
裂纹	装饰面		无
	其他面	裂纹延伸的投影长度累计不超过长度尺寸的比例(%)	5.0
		条数(条)	≤1
缺棱掉角	装饰面	长度不超过边长的比例(%)	1.5
		棱个数(个)	≤1
		相邻边长不超过边长的比例(%)	0.77
		角个数(个)	≤1
	其他面	长度不超过边长的比例(%)	5.0
		棱角个数(个)	≤2

注:经两次饰面加工和有特殊装饰要求的装饰砌块,不受此规定限制。

(2)尺寸偏差。装饰混凝土砌块的尺寸偏差见表6-43。

表6-43　装饰混凝土砌块的尺寸偏差　(单位:mm)

项　目	内　容
长度、高度和宽度	±2

注:经两次饰面加工和有特殊装饰要求的装饰砌块,不受此规定限制。

(3)抗压强度。装饰混凝土砌块的抗压强度要求见表6-44。

表6-44　装饰混凝土砌块的抗压强度

强度等级	抗压强度(MPa)	
	平均值,≥	单块量小值,≥
MU10	10.0	8.0
MU15	15.0	12.0
MU20	20.0	16.0
MU25	25.0	20.0
MU30	30.0	24.0
MU35	35.0	28.0
MU40	40.0	32.0

注:贴面装饰砌块强度以抗折强度表示,平均值应≥4.0MPa,单块最小值应≥3.2 MPa。

(4)干燥收缩率。装饰混凝土砌块的干燥收缩率应不大于0.045%。

(5)相对含水率。装饰混凝土砌块的相对含水率应符合表6-33的要求。

(6)抗渗性和抗冻性。装饰混凝土砌块的抗渗性和抗冻性要求见表6-45。

表 6-45 装饰混凝土砌块的抗渗性和抗冻性

<table>
<tr><td colspan="2" rowspan="2">项 目</td><td colspan="3">指 标</td></tr>
<tr><td>普通型(P)</td><td colspan="2">防水型(F)</td></tr>
<tr><td>抗渗性(mm)</td><td>水面下降高度</td><td>—</td><td colspan="2">≤10</td></tr>
<tr><td rowspan="5">抗冻性(%)</td><td>适用条件</td><td>抗冻指标</td><td>质量损失率</td><td>强度损失率</td></tr>
<tr><td>夏热冬暖地区</td><td>F15</td><td rowspan="4">≤5</td><td rowspan="4">≤20</td></tr>
<tr><td>夏热冬冷地区</td><td>F35</td></tr>
<tr><td>寒冷地区</td><td>F50</td></tr>
<tr><td>严寒地区</td><td>F70</td></tr>
</table>

五、石膏砌块

1. 石膏砌块的种类及规格

(1)规格。石膏砌块的规格见表 6-46,若有其他规格,可由供需双方商定。

表 6-46 石膏砌块的规格 (单位:mm)

项 目	公称尺寸
长度	600、666
高度	500
厚度	80、100、120、150

(2)分类。

1)按石膏砌块的结构分类:空心石膏砌块,带有水平或垂直方向预制孔洞的砌块,代号 K;实心石膏砌块,无预制孔洞的砌块,代号 S。

2)按石膏砌块的防潮性能分类:普通石膏砌块,在成型过程中未做防潮处理的砌块,代号 P;防潮石膏砌块,在成型过程中经防潮处理具有防潮性能的砌块,代号 F。

(3)标记。产品按下列顺序进行标记:产品名称、类别代号、长度、高度、厚度、标准编号。示例:长×高×厚=666 mm×500 mm×100 mm 的空心防潮石膏砌块,标记为:石膏砌块 KF 666 ×500 ×100 JC/T 698—2010。

2. 石膏砌块的技术要求

(1)外观质量。石膏砌块的外观质量见表 6-47。

表 6-47 石膏砌块的外观质量

项 目	指 标
缺角	同一砌块不应多于 1 处,缺角尺寸应小于 30 mm×30 mm
板面裂缝、裂纹	不应有贯穿裂缝;长度小于 30 mm,宽度小于 1 mm 的非贯穿裂纹不应多于 1 条
气孔	直径 5 mm～10 mm 不应多于 2 处;大于 10 mm 不应有
油污	不应有

(2)尺寸和尺寸偏差。石膏砌块的尺寸和尺寸偏差见表 6-48。

表 6-48 石膏砌块的尺寸和尺寸偏差 (单位:mm)

项 目	要 求
长度偏差	±3
高度偏差	±2
厚度偏差	±1.0
孔与孔之间和孔与板面之间的最小壁厚	≥15.0
平整度	≤1.0

(3)物理力学性能。石膏砌块的物理力学性能见表 6-49。

表 6-49 石膏砌块的物理力学性能

项 目		要 求
表观密度(kg/m^3)	实心石膏砌块	≤1 100
	空心石膏砌块	≤800
断裂荷载(N)		≥2 000
软化系数		≥0.6

第三节 墙用板材及屋面板材

一、墙用板材

1. 水泥类墙用板材

水泥类墙用板材具有较好的力学性能和耐久性,生产技术成熟,产品质量可靠,可用于承重墙、外墙和复合墙板的外层。其主要缺点是表观密度大,抗拉强度低。生产中可用做预应力空心板材,以减轻自重和改善隔声隔热性能,也可制作加入纤维等增强材料的薄型板材,还可在水泥类板材上制作成具有装饰效果的表面层(如花纹线条装饰、露骨料装饰、着色装饰等)。

(1)预应力混凝土空心墙板。预应力混凝土空心墙板是用高强度低松弛预应力钢绞线,52.5 级早强水泥及砂、石为原料,经过张拉、搅拌、挤压、养护、放张、切割而成的混凝土制品。预应力混凝土空心墙板板面平整,几何尺寸偏差小,具有施工工艺简单,施工速度快,墙体坚固、美观,保温性、耐久性能好等优点,提高了工程质量。

预应力混凝土空心墙板使用时可按要求配置保温层、多种饰面层(彩色水刷石、剁斧石、喷砂和釉面砖等)和防水层等。该类板的长度为 1 000～1 900 mm,宽度为 600～1 200 mm,总厚度为 200～480 mm,可用于承重或非承重外墙板、内墙板、楼板、屋面板、雨罩和阳台板等。

(2)蒸压加气混凝土板。蒸压加气混凝土板是以水泥、石膏、石灰、石英砂等为主要原料,根据结构要求添加不同数量经防腐处理的钢筋网片而组成的一种轻质多孔新型建筑材料。

蒸压加气混凝土板的热导率为 0.11 W/(m·K),保温、隔热性是玻璃的 6 倍,黏土的 3 倍,与普通木材相当,而密度仅为普通混凝土的 1/4、烧结普通砖的 1/3,比水还轻,孔隙率达

70%～80%,因此具有良好的保温、吸声、隔声效果。由于蒸压加气混凝土板为无机物,不会燃烧,而且在高温下也不会产生有害气体,而耐热性又是普通混凝土的10倍,故对于建筑物的防火具有重要意义。另外,其自重轻,强度高,延性好,承载能力大,抗震能力强,所以在钢结构工程围护结构中得到广泛应用。

蒸压加气混凝土板与其他轻质板材相比,在生产规模、产品特性与质量稳定性等方面均具有很大的优势,今后我国加气混凝土企业将逐步转向以生产隔墙板、屋面板与外墙板为主导的产品。

(3)玻璃纤维增强水泥轻质多孔隔墙条板。玻璃纤维增强水泥轻质多孔隔墙条板(GRC)是一种新型墙体材料,是以快凝低碱度硫铝酸盐水泥、抗碱玻璃纤维或其网格布为增强材料,配以轻质无机保温、隔热复合材料为填充骨料(膨胀珍珠岩、炉渣、粉煤灰),用高新技术向混合体中加入空气制成无数发泡微孔,使墙板内形成面包蜂窝状(图6-1)。其主要规格为:长度(L)为2 500～3 000 mm,宽度(B)为600 mm,厚度(T)为60 mm、70 mm、80 mm、90 mm。

玻璃纤维增强水泥轻质多孔隔墙条板具有质轻(密度为48 kg/m^3,比木头轻,为烧结普通砖的1/8重)、隔声、隔热、抗弯(折)、防水、防火、抗震、抗老化、无放射性、与水泥亲和力好等优点,而且具有可钻、可刨、可锯、可钉等加工性能,墙面平整施工简便,减轻建筑物主体结构的荷载,减少梁、柱数量及钢筋混凝土用量,节省基础投资,能降低综合造价20%,扩大建筑物的使用面积等优点。广泛用于框架式结构高楼大厦、工业厂房、民用住宅的非承重隔墙,以及旧房加层改造的分室、分户、卫生间、厨房等非承重部位的隔断,特别适用于防火要求较高的公共娱乐场所的使用。近年来发展较快、应用量大,是住房和城乡建设部重点推荐的"建筑节能轻质墙体材料"。

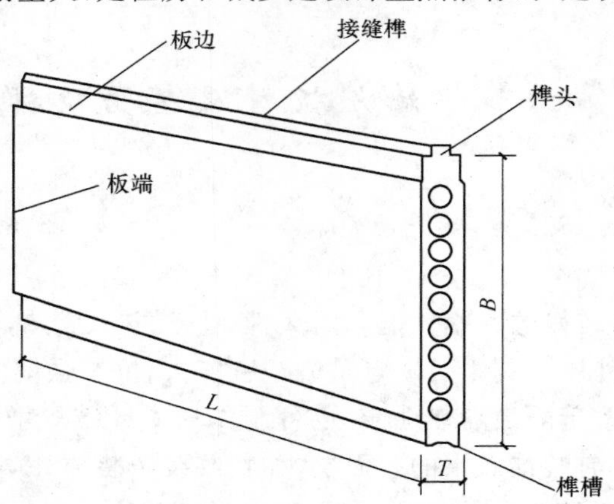

图6-1 玻璃纤维增强水泥轻质多孔隔墙条板

(4)纤维增强低碱度水泥建筑平板。纤维增强低碱度水泥建筑平板是以低碱度硫铝酸盐水泥为胶结材料,耐碱玻璃纤维(直径为15 mm左右、长度为15～25 mm)、温石棉为主要增强材料,加水混合成浆,经制坯、压制、蒸养而成的薄型平板。其长度为1 200～2 800 mm,宽度为800～1 200 mm,厚度为4 mm、5 mm和6 mm。

掺入石棉纤维增强低碱度水泥建筑平板代号为TK,无石棉纤维增强低碱度水泥建筑平板代号为NTK。纤维增强低碱度水泥建筑平板质量轻,强度高,防潮,防火,不易变形,可加工性(可锯、钻、钉及表面装饰等)好。适用于各类建筑物的复合外墙和内隔墙,特别是高层建筑有防火、防潮要求的隔墙。其与各种材质的龙骨、填充料复合后,可用做多层框架结构体系、高层建筑、室内内隔墙或吊顶等。

(5)水泥刨花板。水泥刨花板是以水泥和木材加工的下脚料——刨花为主要原料，加入适量水和化学助剂，经搅拌、成形、加压、养护等工艺制成的薄型建筑平板，其性能和用途如水泥木丝板。主要规格尺寸为长度：1 220 mm、1 525 mm、1 830 mm、2 235 mm、2 440 mm，宽度：610 mm、915 mm、1 000 mm、1 050 mm、1 180 mm、1 220 mm，厚度：8 mm、10 mm、13 mm、14 mm、15 mm、16 mm、17 mm、18 mm、19 mm、22 mm、25 mm、30 mm，也可根据供需双方协商生产规定范围以外的各种规格的产品。

水泥刨花板的表观密度具有较高的比强度，适合各类建筑物使用。其热导率较小，有一定的保温隔热作用。可根据不同的保温要求生产不同密度的水泥刨花板：表观密度较大的，可以用于有承重要求的建筑构件、墙板，同时兼有一定的保温作用；表观密度较小的，由于强度不高，故主要用于保温材料。水泥刨花板具有较好的耐水性和耐久性和较好的可加工性能(可锯、可钻、可钉、可刨、胶合等)；另外，还具有较好的耐火性能，不易燃。

水泥刨花板可以用做内墙板或者外墙板。如果用做表面板，表面要用一定方式装饰处理，如可以涂装、贴墙纸墙布、贴瓷砖或马赛克等，也可以与其他轻质板材制成复合板使用，还可作为顶棚、装饰板和保温板使用。

(6)水泥木丝板。水泥木丝板是以木材下脚料经机器刨切成均匀木丝，加入水泥、无毒性化学添加物(水玻璃)等经成形、冷压、养护、干燥而成的薄型建筑平板。它结合了水泥与木材的优点：木丝水泥板如木材般质轻，有弹性、保温、隔声、隔热，施工方便；又具有水泥般坚固、防火、防潮、防霉、防蛀的优点，主要用于建筑物的内外墙板、顶棚、壁橱板等。

2. 石膏类墙用板材

石膏类墙用板材是以熟石膏(半水石膏)为胶凝材料制成的板材。它是一种质轻，强度较高，厚度较薄，加工方便，隔声绝热和防火等性能较好的建筑材料，是当前着重发展的新型轻质板材之一。石膏板已广泛用于住宅、办公楼、商店、旅馆和工业厂房等各种建筑物的内隔墙、墙体覆面板(代替墙面抹灰层)、顶棚、吸声板、地面基层板和各种装饰板等。其类型有石膏空心板、石膏刨花板、纸面石膏板、纤维石膏板和装饰石膏板等。

(1)石膏空心板。石膏空心板以熟石膏为胶凝材料，加入膨胀珍珠岩、膨胀蛭石等各种轻质骨料和矿渣、粉煤灰、石灰、外加剂等改性材料，经搅拌、振动成形、抽芯模、干燥而成。其规格尺寸：长度为 2 500～3 000 mm，宽度为 500～600 mm，厚度为 60～90 mm，分类见表 6-50。

表 6-50　石膏空心板分类

分　类	品　种
材料	石膏珍珠岩空心板、石膏硅酸盐空心板和石膏空心板
强度	普通型空心板和增强型空心板
材料结构和用途	素板、网板、钢埋件网板和木埋件网板
防水性能	普通空心板和耐水空心板

石膏空心板具有质轻、比强度高、隔热、隔声、防火、可加工件好等优点，且安装方便，适用于各类建筑的非承重内隔墙。但若用于相对湿度大于 75%的环境(如卫生间等)中，则板材表面应进行防水等相应处理。

(2)石膏纤维板。石膏纤维板又称石膏刨花板，是以熟石膏为胶凝材料，木材、竹材刨花(木材、竹材或农作物纤维)为增强材料，以及添加剂经过配合、搅拌、铺装、冷压成形制成的新型环保墙体材料，且集建筑功能与节能功能于一体，被认为是一种很有发展前途的无污染、节能型建筑材料。广泛应用于建筑内隔墙、分隔墙、地板、顶棚、室内装修、壁橱、高层建筑复合墙体等，具有自重轻、施工快、使用灵活、防火、隔热、隔声、使用寿命长，在使用中无污染、尺寸稳定性好等优异性能。

石膏纤维板还具有抗弯强度大的优点，若用于高层建筑则可缩短工期，房屋总体造价将下降1/3左右，石膏纤维板作为一种较理想的墙体材料，如在建筑面积相同的情况下使用，房屋使用面积将扩大，而且节能效果也特别突出。

(3)纸面石膏板。纸面石膏板是以熟石膏为主要原料，掺入适量添加剂与纤维做板芯，以特制的板纸为护面，经加工制成的一种绿色环保板材。分为普通型(P)、耐水型(S)和耐火型(H)3种。普通纸面石膏板可作为内隔墙板、复合外墙板的内壁板、顶棚等；耐水性板可用于相对湿度较大的环境(如卫生间、浴室等)；耐火型纸面石膏板主要用于对防火要求较高的房屋建筑中。其主要规格尺寸为长度1 800～3 600 mm，宽度900 mm、1 200 mm，厚度9.5～25.0 mm。

由于纸面石膏板具有质轻、防火、隔声、保温、隔热、加工性能良好(可刨、可钉、可锯)，施工方便，可拆装性能好，增大使用面积，可调节室内空气温度和湿度以及装饰效果好等优点，因此广泛用于各种工业建筑、民用建筑中，尤其是在高层建筑中可作为内墙材料和装饰装修材料，如用于框架结构中的非承重墙、室内贴面板、吊顶等。目前，在我国主要用于公共建筑和高层建筑。

(4)装饰石膏板。装饰石膏板是以熟石膏为主要原料，掺入少量纤维材料和外加剂，与水一起搅拌成均匀料浆，经浇筑成形、干燥而成的有多种图案、花饰的板材，如石膏印花板、穿孔吊顶板、石膏浮雕吊顶板、纸面石膏饰面装饰板等。其规格尺寸有两种：500 mm×500 mm×9 mm，600 mm×600 mm×11 mm。其他形状和规格的板材由供需双方商定。装饰石膏板根据板材正面形状和防潮性能的不同分为普通板和防潮板两类。

装饰石膏板主要用于工业与民用建筑室内墙壁装饰和吊顶装饰，以及非承重内隔墙，具有轻质，防火，防潮，易加工，安装简单等特点。

3.植物纤维类墙用板材

随着农业的发展，农作物的废弃物(如稻草、麦秸、玉米秆、甘蔗渣等)随之增多，但这些废弃物如进行加工，不但可以变废为宝，而且制成的各种板材可用于建筑结构，纸面草板就是其中的一种产品。

纸面草板是以天然稻草(麦秸)、合成树脂为主要原料，经热压成形、外表粘贴面纸等工序制成的一种轻型建筑平板。根据原料种类不同，可分为纸面稻草板(D)和纸面麦秸(草)板(M)两大类。它具有轻质、高强、密度小和良好的隔热、保温、隔声等性能，其生产工艺简单，并可进行锯、胶、钉、漆，施工方便。因此广泛用于各种建筑物的内隔墙、顶棚、外墙内衬；与其他材料组合后，可用于多层非承重墙和单层承重外墙。纸面草板利用可再生资源来生产建筑板材是其独特的优势，并逐步得到推广和应用。

4.纤维增强硅酸钙类墙用板材

纤维增强硅酸钙类墙用板材通常称为“硅酸钙板”，以硅质材料(粉煤灰、砂、硅藻土等)和钙质材料(消石灰等)为主要原料，掺入适量纤维增强材料，经制浆、成形、加压、蒸压养护、干燥、表面处理等工序制成的一种轻质建筑板材。其规格通常为：厚度4～35 mm，幅面尺寸1 200 mm×2 400 mm。硅酸钙板经过加工可制成不同幅面尺寸。

硅酸钙板是国内近年来迅速发展的一种新型墙体材料，其纤维分布均匀、排列有序、密实性好，具有密度小、比强度高、湿胀率小、防火、防潮、防蛀、防霉与可加工性好(可锯、可刨、可钉、可钻)等优点，可作为公用与民用建筑的隔墙与吊顶，经表面防水处理后也可用做建筑物的外墙面板。近年来随着外墙板的应用逐步扩大，同时由于其防火性能突出，还被广泛用于高层与超高层建筑的防火覆盖材料和防火通道、防火隔墙、烟道等；同时，还广泛用做防火要求较高的船舶隔舱板和火车车厢壁板等。

5.复合板材

普通墙体板材因材料本身的局限性而使其应用受到限制，水泥混凝土类板材虽有高强度和高耐久性，但其自重太大；石膏板等虽然质量较轻，但其强度又较低。为了克服普通墙体板材功能单一的缺点，达到一板多用的目的，通常将不同材料经过加工组合成新的复合墙板，以满足工程的需要。

(1)钢丝网架水泥夹芯板。钢丝网架水泥夹芯板包括以阻燃型泡沫塑料板条或半硬质岩棉板做芯材的钢丝网架夹芯板。该板具有质轻，保温，隔热性能好，安全方便等优点。主要用于房屋建筑的内隔板、围护外墙、保温复合外墙、楼面、屋面及建筑加层等。钢丝网架水泥夹芯板通常包括：舒乐舍板、泰柏板等板材。

1)舒乐舍板。舒乐舍板是以阻燃型聚苯乙烯泡沫塑料板为整体芯板，双面或单面覆以冷拔钢丝网片，双向斜插钢丝焊接而成的一种新型墙体材料。在舒乐舍板两侧喷抹水泥砂浆后，墙板的整体刚度好，强度高，自重轻，保温隔热好和隔声、防火等特点，故适用于建筑的内、外墙，以及框架结构的围护墙和轻质内墙等。

2)泰柏板。泰柏板是以钢丝焊接而成的三维笼为构架，以阻燃聚苯乙烯(EPS)泡沫塑料为芯材而组成的另一种钢丝网架水泥夹芯板，是目前取代轻质墙体最理想的材料。其具有节能，质轻，强度高，防火，抗震，隔热，隔声，抗风化，耐腐蚀的优良性能，并有组合性强，易于搬运，适用面广，施工简便等特点，故广泛用于建筑业、装饰业的内隔墙、围护墙、保温复合外墙和双轻体系(轻板、轻框架)的承重墙，用于楼面、屋面、吊顶和新旧楼房加层、卫生间隔墙等。

(2)轻型夹芯板。轻型夹芯板是以轻质高强的薄板为外层，中间以轻质的保温隔热材料为芯材组成的复合板。用于外墙面的外层薄板有不锈钢板、彩色镀锌钢板、铝合金板、纤维增强水泥薄板等；芯材有岩棉毡、玻璃棉毡、阻燃型发泡聚苯乙烯、发泡聚氨酯等。用于内侧的外层薄板可根据需要选用石膏类板、植物纤维类板、塑料类板材等。由于具有强度高，质量轻，有较高的绝热性，施工方便快捷，可多次拆卸重复安装，有较高的耐久性等优点，因此轻型夹芯板普遍用于冷库、仓库、工厂车间、仓储式超市、商场、办公楼、洁净室、旧楼房加层、展览馆、体育场馆等建筑物。

二、屋面板材

1.常用新型屋面材料的组成、特性及用途

常用的新型屋面材料的主要组成材料、主要特性及主要用途见表6-51。

2.常用屋面材料的技术指标

(1)混凝土瓦。

1)分类。混凝土瓦分为：混凝土屋面瓦及混凝土配件瓦。混凝土屋面瓦又分为：波形屋面瓦和平板屋面瓦。

表 6-51 常用屋面材料主要组成、特性及应用

品种		主要组成材料	主要特性	主要用途
水泥类	混凝土瓦	水泥、砂或无机硬质细骨料	成本低、耐久性好，但质量大	民用建筑波形屋面防水
	纤维增强水泥瓦	水泥、增强纤维	防水、防潮、防腐、绝缘	厂房、库房、堆货棚、凉棚
	钢丝网水泥大波瓦	水泥、砂、钢丝网	尺寸和质量大	工厂散热车间、仓库、临时性围护结构
高分子复合类瓦材	玻璃钢波形瓦	不饱和聚酯树脂、玻璃纤维	轻质、高强、耐冲击、耐热、耐蚀、透光率高、制作简单	遮阳板、车站站台、售货亭、凉棚等屋面
	塑料瓦楞板	聚氯乙烯树脂、配合剂	轻质、高强、防水、耐蚀、透光率高、色彩鲜艳	凉棚、遮阳板、简易建筑屋面
	木质纤维波形瓦	木纤维、酚醛树脂防水剂	防水、耐热、耐寒	活动房屋、轻结构房屋屋面、车间、仓库、临时设施等屋面
	玻璃纤维沥青瓦	玻璃纤维薄毡、改性沥青	轻质、粘结性强、抗风化、施工方便	民用建筑波形屋面
轻型复合板材	EPS轻型板	彩色涂层钢板、自熄聚苯乙烯、热固化胶	集承重、保温、隔热、防水为一体，且施工方便	体育馆、展览厅、冷库等大跨度屋面结构
	硬质聚氨酯夹芯板	镀锌彩色压型钢板、硬质聚氨酯泡沫塑料	集承重、保温、防水为一体，且耐候性极强	大型工业厂房、仓库、公共设施等大跨度屋面结构和高层建筑屋面结构

2)标记。混凝土屋面瓦按分类、规格及标准编号进行标记。示例：混凝土波形屋面瓦、规格 430 mm×320 mm 的标记为 CRWT 430×320 JC/T 746—2007。注：可以在标记中加入商品名称。

3)外观质量。混凝土瓦的外观质量要求见表 6-52。

表 6-52 混凝土瓦的外观质量

项目	指标
掉角(在瓦正表面的角两边的破坏尺寸均不得大于)(mm)	8
瓦爪残缺	允许有一爪有缺，但小于爪高的 1/3

续上表

项　目	指　标
边筋残缺:边筋短缺、断裂	不允许
掉边长度不得超过(在瓦正表面造成的破坏宽度小于 5 mm 者不计)(mm)	30
裂纹	不允许
分层	不允许
涂层	表面涂层完好

4)尺寸偏差。混凝土瓦的尺寸偏差见表 6-53。

表 6-53　混凝土瓦的尺寸偏差　(单位:mm)

项　目	指　标
长度偏差绝对值	$\leqslant 4$
宽度偏差绝对值	$\leqslant 3$
方正度	$\leqslant 4$
平面性	$\leqslant 3$

5)物理力学性能。混凝土瓦的物理力学性能见表 6-54。

表 6-54　混凝土瓦的物理力学性能

项　目	指　标								
	波形屋面瓦						平板屋面瓦		
瓦脊高度 d(mm)	$d>20$			$d\leqslant 20$			—		
遮盖高度 b_1(mm)	$b_1\geqslant 300$	$b_1\leqslant 200$	$200<b_1<300$	$b_1\geqslant 300$	$b_1\leqslant 200$	$200<b_1<300$	$b_1\geqslant 300$	$b_1\leqslant 200$	$200<b_1<300$
承载力标准值 F_c(N)	1 800	1 200	$6b_1$	1 200	900	$3b_1+300$	1 000	800	$2b_1+400$
质量标准差	$\leqslant 180$ g								
耐热性	混凝土彩色瓦经耐热性能检验后,其表面涂层应完好								
吸水率	$\leqslant 10.0\%$								
抗渗性	经抗渗性能检验后,瓦的背面不得出现水滴现象								
抗冻性	屋面瓦经抗冻性能检验后,其承载力仍不小于承载力标准值。同时外观质量应符合要求								

(2)钢丝网石棉水泥小波瓦。

1)规格。钢丝网石棉水泥小波瓦的规格尺寸见表 6-55。

表 6-55 钢丝网石棉水泥小波瓦的规格尺寸

长 l (mm)	宽 b (mm)	厚 s (mm)	波距 p (mm)	波高 h (mm)	波数 n (个)	边距(mm)		参考质量 (kg)
						c_1	c_2	
1 800	720	6.0	63.5	16	11.5	58	27	27
		7.0						20
		8.5						24

2)等级。

①抗折力分为三个等级 GW330、GW280、GW250。

②外观质量分为:一等品(B)、合格品(C)。

3)代号。钢丝网石棉水泥小波瓦的代号为 GSBW。

4)标记。产品标记按下列顺序进行标记:产品代号、规格尺寸、等级和标准编号顺序标记。示例:钢丝网石棉水泥小波瓦长度 1 800 mm、宽度 720 mm、厚度 6.0 mm、GW250 级、一等品标记为 GSBW 1 800×720×6.0 GW 250 B JC/T 851—2008。

5)外观质量。钢丝网石棉水泥小波瓦的外观质量要求见表 6-56。

表 6-56 钢丝网石棉水泥小波瓦的外观质量 (单位:mm)

项 目	一等品(B)	合格品(C)
掉角	沿瓦长度方向不大于 100,沿瓦宽度方向不大于 35	沿瓦长度方向不大于 100,沿瓦宽度方向不大于 45
	单张瓦的掉角不多于 1 个	
掉边	宽度不大于 10	宽度不大于 15
裂纹	正表面:宽度不大于 0.2; 单根长度不大于 75; 背面:宽度不大于 0.25; 单根长度不大于 150	正表面:宽度不大于 0.25; 单根长度不大于 75; 背面:宽度不大于 0.25; 单根长度不大于 150
方正度	不大于 6	—

6)尺寸偏差。钢丝网石棉水泥小波瓦的尺寸偏差见表 6-57。

表 6-57 钢丝网石棉水泥小波瓦的尺寸偏差 (单位:mm)

长度	宽度	厚度			波高	波距	边距
		6.0	7.0	8.5			
±10	±5	+0.5 −0.3	+0.5 −0.3	+0.5 −0.5	≥16	±2	±3

7)物理力学性能。钢丝网石棉水泥小波瓦的物理力学性能见表 6-58。

表 6-58 钢丝网石棉水泥小波瓦的物理力学性能

等级		GW330	GW280	GW250
抗折力 L	横向(N/m)	3 300	2 800	2 500
	纵向(N)	330	320	310

续上表

等级	GW330	GW280	GW250
吸水率(%)	≤25		
抗冻性	经25次冻融循环不得有起层剥落		
不透水性	瓦背面允许出现洇斑，但不得出现水滴		
抗冲击性	冲击两次后，被击处正反两面均无龟裂、剥落及贯通孔		

注：L为变量检验程序中的标准低限。

(3)玻璃纤维增强水泥波瓦及其脊瓦。

1)分级。玻璃纤维增强水泥波瓦按其抗折力、吸水率与外观质量分为三个等级：优等品(A)、一等品(B)与合格品(C)。

2)分类。玻璃纤维增强水泥波瓦按其横断面形状分为中波瓦(ZB)和半波瓦(BB)。

3)规格。

①玻璃纤维增强水泥波瓦的规格尺寸见表6-59。

表6-59　玻璃纤维增强水泥波瓦的规格　(单位：mm)

品种		长度 l	宽度 b	厚度 s	波距 p	波高 h	弧高 h_1	边距	
								c_1	c_2
中波瓦		1 800,2 400	745	7	131	33	—	45	45
半波瓦	Ⅰ型	2 800	965	7	300	40	30	35	30
	Ⅱ型	>2 800	1 000	7	310	50	38.5	40	30

注：其他规格的波瓦可由供需双方协商生产。

②玻璃纤维增强水泥脊瓦的规格尺寸见表6-60。

表6-60　玻璃纤维增强水泥脊瓦的规格　(单位：mm)

长度		宽度 b	厚度 s	角度 θ(°)
总长 l	搭接长 l_1			
850	70	230×2	7	125

注：其他规格的脊瓦可由供需双方协商生产。

4)标记。产品应按下列标记顺序标记：产品名称、类别、长度、宽度、厚度、等级和标准编号。示例：玻璃纤维增强水泥半波瓦，长度2 800 mm，宽度965 mm，厚度7 mm，优等品，标记为GRC BB 2 800×965×7 A JC/T 567—2008。

5)外观质量。玻璃纤维增强水泥瓦及其脊瓦的外观质量要求见表6-61。

表6-61　玻璃纤维增强水泥瓦及其脊瓦的外观质量

外观缺陷		允许范围(mm)		
		中波瓦	半波瓦	脊瓦
掉角	沿瓦长度方向	≤100	≤150	≤20
	沿瓦宽度方向	≤45	≤25	≤20
	数量	≤1		

续上表

外观缺陷		允许范围(mm)		
		中波瓦	半波瓦	脊瓦
掉边	宽度	≤15	≤15	不允许
表面裂纹		不允许因成型造成下列之一的表面裂纹 正表面:长度>75,宽度>1.2 背面:长度>150,宽度>1.5		
方正度		≤7		—

6)尺寸偏差。玻璃纤维增强水泥瓦及其脊瓦的尺寸偏差见表6-62。

表6-62　玻璃纤维增强水泥瓦及其脊瓦的尺寸偏差　(单位:mm)

品种		长度 l	宽度 b	厚度 s	波距 p	波高 h	弧高 h_1	边距	
								c_1	c_2
波瓦	中波瓦	±10	±10	+1.5 −1.0	±3	+1 −2	—	±5	±5
	半波瓦					±2	±2		

品　种	长度		宽度 b	厚度 s	角度 θ(°)
	总长 l	搭接长 l_1			
脊瓦	±10	±10	±10	+1.5 −1.0	±5

7)物理力学性能。

①玻璃纤维增强水泥波瓦的物理力学性能见表6-63。

表6-63　玻璃纤维增强水泥波瓦的物理力学性能

检验项目		中波瓦			半波瓦					
		优等品	一等品	合格品	优等品		一等品		合格品	
					正面	反面	正面	反面	正面	反面
抗折力≥	横向(N/m)	4 400	3 800	3 250	3 800	2 400	3 200	2 000	2 900	1 700
	纵向(N)	420	400	380	790		760		730	
吸水率(%)　≤		10	11	12	10		11		12	
抗冻性		经25次冻融循环后,不得有起层等破坏现象								
不透水性		24 h后,瓦体背面允许出现洇斑,但不允许出现水滴								
抗冲击性		被击处不得出现龟裂、剥落、贯通孔及裂纹								

②玻璃纤维增强水泥脊瓦的物理学性能见表6-64。

表6-64　玻璃纤维增强水泥脊瓦的物理学性能

检验项目	指标要求
破坏荷载(N),≥	590
抗冻性	经25次冻融循环后,不得有起层等破坏现象

第七章　建筑金属材料

第一节　建筑钢材概述

一、钢的生产

1. 钢的冶炼

钢的冶炼见表 7-1。

表 7-1　钢的冶炼

项　目	内　容
除碳	通过氧化法，将一部分碳变为气体而逸出
造渣	在氧化还原反应中可将生铁中的 Si、Mn 变为钢渣，浮在钢水之上而排出。 铁水中的 S、P 杂质只有在碱性条件下才能去除，通常加入一定量的石灰石
脱氧	由于锰、硅、铝与氧的结合能力大于氧与铁的结合能力，所以脱氧时给钢水中加入锰铁、硅铁或铝锭作为还原剂，将钢水中的 FeO 还原为铁，使氧变为 Mn、Si 或 Al 的氧化物而进入钢渣。 脱氧减少了钢材中的气泡并克服了元素分布不均（通常称为偏析）的缺点，可明显改善钢材的技术性质。常用的炼钢方法主要有氧气转炉法、平炉法和电炉法三种。 （1）氧气转炉法。氧气转炉法是以熔融铁水为原料，由炉顶向转炉内吹入高压氧气，能使铁水中硫、磷等有害杂质迅速氧化而被有效除去。其特点是冶炼速度快（每炉需 25～45 min）、钢质较好且成本较低，常用来生产优质碳素钢和合金钢。目前，氧气转炉法是最主要的一种炼钢方法。 （2）平炉法。平炉法是以固体或液态生铁、废钢铁及适量的铁矿石为原料，以煤气或重油为燃料，依靠废钢铁及铁矿石中的氧与杂质起氧化作用而成渣，熔渣浮于表面，使下层液态钢水与空气隔绝，避免了空气中的氧、氮等进入钢中。平炉法冶炼时间长（每炉需 4～12 h），有足够的时间调整和控制其成分，去除杂质更为彻底，故钢的质量好。可用于炼制优质碳素钢、合金钢及其他有特殊要求的专用钢。其缺点是能耗高，成本高，此法已逐渐被淘汰。 （3）电炉法。电炉法是以废钢铁及生铁为原料，利用电能加热进行高温冶炼。该法熔炼温度高，且温度可自由调节，清除杂质较易，故电炉钢的质量最好，但成本也最高，主要用于冶炼优质碳素钢及特殊合金钢

2. 钢的铸锭

将冶炼好的钢液注入锭模，冷凝后便形成柱状的钢锭（钢坯），此过程称为钢的铸锭。

钢在冶炼过程中，由于氧化作用使部分铁被氧化，多余氧化铁的存在，使钢的质量变差。因此，钢液在铸锭之前须进行脱氧处理，即在精炼后期向炉内或钢包中加入脱氧剂，使氧化铁还原为金属铁。常用的脱氧剂有锰铁、硅铁和铝锭等，其中以铝锭的脱氧效果为最好，钢液经脱氧处理后方可进行铸锭,钢锭尚需进行压力加工。

3.压力加工

钢液在铸锭冷却过程中,由于内部某些元素在铁的液相中的溶解度高于固相,使这些元素向凝固较迟的钢锭中心聚集,导致化学成分在钢锭截面上分布不均匀,这种现象称为化学偏析。其中以硫、磷偏析最为严重,偏析现象对钢的质量影响很大。

除化学偏析外,在钢锭中往往还会有缩孔、气泡、晶粒粗大、组织不致密等缺陷存在,为了保证钢的质量并满足工程需要,钢锭须再经过压力加工,轧制成各种型钢和钢筋后才能使用。压力加工可分为热加工和冷加工两种。

(1)热加工。将钢锭重新加热至一定温度,使其呈塑性状态,再施加压力改变其形状,称为热加工。热加工可使钢锭内部气泡焊合,使疏松组织致密。所以,通过热加工,不仅能使钢锭轧成各种型钢和钢筋,同时还能提高钢的强度和质量,一般碾轧的次数越多,钢的强度提高也越大。

(2)冷加工。钢材在常温下进行的压力加工称为冷加工。冷加工的方式很多,有冷拉、冷拔、冷轧、冷扭、冲压等。

将钢材于常温下进行冷拉、冷拔或冷轧,使之产生塑性变形,从而提高其屈服强度,称为冷加工强化。过程中经常利用该原理对热轧钢筋活圆盘条进行冷加工处理,从而达到提高强度和节约钢材的目的。

钢材经冷拉后的性能变化规律可从图 7-1 中反映。图中 $OBCD$ 为未经冷拉试件的应力—应变曲线。将试件拉至超过屈服极限的某一点 K,然后卸去荷载,由于试件已产生塑性变形,故曲线沿 KO'下降,KO'大致与 BO 平行。如重新拉伸,则新的屈服点将高于原来可达到的 K 点,可见钢材经冷拉以后屈服点将会提高。

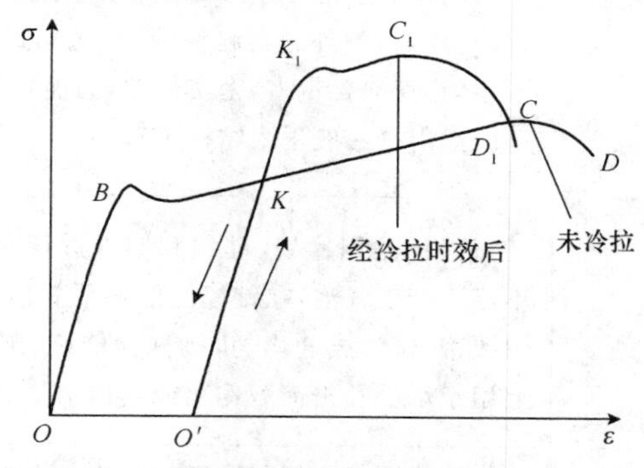

图 7-1　钢材冷拉及时效前后应力—应变的变化图

产生冷加工强化的原因是钢材在冷加工时晶格缺陷增多,晶格畸变,对位错运动的阻力增大,因而屈服强度提高,塑性和韧性降低。由于冷加工时产生的内应力,故冷加工钢材的弹性模量有所下降。

将经过冷加工后的钢材于常温下存放 15～20 d,或加热到 100℃～2 000℃并保持一定时间,这一过程称时效处理,前者称自然时效,后者称人工时效。

冷加工以后再经时效处理的钢筋,屈服点进一步提高,抗拉强度稍见增长,塑性和韧性继续有所降低。由于时效过程中内应力的消减,故弹性模量可基本恢复。

钢材的时效是普遍而长期的过程,有些未经冷加工的钢材,长期存放后也会出现时效现象。冷加工可以加速时效的发展,所以在实际工程中,冷加工和时效常常被一起采用。进行冷拉时,一般须通过试验来确定冷拉控制参数和时效方式。通常,强度较低的钢材宜采用自然时效,强度较高的钢材则应采用人工时效。

二、钢的分类

钢的品种繁多,为了便于选用,常从不同角度加以分类,具体分类见表 7-2。

表 7-2 钢的分类

划分标准		内容
按化学成分分类	碳素钢	碳素钢的化学成分主要是铁,其次是碳,故也称铁碳合金。此外,还含有少量硅、锰及极少量的硫、磷等元素,其中碳含量对钢的性质影响显著。根据含碳量不同,碳素钢又可分为:低碳钢,含碳量小于0.25%;中碳钢,含碳量0.25%~0.60%;高碳钢,含碳量大于0.60%
	合金钢	合金钢是在碳素钢的基础上,特意加入少量的一种或多种合金元素(如硅、锰、钛、钒等)后冶炼而成的。合金元素的掺量虽少,但却能显著地改善钢的力学性能和工艺性能,同时还可使钢获得某种特殊的理化性能。按照合金元素含量不同,合金钢又可分为:低合金钢,合金元素总含量小于5.0%;中合金钢,合金元素总含量为5.0%~10.0%;高合金钢,合金元素总含量大于10.0%
按脱氧程度分类	沸腾钢	沸腾钢是脱氧不完全的钢,经脱氧处理之后,在钢液中尚存有较多的氧化铁。当钢液注入锭模后,氧化铁与碳继续发生反应,生成大量CO气体,气泡外逸引起钢液"沸腾",故称沸腾钢。沸腾钢化学成分不均匀,气泡含量多,密实性差,因而钢质较差,但成本较低,产量高,可广泛用于一般土木结构工程中
	镇静钢	镇静钢是用锰铁、硅铁和铝锭进行充分脱氧的钢。钢液在铸锭时不至于产生气泡,在锭模内能够平静地凝固,故称镇静钢。镇静钢组织致密,化学成分均匀,机械性能好,因而钢质较好,但成本较高,主要用于承受冲击荷载作用或其他重要的结构工程
	半镇静钢	半镇静钢的脱氧程度和材质均介于沸腾钢和镇静钢之间
	特殊镇静钢	特殊镇静钢的脱氧程度比镇静钢还要充分彻底,故钢的质量最好,主要用于特别重要的结构工程
按有害杂质含量分类	普通钢	硫含量不大于0.050%,磷含量不大于0.045%
	优质钢	硫含量不大于0.035%,磷含量不大于0.035%
	高级优质钢	硫含量不大于0.025%,磷含量不大于0.025%
	特级优质钢	硫含量不大于0.015%,磷含量不大于0.025%

续上表

划分标准		内容
按用途分类	结构钢	主要用于工程结构及机械零件的钢，一般为低碳钢或中碳钢
	工具钢	主要用于各种工具、量具及模具的钢，一般为高碳钢
	特殊钢	具有特殊物理、化学或机械性能的钢，如不锈钢、耐热钢、耐酸钢、耐磨钢、磁性钢等，一般为合金钢

三、钢的晶体组织、化学成分及其对性能的影响

1.钢的晶体组织及其对性能的影响

钢的晶体组织及其对性能的影响见表 7-3。

表 7-3 钢的晶体组织及其对性能的影响

项目		内容
基本晶体	铁素体	铁素体是碳溶于 α^{-Fe}（铁在常温下形成的体心立方晶格）中的固溶体。α^{-Fe} 原子间间隙较小，其溶碳能力较差，在室温下最大溶碳量不超过 0.006%。由于溶碳少且晶格中滑移面较多，所以，铁素体的强度和硬度低，但塑性及韧性好
	渗碳体	渗碳体是铁与碳的化合物，分子式为 Fe_3C，含碳量高达 6.67%。其晶体结构复杂，塑性差，性质硬脆，抗拉强度低
	珠光体	珠光体是铁素体和渗碳体组成的机械混合物，为层状结构。其中铁素体与渗碳体相间分布(在铁素体基体上分布着硬脆的渗碳体片)，二者既不互溶，也不化合，各自保持原有的晶格和性质，并有珍珠似的光泽。其性质介于铁素体与渗碳体之间
对性能的影响		碳素钢中基本晶体组织的相对含量与含碳量之间的关系如图 7-2 所示。由图 7-2 可知，当含碳量小于 0.8%时，钢的基本晶体组织由铁素体和珠光体组成，这种钢称为亚共析钢。随着含碳量的增加，铁素体逐渐减少而珠光体逐渐增多，钢材的强度、硬度逐渐提高，而塑性及韧性逐渐下降。当含碳量为 0.8%时，钢的基本晶体组织仅为珠光体，这种钢称为共析钢，钢的性质由珠光体的性质所决定。当含碳量大于 0.8%而小于 2.06%时，钢的基本晶体组织由珠光体和渗碳体组成，称为过共析钢。此时随着含碳量的增加，珠光体减少，渗碳体含量相应增加，从而使钢的强度略有增加。但当含碳量超过 1%后，受渗碳体影响钢的强度开始

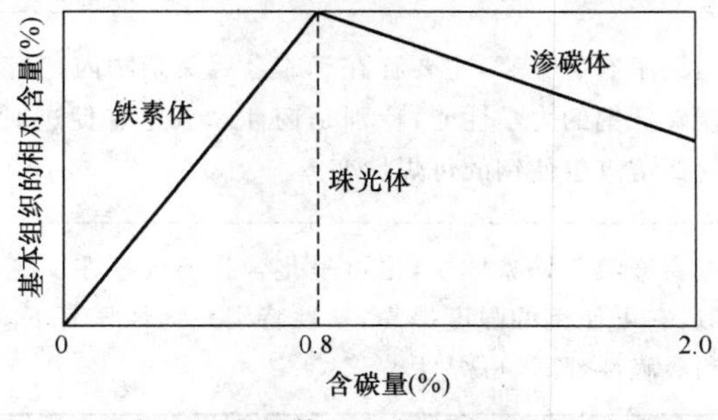

图 7-2 碳素钢基本晶体组织相对含量与含碳量的关系

2. 钢的化学成分及其对性能的影响

钢的化学成分及其对性能的影响见表 7-4。

表 7-4 钢的化学成分及其对性能的影响

化学成分	内 容
碳(C)	碳是钢的重要元素，对钢材的机械性能有很大的影响，如图 7-3 所示。当含碳量低于 0.8%时，随着含碳量的增加，钢的抗拉强度和硬度提高，而塑性及韧性降低，另外，含碳量高还将使钢的冷弯、焊接及抗腐蚀等性能降低，并增加钢材的冷脆性和时效敏感性
硅(Si)	硅是在炼钢时为脱氧去硫而加入的，为我国低合金钢的主加合金元素。当钢中含硅量小于 1%时，能显著提高钢的强度，而对塑性及韧性没有明显影响。在普通碳素钢中，其含量一般不大于 0.35%，在合金钢中不大于 0.55%。当含硅量超过 1%时，钢的塑性和韧性会明显降低，冷脆性增加，可焊性变差
锰(Mn)	锰是在炼钢时为脱氧去硫而加入的。锰能消除钢的热脆性，改善热加工性能。当含量为0.8%～1.0%时，可显著提高钢的强度和硬度，而几乎不降低其塑性及韧性。在普通碳素钢中含锰量为 0.25%～0.8%，在合金钢中含锰量为 0.8%～1.7%，为我国低合金钢的主加合金元素
钛(Ti)	钛是强脱氧剂，能细化晶粒，显著提高钢的强度并改善韧性。钛还能减少钢的时效倾向，改善可焊性，是常用的合金元素
钒(V)	钒是促进碳化物和氮化物形成的元素，钒加入钢中可减弱碳和氮的不利影响。钒能细化晶粒，有效地提高强度，减小时效敏感性，但增加焊接时脆化倾向。钒也是合金钢常用的合金元素
磷(P)	磷是钢中的有害元素，由炼钢原料带入。磷可显著增加钢的冷脆性，使钢在低温下的冲击韧性大为降低。磷还能使钢的冷弯性能降低，可焊性变差。但磷可提高钢材的强度、硬度、耐磨性和耐蚀性
硫(S)	硫是钢中最为有害的元素，也是从炼钢原料中带入的杂质。它能显著提高钢的热脆性，大大降低钢的热加工性和可焊性，同时还会降低钢的冲击韧性、疲劳强度及耐蚀性。即使微量存在对钢也有危害，故其含量必须严格加以控制
氧(O)	氧是钢中有害元素，主要存在于非金属夹杂物内，少量溶于铁素体中。非金属夹杂物能降低钢的力学性能，特别是韧性。氧还有促进时效倾向的作用。氧化物所造成的低熔点也使钢的可焊性变差
氮(N)	氮主要嵌溶于铁素体中，也可呈化合物形式存在。氮对钢性质的影响与碳、磷基本相似，它可使钢的强度提高，塑性特别是韧性显著下降。氮还可加剧钢的时效敏感性和冷脆性，降低可焊性

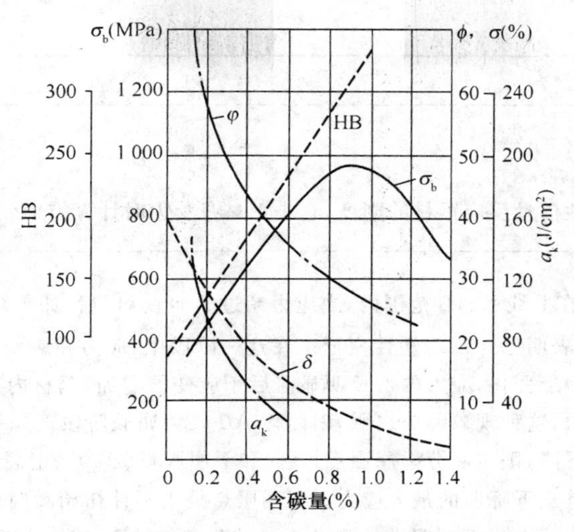

图 7-3　含碳量对热轧碳素钢性质的影响

σ_b—抗拉强度；a_k—冲击韧性；HB—硬度；

δ—伸长率；φ—断面收缩率

第二节　钢材的力学性能

一、抗拉性能

抗拉性能是建筑钢材最重要的性能之一。低碳钢(软钢)是土木工程中广泛使用的一种钢材,其的抗拉性能以图 7-4 来阐明。就变形性质而言,低碳钢受拉时的应力-应变关系曲线的划分见表 7-5。

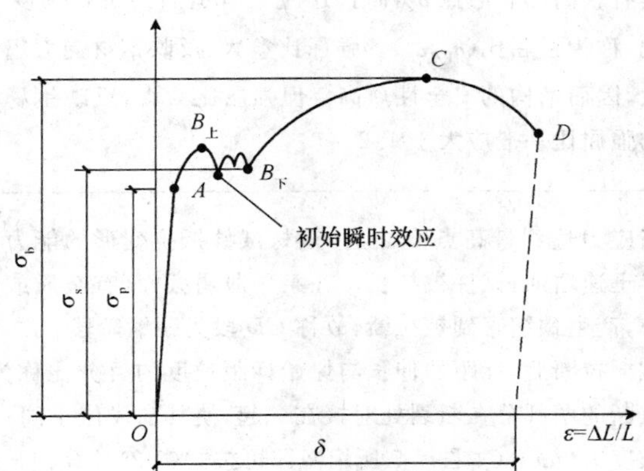

图 7-4　低碳钢受拉时的应力-应变关系曲线

表 7-5　低碳钢受拉时的应力-应变关系曲线的划分

项　目	内　容
弹性阶段 ($O-A$)	在曲线的 OA 范围内,荷载较小,此时如卸去拉力,试件能恢复原状,这种性质称为弹性,因此称 OA 段为弹性阶段,与 A 点对应的应力称为弹性极限(σ_p)。当应力稍低于 A 点对应的应力时,应力与应变的比值为常数,称为弹性模量,用 E 表示,见式(7-1):

续上表

项　目	内　容
弹性阶段 (*O*—*A*)	$$\frac{\sigma}{\varepsilon}=E \qquad (7\text{-}1)$$ 弹性模量反应钢材的刚度，它是钢材在受力时计算结构变形的重要指标
屈服阶段 (*A*—*B*)	在曲线的 *AB* 范围内，当应力超过 *A* 点 σ_p，以后，如果卸去拉力，变形不能立刻恢复，表明已经出现塑性变形。在这一阶段中，应力和应变不再保持正比例关系而成锯齿形变化，应力的增长明显滞后于应变的增加，钢材内部暂时失去了抵抗变形的能力，这种现象称为屈服，因此称 *AB* 段为屈服阶段。如果达到屈服点后应力值发生下降，则应区分上屈服点($B_上$)和下屈服点($B_下$)。上屈服点是指试样发生屈服而力首次下降前的最大应力。下屈服点是指不计初始瞬时效应时屈服阶段中的最小应力。由于下屈服点的测定值对试验条件较不敏感，并形成稳定的屈服平台，所以在结构计算时，以下屈服点对应的应力作为材料的屈服强度的标准值，以 σ_s 表示。钢材受力超过屈服点后，会产生较大的塑性变形，尽管其结构不会破坏，但已不能够满足使用要求，故工程上常以屈服点作为钢材设计强度取值的依据
强化阶段 (*B*—*C*)	经过屈服阶段，钢材内部组织结构发生了变化(晶格畸变、滑移受阻)，建立了新的平衡，使之抵抗塑性变形的能力重新提高而得到强化，应力—应变曲线开始继续上升直至最高点 *C*，故称 *BC* 段为强化阶段。对应于 *C* 的应力称为钢材的抗拉强度或极限强度，以 σ_b 表示。 抗拉强度 σ_b 是钢材受拉时所能承受的最大应力值。在实际工程中，不仅希望钢材具有较高的屈服点 σ_s，而且还应具有适当的抗拉强度 σ_b。抗拉强度与屈服强度之比，称为强屈比(σ_b/σ_s)。强屈比愈大，反映钢材受力超过屈服点工作时的可靠性愈大，因而结构的安全性愈高。但强屈比太大，反映钢材性能不能被充分利用。钢材的强屈比一般应大于 1.2
颈缩阶段 (*C*—*D*)	当应力达到最高点 *C* 之后，钢材试件抵抗变形的能力开始降低，应力逐渐减小，变形迅速增加，试件被拉长。在某一薄弱截面(有杂质或缺陷之处)，断面开始明显减小，产生颈缩直到被拉断，故称 *CD* 段为颈缩阶段。 试样拉断后，标距的伸长与原始标距长度的百分比称为断后伸长率(δ)。测定时将拉断的两部分在断裂处对接在一起，使其轴线位于同一直线上时，量出断后标距的长度 l_1(mm)(如图 7-5 所示)，即可按式(7-2)计算伸长率： $$\delta=\frac{l_1-l_0}{l_0}\times 100\% \qquad (7\text{-}2)$$ 式中　l_0——试件的原始标距长度(mm)； 　　　l_1——试件拉断后的标距长度(mm)。 由于试件断裂前的颈缩现象，使塑性变形在试件标距内的分布是不均匀的，原标距与直径之比越大，则颈缩处的伸长值在整个伸长值中的比重越小，因而计算的伸长率偏小，通常取标距长度 l_0 等于 5 或 10 倍试件直径 d_0，其伸长率以 δ_5 或 δ_{10} 表示，对于同一钢材，$\delta_5>\delta_{10}$。

续上表

项　目	内　容
颈缩阶段 ($C-D$)	伸长率表明钢材的塑性变形能力，是钢材的重要技术指标。尽管结构通常是在弹性范围内工作，但其应力集中处可能超过屈服强度 σ_s 而产生一定的塑性变形，使应力重分布，从而避免结构破坏。 通过抗拉试验，还可测定另一表明钢材塑性的指标——断面收缩率 ψ。它是试件拉断后、颈缩处横截面积的最大缩减量与原始横截面积的百分比，见式(7-3)： $$\psi=\frac{A_0-A_1}{A_0}\times 100\% \qquad (7\text{-}3)$$ 式中　A_0——原始横截面积； A_1——试件拉断后颈缩处横截面积。 应当指出，有些钢材(中碳钢、高碳钢等硬钢)拉伸时的应力－应变关系曲线与低碳钢是完全不同的。其特点是抗拉强度高，塑性变形小，无明显屈服平台(图 7-6)。这类钢材难以测定其屈服点，故规范规定以产生残余变形达到原始标距长度 l_0 的 0.2%时所对应的应力作为屈服强度，用 $\sigma_{0.2}$ 表示

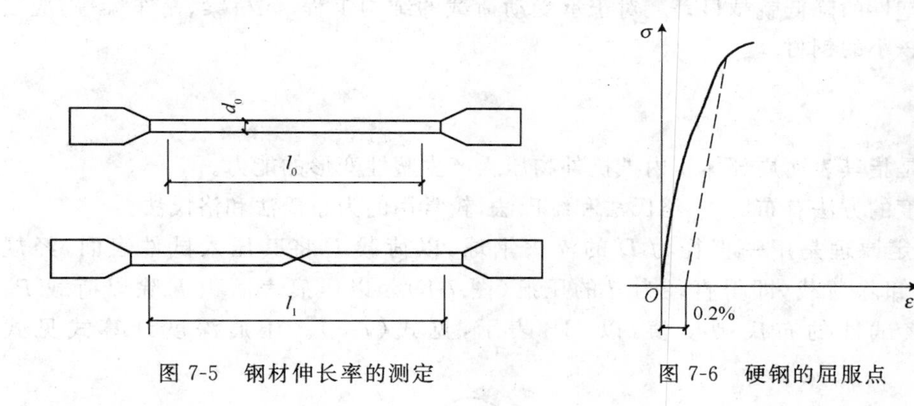

图 7-5　钢材伸长率的测定　　　图 7-6　硬钢的屈服点

二、冲击韧性

冲击韧性是指钢材抵抗冲击荷载的能力。冲击韧性指标是通过标准试件的弯曲冲击韧性试验确定的，如图 7-7 所示。试验以摆锤打击刻槽的试件，在刻槽处将其打断，以试件单位截面积上打断时所消耗的功作为钢材的冲击韧性值，以 a_k 表示，见式(7-4)：

$$a_k=\frac{A_k}{F} \qquad (7\text{-}4)$$

式中　F——试件断口处的截面积；

a_k——冲断试件所耗的功，$A_k=GH-Gh$，G 为摆锤的质量。

a_k 值越大，冲击韧性越好。钢材的冲击韧性对钢的化学成分、内部组织状态以及冶炼、轧制质量都较敏感。例如，钢中磷、硫含量较高，存在偏析或非金属夹杂物以及焊接中形成的微裂纹等，都会使 a_k 值显著降低。同时，环境温度对钢材的冲击韧性也有很大的影响。

试验表明，冲击韧性随温度的降低而下降，其变化规律是开始时下降缓和，当温度降低到某一范围时，突然下降很多而成脆性，这种现象称为钢材的冷脆性，此时的温度称为脆性临界温度。它的数值越低，钢材的低温冲击性能越好。所以，在负温度下使用直接承受冲击荷载作用的结构应选用脆性临界温度较使用温度为低的钢材。

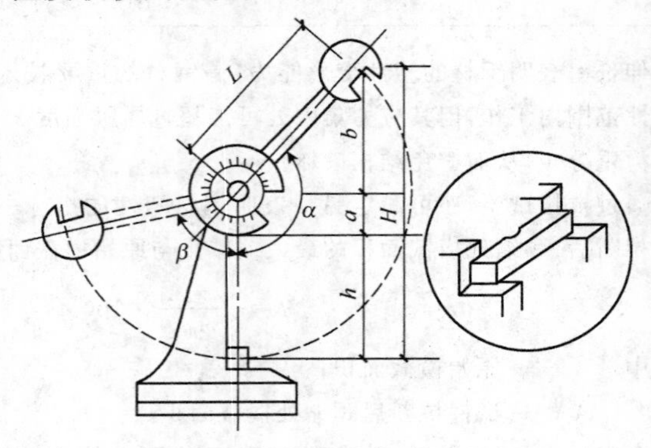

图 7-7 钢材的冲击韧性试验

钢材随时间的延长而表现出强度提高，塑性和韧性下降的现象，称为时效。通常，完成时效的过程可达数十年，但钢材如经冷加工或在使用中经受振动和反复荷载的影响，其时效可迅速发展。因时效而导致性能改变的程度称为时效敏感性。时效敏感性越大的钢材，经过时效后其冲击韧性和塑性的降低就越显著。对于承受动荷载的结构工程，如桥梁、吊车梁等，应当选用时效敏感性较小的钢材。

三、硬度

钢材的硬度是指其表面局部体积内抵抗外物压入产生塑性变形的能力。

测定钢材硬度的方法有布氏法、洛氏法和维氏法，较常用的为布氏法和洛氏法。

布氏法的测定原理是用一直径为 D 的淬火钢球，以荷载 P 将其压入试件表面，经规定的持续时间后卸除荷载，即得直径为 d 的压痕（图 7-8）。以压痕表面积 F 除以荷载 P，所得的商即为该试件的布氏硬度值，以 HB 表示，见式（7-5）。压痕深度计算式见式（7-6）。

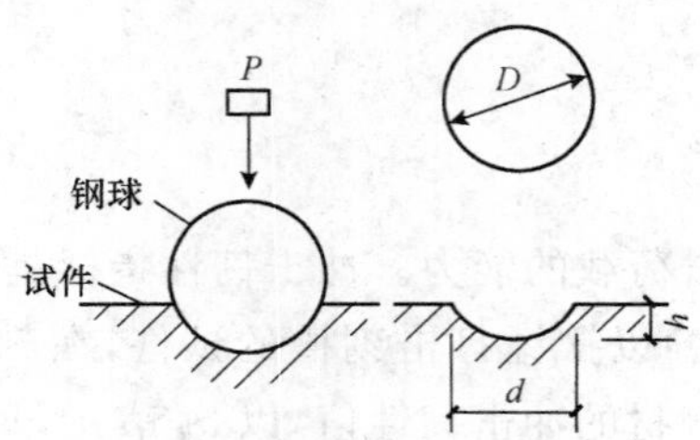

图 7-8 布氏硬度试验示意图

$$\mathrm{HB}=\frac{P}{F}=\frac{P}{\pi Dh} \tag{7-5}$$

$$h=\frac{D}{2}-\frac{1}{2}\sqrt{D^2-d^2} \tag{7-6}$$

因此，

$$\mathrm{HB}=\frac{2P}{\pi D(D-\sqrt{D^2-d^2})}$$

式中 D——钢球直径（mm）；

d——压痕直径(mm);

P——压入荷载(N)。

试验时,D 和 P 应按规定选取。一般硬度较大的钢材应选用较大的 P/D 值。例如HB>140 的钢材,P/D 应采用 30,而 HB<140 的钢材,P/D 则应采用 10。由于压痕附近的金属将产生塑性变形,其影响深度可达压痕深度的 8～10 倍以上,所以试件厚度一般应大于压痕深度的 10 倍,荷载保持时间以 10～15 s 为宜。

材料的硬度值实际上是材料弹性、塑性、变形强化率、强度和韧性等一系列性能的综合反映。因此,硬度值往往与其他性能有一定的相关性。例如,钢材的 HB 值与抗拉强度 σ_b 之间就有较好的相关关系。对于碳素钢,当 HB<175 时,$\sigma_b=3.6$HB;当 HB>175 时,$\sigma_b\approx3.5$HB。根据这些关系,我们可以在钢结构的原位上测出钢材的 HB 值来推算该钢材的抗拉强度 σ_b,而不破坏钢结构本身。

四、疲劳强度

在反复交变荷载作用下,结构工程中所使用的钢材往往会在应力远低于其抗拉强度的情况下发生突然破坏,这种现象称为钢材的疲劳破坏,以疲劳强度来表示。在疲劳试验中,试件在交变应力作用下,在规定的周期基数内不发生断裂时所能承受的最大应力值即为钢材的疲劳强度(σ_r)。在设计承受反复荷载且需进行疲劳验算的结构时,应当了解所用钢材的疲劳强度。

测定疲劳强度时,应根据结构使用条件确定采用的应力循环类型(如拉一拉型、拉一压型等)、应力特征值(最小与最大应力之比)和周期基数。测定钢筋的疲劳强度时,通常采用的是承受大小改变的拉应力循环;应力特征值通常非预应力筋为 0.1～0.8 kPa,预应力筋为 0.7～0.85 kPa;周期基数为 200 万次或 400 万次以上。

试验研究表明,钢材的疲劳破坏是由内部拉应力引起的。在长期交变荷载作用下,首先在应力较高的点或材料有缺陷的点,逐渐形成微细裂缝,裂缝尖端处产生严重的应力集中,促使裂缝不断扩展,构件断面逐渐被削弱,直至断裂而破坏。因此,钢材组织状态不致密、化学偏析、夹杂物等内部缺陷的存在,是影响钢材疲劳强度的主要因素。此外,结构构件截面尺寸的变化、表面的光洁程度、加工损伤等外在因素也会对钢材的疲劳强度产生一定的影响。

疲劳破坏经常是突然发生的,因而具有很大的危险性,往往会造成严重的工程质量事故。所以,在实际工程设计和施工中应该给予足够的重视。

第三节 建筑钢材的技术标准与选用

一、钢结构用钢

1.碳素结构钢

(1)碳素结构钢的牌号及其表示方法。《碳素结构钢》(GB/T 700—2006)中规定,牌号由代表屈服点的字母、屈服点数值、质量等级符号、脱氧方法四部分按顺序组成。其中,以"Q"代表屈服点;屈服点数值共分 195 MPa、215 MPa、235 MPa 和 275 MPa 四种;质量等级以硫、磷等杂质含量由多到少,分别由 A、B、C、D 符号表示;脱氧方法以 F 表示沸腾钢、Z 和 TZ 表示镇静钢和特殊镇静钢,Z 和 TZ 在钢的牌号中予以省略。

(2)碳素结构钢的技术要求。

1)化学成分。各牌号碳素结构钢的化学成分见表7-6。

表7-6 各牌号碳素结构钢的化学成分

牌号	统一数字代号	等级	厚度(或直径)(mm)	脱氧方法	化学成分(质量分数)(%),≤				
					C	Si	Mn	P	S
Q195	U11952	—	—	F、Z	0.12	0.30	0.50	0.035	0.040
Q215	U12152	A	—	F、Z	0.15	0.35	1.20	0.045	0.050
	U12155	B							0.045
Q235	U12352	A	—	F、Z	0.22	0.35	1.40	0.045	0.050
	U12355	B			0.20				0.045
	U12358	C		Z	0.17			0.040	0.040
	U12359	D		TZ				0.035	0.035
Q275	U12752	A	—	F、Z	0.24	0.35	4.50	0.045	0.050
	U12755	B	≤40	Z	0.21			0.045	0.045
			>40		0.22				
	U12758	C	—	Z	0.20			0.040	0.040
	U12759	D		TZ				0.35	0.035

2)力学性质。各牌号碳素结构钢的力学性质见表7-7。

表7-7 各牌号碳素结构钢的力学性质

牌号	等级	屈服强度 R_{eH}(N/mm²),≥						抗拉强度 R_m(N/mm²)	断后伸长率 A(%),≥					冲击试验(V形缺口)	
		厚度(或直径)(mm)							厚度(或直径)(mm)					温度(℃)	冲击吸收功(纵向)(J),≥
		≤16	16~40	40~60	60~100	100~150	150~200		≤40	40~60	60~100	100~150	150~200		
Q195	—	195	185	—	—	—	—	315~430	33	—	—	—	—	—	—
Q215	A	215	205	195	185	175	165	335~450	31	30	29	27	26	—	—
	B													+20	27
Q235	A	235	225	215	215	195	185	370~500	26	25	24	22	21	—	—
	B													+20	27
	C													0	
	D													−20	
Q275	A	275	265	255	245	225	215	410~540	22	21	20	18	17	—	—
	B													+20	27
	C													0	
	D													−20	

3)工艺性质。各牌号碳素结构钢的工艺性质见表7-8。

表7-8 各牌号碳素结构钢的工艺性质

牌号	试样方向	冷弯试验180° $B=2a$	
		钢材厚度(或直径)(mm)	
		≤60	60～100
		弯心直径 d	
Q195	纵	0	—
	横	0.5a	
Q215	纵	0.5a	1.5a
	横	a	2a
Q235	纵	a	2a
	横	1.5 a	2.5 a
Q275	纵	1.5a	2.5a
	横	2a	3a

注:B为试样宽度,a为试样厚度或直径。

(3)碳素结构钢的选用。钢材的选用一方面要根据钢材的质量、性能及相应的标准;另一方面要根据工程使用条件对钢材性能的要求。

国标将碳素结构钢分为五个牌号,每个牌号又分为不同的质量等级。一般来讲,牌号数值越大,含碳量越高,其强度、硬度也就越高,但塑性、韧性越低,平炉钢和氧气转炉钢质量均较好,硫、磷含量低的D、C级钢质量优于B、A级钢的质量。特殊镇静钢优于镇静钢质量,更优于沸腾钢,当然质量好的钢成本较高。

工程结构的荷载类型、焊接情况及环境温度等条件对钢材性能有不同的要求,选用钢材时必须满足。一般情况下,沸腾钢在下述情况下是限制使用的:

1)在直接承受动荷载的焊接结构。

2)非焊接结构而计算温度等于或低于-20℃时。

3)受静荷载及间接动荷载作用,而计算温度等于或低于-30℃时的焊接结构。

建筑钢结构中,主要应用的是碳素钢Q235,即用Q235轧成的各种型材、钢板和管材。Q235钢的强度、韧性和塑性以及可加工等综合性能好,且冶炼方便,成本较低。由于Q235-D含有足够的形成细粒结构的元素,同时对硫、磷元素控制较严格,其冲击韧性好,抵抗振动、冲击荷载能力强,尤其在一定负温条件下,较其他牌号更为合理。A级钢一般仅适用于承受静荷载作用的结构。

Q215钢强度低、塑性大、受力产生变形大,经冷加工后可代替Q235钢使用。

Q275钢虽然强度高,但塑性较差,有时轧成带肋钢筋用于混凝土中。

2.低合金高强度结构钢

(1)低合金高强度结构钢的牌号及其表示方法。《低合金高强度结构钢》(GB/T 1591—2008)规定,低合金高强度结构钢有Q345、Q390、Q420、Q460、Q500、Q550、Q620和Q690八种牌号。钢的牌号由代表屈服强度的汉语拼音字母、屈服强度数值、质量等级符号三个部分组成。当需方要求钢板具有厚度方向性能时，则在上述规定的牌号后加上代表厚度方向（Z 向）性能级别的符号。

（2）低合金高强度结构钢的技术要求

1）化学成分。低合金高强度结构钢的化学成分见表 7-9。

表 7-9　低合金高强度结构钢的化学成分

牌号	质量等级	化学成分（质量分数）（%）														
		C	Si	Ma	P	S	Nb	V	Ti	Cr	Ni	Cu	N	Mo	B	Al_s
					≤											≥
Q345	A	≤0.20	≤0.50	≤1.70	0.035	0.035	0.07	0.15	0.20	0.20	0.50	0.30	0.012	0.10	—	—
	B				0.035	0.035										
	C				0.030	0.030										0.015
	D	≤0.18			0.030	0.025										
	E				0.025	0.020										
Q390	A	≤0.20	≤0.50	≤1.70	0.035	0.035	0.07	0.20	0.20	0.30	0.50	0.30	0.015	0.10	—	—
	B				0.035	0.035										
	C				0.030	0.030										0.015
	D				0.030	0.025										
	E				0.025	0.020										
Q420	A	≤0.20	≤0.50	≤1.70	0.035	0.035	0.07	0.20	0.20	0.30	0.80	0.30	0.015	0.20	—	—
	B				0.035	0.035										
	C				0.030	0.030										0.015
	D				0.030	0.035										
	E				0.025	0.020										
Q460	C	≤0.20	≤0.60	≤1.80	0.030	0.030	0.11	0.20	0.20	0.30	0.80	0.55	0.015	0.20	0.004	0.015
	D				0.030	0.025										
	E				0.025	0.020										
Q500	C	≤0.18	≤0.60	≤0.18	0.030	0.030	0.11	0.12	0.20	0.60	0.80	0.55	0.015	0.20	0.004	0.015
	D				0.030	0.025										
	E				0.025	0.020										
Q550	C	≤0.18	≤0.60	≤2.00	0.030	0.030	0.11	0.12	0.20	0.80	0.80	0.80	0.015	0.30	0.004	0.015
	D				0.030	0.025										
	E				0.025	0.020										
Q620	C	≤0.18	≤0.60	≤2.00	0.030	0.030	0.11	0.12	0.20	1.00	0.80	0.80	0.015	0.30	0.004	0.015
	D				0.030	0.025										
	E				0.025	0.020										
Q690	C	≤0.18	≤0.60	≤2.00	0.030	0.030	0.11	0.12	0.20	1.00	0.80	0.80	0.015	0.30	0.004	0.015
	D				0.030	0.025										
	E				0.025	0.020										

2）力学性能。低合金高强度结构钢的力学性能见表 7-10。

表 7-10 低合金高强度结构钢的力学性能

(单位:mm)

牌号	质量等级	拉伸试验①,②,③																					
		以下公称厚度(直径,边长)下抗压强度(R_{eL})(MPa)									以下公称厚度(直径,边长)抗拉强度(R_m)(MPa)							断后伸长度(A)(%) 公称厚度(直径,边长)					
		≤16 mm	16~40 mm	40~63 mm	63~80 mm	80~100 mm	100~150 mm	150~200 mm	200~250 mm	250~400 mm	≤40 mm	40~63 mm	63~80 mm	80~100 mm	100~150 mm	150~250 mm	250~400 mm	≤40 mm	40~63 mm	63~100 mm	100~150 mm	150~250 mm	250~400 mm
Q345	A																						
	B																—	≥20	≥19	≥19	≥18	≥17	—
	C	≥345	≥335	≥325	≥315	≥305	≥285	≥275	≥265	—	470~630	470~610	470~630	470~630	450~600	450~600							
	D																450~600	≥21	≥20	≥20	≥19	≥18	≥17
	E									≥265													
Q390	A																						
	B																						
	C	≥390	≥370	≥350	≥330	≥330	≥310	—	—	—	490~650	492~650	490~650	490~650	470~620	—	—	≥20	≥19	≥19	≥18	—	—
	D																						
	E																						
Q420	A																						
	B																						
	C	≥420	≥400	≥380	≥360	≥360	≥340	—	—	—	520~680	520~680	520~680	520~680	500~650	—	—	≥19	≥18	≥18	≥18	—	—
	D																						
	E																						
Q460	C																						
	D	≥460	≥440	≥420	≥400	≥400	≥380	—	—	—	550~720	550~720	500~720	550~720	530~700	—	—	≥17	≥16	≥16	≥16	—	—
	E																						

续上表

牌号	质量等级	拉伸试验①,②,③ 以下公称厚度(直径,边长)下抗压强度(R_{eL})(MPa) ≤16 mm	16~40 mm	40~63 mm	63~80 mm	80~100 mm	100~150 mm	150~200 mm	200~250 mm	250~400 mm	以下公称厚度(直径,边长)抗拉强度(R_m)(MPa) ≤40 mm	40~63 mm	63~80 mm	80~100 mm	100~150 mm	150~250 mm	250~400 mm	断后伸长度(A)(%) 公称厚度(直径,边长) ≤40 mm	40~63 mm	63~100 mm	100~150 mm	150~250 mm	250~400 mm
Q500	C																						
	D	≥500	≥483	≥470	≥450	≥440	—	—	—	—	610~770	600~760	590~750	540~730	—	—	—	≥17	≥17	≥17	—	—	—
	E																						
Q550	C																						
	D	≥550	≥530	≥520	≥500	≥490	—	—	—	—	670~830	620~810	600~790	590~780	—	—	—	≥16	≥16	≥16	—	—	—
	E																						
Q620	C																						
	D	≥620	≥600	≥590	≥570	—	—	—	—	—	710~830	690~880	670~860	—	—	—	—	≥15	≥15	≥15	—	—	—
	E																						
Q690	C																						
	D	≥690	≥670	≥660	≥640	—	—	—	—	—	770~940	750~920	730~900	—	—	—	—	≥14	≥14	≥14	—	—	—
	E																						

①当屈服不明显时,可测量 $R_{p0.2}$ 代替下屈服强度。

②宽度不小于 600 mm 扁平材,拉伸试验取横向试样;宽度小于 600 mm 的扁平材、型材及棒材取纵向试样,断后伸长率最小值相应提高 1.5 倍。

③厚度>250~400 mm 的数值适用于扁平材。

(3)低合金高强度结构钢的选用。由于合金元素的强化作用,使低合金结构钢不但具有较高的强度,且具有较好的塑性、韧性和可焊性。Q345 钢的综合性能较好,是钢结构的常用牌号,Q390 也是推荐使用的牌号。与碳素结构钢 Q235 相比,低合金高强度结构钢 Q345 的强度和承载力更高,并具有良好的承受动荷载和耐疲劳性能,但价格稍高。用低合金高强度结构钢代替碳素结构钢 Q235 可节省钢材 15%～25%,并减轻结构的自重。

低合金高强度结构钢广泛应用于钢结构和混凝土结构中,特别是大型结构、重型结构、大跨度结构、高层建筑、桥梁工程、承受动力荷载和冲击荷载的结构。

二、钢筋混凝土结构用钢

1.热轧光圆钢筋

(1)热轧光圆钢筋的标准。

1)热轧光圆钢筋的表面质量。钢筋应无有害的表面缺陷,按盘卷交货的钢筋应将头尾有害缺陷部分切除。试样可使用钢丝刷清理,清理后的重量、尺寸、横截面积和拉伸性能满足本部分的要求,锈皮、表面不平整或氧化铁皮不作为拒收的理由。当带有上述规定的缺陷以外的表面缺陷的试样不符合拉伸性能或弯曲性能要求时,则认为这些缺陷是有害的。

2)热轧光圆钢筋的钢筋牌号及化学成分见表 7-11。

表 7-11　热轧光圆钢筋的钢筋牌号及化学成分

牌号	化学成分(质量分数)(%),≤					
	C	Si	Mn	P	S	Cr、Ni、Cu
HPB235	0.22	0.30	0.65	0.045	0.050	各 0.30。供方如能保证可不作分析
HPB300	0.25	0.55	1.50			

(2)热轧光圆钢筋的技术要求。

1)热轧光圆钢筋的公称横截面积与理论质量见表 7-12。

表 7-12　热轧光圆钢筋的公称横截面积与理论质量

公称直径(mm)	公称横截面积(mm^2)	理论质量(kg/m)
6(6.5)	28.27(33.18)	0.222(0.260)
8	50.27	0.395
10	78.54	0.617
12	113.1	0.888
14	153.9	1.21
16	201.1	1.58
18	254.5	2.00
20	314.2	2.47
22	380.1	2.98

注:表中理论质量按密度为 7.85 g/cm^3 计算。公称直径 6.5 mm 的产品为过渡性产品。

2)热轧光圆钢筋的直径、长度及允许偏差见表 7-13。

表 7-13 热轧光圆钢筋的直径、长度及允许偏差

项目	指标		
	公称直径(mm)	允许偏差(mm)	不圆度(mm)
直径允许偏差和不圆度	6(6.5)、8、10、12	±0.3	≤0.4
	14、16、18、20、22	±0.4	
长度及允许偏差	钢筋可按直条或盘卷交货。直条钢筋定尺长度应在合同中注明。按定尺长度交货的直条钢筋其长度允许偏差范围为 0～+50		

3)热轧光圆钢筋的质量及允许偏差见表 7-14。

表 7-14 热轧光圆钢筋的质量及允许偏差

公称直径(mm)	实际质量与理论质量的偏差(%)
6～12	±7
14～22	±5

4)热轧光圆钢筋的力学性能和工艺性能见表 7-15。

表 7-15 热轧光圆钢筋的力学性能和工艺性能

牌号	R_{eL}(MPa)	R_m(MPa)	A(%)	A_{gt}(%)	冷弯曲试验 180°(d—弯芯直径;a—钢筋公称直径)
	≥				
HPB235	235	370	25.0	10.0	$d=a$(弯曲后,钢筋壁弯曲部位表面不得产生裂纹)
HPB300	300	420			

(3)热轧钢筋的选用。普通混凝土非预应力钢筋可根据使用条件选用 HPB235、HPB300 钢筋或 HRB335、HRB400 钢筋:预应力混凝土应优先选用 HRB500 钢筋,也可选用 HRB400 或 HRB335 钢筋。热轧钢筋除 HPB235、HPB300 是光圆钢筋,其余为带肋钢筋,粗糙的表面可提高混凝土与钢筋之间的握裹力。

2.冷轧带肋钢筋

(1)冷轧带肋钢筋牌号及其表示方法。冷轧带肋钢筋是热轧圆盘条经冷轧后,在其表面带有沿长度方向均匀分布的三面或两面横肋的钢筋。《冷轧带肋钢筋》(GB 13788—2008)规定,冷轧带肋钢筋牌号由 CRB 和钢筋的抗拉强度最小值构成,分别为冷轧(Cold rolled)、带肋(Ribbed)、钢筋(Bars)三个词的英文首位字母,冷轧带肋钢筋分为 CRB550、CRB650、CRB800、CRB970 四个牌号。CRB550 为普通钢筋混凝土用钢筋,其他牌号为预应力混凝土用钢筋。

(2)冷轧带肋钢筋的技术要求。

1)冷轧带肋钢筋的力学性质见表 7-16。

表 7-16 冷轧带肋钢筋的力学性质

牌号	$R_{p0.2}$(MPa) ≥	R_m(MPa) ≥	伸长率(%) ≥		弯曲试验 180°	反复弯曲次数	应力松弛初始应力应相当于公称抗拉强度的 70%
			$A_{11.3}$	A_{100}			1 000 h 松弛率(%),≤
CRB550	500	550	8.0	—	$D=3d$	—	—
CRB650	585	650	—	4.0	—	3	8

续上表

牌号	$R_{p0.2}$(MPa) ≥	R_m(MPa) ≥	伸长率(%) ≥		弯曲试验 180°	反复弯曲次数	应力松弛初始应力应相当于公称抗拉强度的70%
			$A_{11.3}$	A_{100}			1 000 h松弛率(%),≤
CRB800	720	800	—	4.0	—	3	8
CRB970	875	900	—	4.0	—	3	8

注:D为弯心直径,d为钢筋公称直径。

2)冷轧带肋钢筋的工艺性质见表7-17。

表7-17　冷轧带肋钢筋的工艺性质　(单位:mm)

钢筋公称直径	4	5	6
弯曲半径	10	15	15

3.冷拔低碳钢丝

(1)冷拔低碳钢丝的分类、代号、标记及表面质量。

1)分类及代号。冷拔低碳钢丝的分类及代号见表7-18。

表7-18　冷拔低碳钢丝的分类及代号

项　目		用　途	代　号
类别	甲级	预应力筋	CDW
	乙级	焊接网、焊接骨架、箍筋和构造钢筋	

2)标记。产品应按下列顺序进行标记:冷拔低碳钢丝名称、公称直径、抗拉强度、代号及标准号。示例:公称直径为5.0 mm、抗拉强度为650 MPa的甲级冷拔低碳钢丝,标记为甲级冷拔低碳钢丝5.0－650－CDW JC/T 540—2006。

3)表面质量。《混凝土制品用冷拔低碳钢丝》(JC/T 540—2006)规定,冷拔低碳钢丝表面不应有裂纹、小刺、油污及其他机械损伤;冷拔低碳钢丝表面允许有浮锈,但不得出现锈皮及肉眼可见的锈蚀麻坑。

(2)冷拔低碳钢丝的技术要求。

1)冷拔低碳钢丝的公称直径、允许偏差及公称横截面积见表7-19。

表7-19　冷拔低碳钢丝的公称直径、允许偏差及公称横截面积

公称直径d(mm)	直径允许偏差(mm)	公称横截面积s(mm²)
3.0	±0.06	7.07
4.0	±0.08	12.57
5.0	±0.10	19.63
6.0	±0.12	20.27

注:经供需双方协商,也可生产其他直径的冷拔低碳钢丝。

2)冷拔低碳钢丝的力学性能见表7-20。

表 7-20 冷拔低碳钢丝的力学性能

级别	公称直径 d(mm)	抗拉强度 R_m(MPa),≥	断后伸长率 A_{100}(%),≥	反复弯曲次数(次/180°),≥
甲级	5.0	650	3.0	4
		600		
	4.0	700	2.5	
		650		
乙级	3.0,4.0,5.0,6.0	550	2.0	

注:甲级冷拔低碳钢丝作预应力筋用时,如经机械调直,可抗拉强度标准值应降低 50 MPa。

4.冷轧扭钢筋

(1)冷轧扭钢筋的分类与标记。

1)分类。冷轧扭钢筋的分类见表 7-21。

表 7-21 冷轧扭钢筋的分类

分类方法	类 别	说 明
按截面形状分	Ⅰ型	近似矩形截面
	Ⅱ型	近似正方形截面
	Ⅲ型	近似圆形截面
按强度级别分	550 级	—
	650 级	—

2)标记。产品按下列顺序进行标记。产品名称代号、强度级别代号、标志代号、主参数代号以及类型代号。示例:冷轧扭钢筋 550 级Ⅱ型,标志直径 10 mm,标记为 CTB 550ϕ^{T}10-Ⅱ。

(2)冷轧扭钢筋的技术要求。冷轧扭钢筋的力学性能和工艺性能见表 7-22。

表 7-22 冷轧扭钢筋的力学性能和工艺性能

强度级别	型号	抗拉强度 R_m(MPa)	伸长率 A(%)	180°弯曲试验(弯心直径=3d)	应力松弛率(%)(当 $\sigma_{con}=0.7f_{ptk}$)	
					10 h	1 000 h
CTB550	Ⅰ	≥550	$A_{11.3}$≥4.5	受弯曲部位钢筋表面不得产生裂纹	—	—
	Ⅱ	≥550	A≥10		—	—
	Ⅲ	≥550	A≥12		—	—
CTB650	Ⅲ	≥650	A_{100}≥4		≤5	≤8

注:σ_{con}为预应力钢筋张拉控制应力;f_{ptk}为预应力冷轧钢筋抗拉强度标准值。

(3)冷轧扭钢筋的选用。冷轧扭钢筋又称麻花钢筋,是将低碳钢热轧圆盘条(Q235)经调直、冷轧、冷扭一次成型,具有规定截面形状和节距的连续螺旋状钢筋。冷轧扭钢筋表面不应有影响钢筋力学性能的裂纹、折叠、结疤、机械损伤或其他影响使用的缺陷。它具有强度高,握裹力好等特点。冷轧扭钢筋主要适用于工业与民用房屋及一般构筑物和先张法的中、小型预应力混凝土构件；对抗震设防区的非抗侧力构件如现浇和预制楼板、次梁、楼梯、基础及其他构件。

5.预应力混凝土用钢棒

预应力混凝土用钢棒指预应力混凝土用光圆钢棒、螺旋钢棒、螺旋肋钢棒、带肋钢棒四种。它使用低合金钢热轧圆盘条经冷加工（或不经冷加工）淬火和回火所得钢棒。

（1）预应力混凝土用钢棒的分类及代号见表7-23。

（2）预应力混凝土用钢棒的技术要求。

1）预应力混凝土用钢棒的公称直径、横截面积、质量及性能见表 7-24。

表 7-23　预应力混凝土用钢棒的分类及代号

分类方法	类　别	代　号	备　注
按钢棒表面形状分	光圆钢棒	P	表面形状、类型按用户要求选定
	螺旋槽钢棒	HG	
	螺旋肋钢棒	HR	
	带肋钢棒	R	
松弛程度	普通松弛	N	—
	低松弛	L	—

表 7-24　预应力混凝土用钢棒的公称直径、横截面积、质量及性能

表面形状类型	公称直径 D_n(mm)	公称横截面积 S_n(mm^2)	横截面积 S(mm^2)		每米参考质量(g/m)	抗拉强度 R_m(MPa)，≥	规定非比例延伸强度 $R_{p0.2}$(MPa)，≥	弯曲性能	
			最小	最大				性能要求	弯曲半径(mm)
光圆	6	28.3	26.8	29.0	222	对所有规格钢棒 1 080 1 230 1 420 1 570	对所有规格钢棒 930 1 080 1 230 1 420	反复弯曲≥4次/180°	15
	7	38.5	36.3	39.5	302				20
	8	50.3	47.5	51.5	394				20
	10	78.5	74.1	80.4	616				25
	11	95.0	93.1	97.4	746			弯曲160°～180°后弯曲处无裂纹	弯芯直径为钢棒公称直径的10倍
	12	113	106.8	115.8	887				
	13	133	130.3	136.3	1 044				
	14	154	145.6	157.8	1 209				
	16	201	190.2	206.0	1 578				
螺旋槽	7.1	40	39.0	41.7	314			—	—
	9	64	62.4	66.5	502				
	10.7	90	87.5	93.6	707				
	12.6	125	121.5	129.9	981				

续上表

表面形状类型	公称直径 D_n(mm)	公称横截面积 S_n(mm^2)	横截面积 S(mm^2)		每米参考质量(g/m)	抗拉强度 R_m(MPa),≥	规定非比例延伸强度 $R_{p0.2}$(MPa),≥	弯曲性能	
			最小	最大				性能要求	弯曲半径(mm)
螺旋肋	6	28.3	26.8	29.0	222	对所有规格钢棒 1 080 1 230 1 420 1 570	对所有规格钢棒 930 1 080 1 230 1 420	反复弯曲≥4次/180°	15 20
	7	38.5	36.3	39.5	302				20
	8	50.3	47.5	51.5	394				25
	10	78.5	74.1	80.4	616			弯曲160°～180°后弯曲处无裂纹	弯芯直径为钢棒公称直径的10倍
	12	113	106.8	115.8	888				
	14	154	145.6	157.8	1 209				
带肋	6	28.3	26.8	29.0	222			—	—
	8	50.3	47.5	51.5	394				
	10	78.5	74.1	80.4	616				
	12	113	106.8	115.8	887				
	14	154	145.6	157.8	1 209				
	16	201	190.2	206.0	1 578				

2)预应力混凝土用钢棒的伸长特性要求见表7-25。

表7-25 预应力混凝土用钢棒的伸长特性要求

延性级别	最大力总伸长率(最大力伸长率标距 L_0=200 mm)A_{gt}(%)	断后伸长率($L_0=8d_n$)A(%),≥
延性35	3.5	7.0
延性25	2.5	5.0

注:日常检查可用断后伸长率,仲裁试验以最大力总伸长率为准。

3)预应力混凝土用钢棒的最大松弛值见表7-26。

表7-26 预应力混凝土用钢棒的最大松弛值

初始应力为公称抗拉强度的百分数(%)	1 000 h松弛值(%)	
	普通松弛(N)	低松弛(L)
70	4.0	2.0
60	2.0	1.0
80	9.0	4.5

6.预应力混凝土用钢丝及钢绞线

预应力混凝土用钢丝及钢绞线是钢厂用优质碳素结构钢经冷加工、再回火、冷轧或绞捻等加工而成的专用产品,也称为优质碳素钢丝及钢绞线。

预应力混凝土用钢丝分为冷拉钢丝(WCD)和消除应力钢丝两类；消除应力钢丝按松弛性能分为低松弛级钢丝(WLR)和普通松弛级钢丝(WNR)；按外形分为光圆(P)、螺旋肋(H)、刻痕(I)三种。冷拉钢丝直径有3 mm、4 mm、5 mm三种规格，消除应力钢丝直径有4 mm、5 mm、6 mm、7 mm、8 mm、9 mm六种规格。其力学性能应符合《预应力混凝土用钢丝》(GB/T 5223—2002/XG2—2008)的规定。

钢绞线是由二、三或七根钢丝经绞捻热处理制成的。其力学性能应符合《预应力混凝土用钢绞线》(GB/T 5224—2003/XG1—2008)的规定。

钢丝和钢绞线均具有强度高、柔性好，使用时不需接头等优点，尤其适用于需要曲线配筋的预应力混凝土结构、大跨度或重荷载的屋架等。

钢丝和钢绞线均属于冷加工强化及热处理钢材，拉伸试验时没有屈服点，但其抗拉强度却远远大于热轧及冷轧钢筋，并具有较好的柔韧性，且应力松弛率低，质量稳定，施工简便。二者均呈盘条状供应，松卷后可自行伸直，使用时可按要求长度切断，主要适用于大荷载、大跨度及需曲线配筋的预应力混凝土结构。

三、型钢

钢结构构件一般应直接选用各种型钢，型钢之间可直接连接或附加连接钢板进行连接，连接的方式主要有铆接、焊接及螺栓连接等，所以钢结构用钢材主要是型钢和钢板。型钢有热轧及冷成型两种，钢板也有热轧和冷轧之分。

1. 热轧型钢

常用的热轧型钢有角钢(等边和不等边)、工字钢、槽钢、T形钢、H形钢、Z形钢等。我国建筑用热轧型钢主要采用碳素结构钢和低合金高强度结构钢来轧制。在碳素结构钢中主要用Q235－A(含碳量为0.14％～0.22％)，其强度适中，塑性及可焊性较好，且冶炼容易，成本低廉，适合土木工程使用。在钢结构设计规范中，推荐使用的低合金结构钢主要有两种，其牌号为Q345和Q390，可用在大跨度、承受动荷载的钢结构中。

2. 冷弯薄壁型钢

冷弯薄壁型钢通常采用2～6 mm厚度的薄钢板经冷弯或模压而成，有角钢、槽钢等开口薄壁型钢及方形、矩形等空心薄壁型钢，主要用于轻型钢结构。

3. 钢板及压型钢板

用光面轧辊轧制而成的扁平钢材，以平板状态供货的称为钢板；以卷状供货的称为钢带。土木工程用钢板或钢带的钢种主要是碳素结构钢，一些重型结构、大跨度桥梁、高压容器等也采用低合金高强度结构钢。

钢板按轧制温度不同，可分为热轧和冷轧两类。按厚度不同热轧钢板又可分为厚板(厚度大于4 mm)和薄板(厚度为0.35～4 mm)两种；而冷轧钢板只有薄板(厚度为0.2～4 mm)一种。一般厚板可用于型钢的连接，组成钢结构承力构件；薄板则可用作屋面或墙面等围护结构，或作为涂层钢板及薄壁型钢的原材料。

薄钢板经冷压或冷轧成波形、双曲形、V形等形状，称为压型钢板。彩钢板(又称有机涂层薄钢板)、镀锌薄钢板、防腐薄钢板都可用来制作压型钢板。压型钢板具有单位质量轻、强度高、抗震性能好、施工速度快、造型美观等特点，其用途十分广泛，主要用作屋面板、楼板、墙板及各种装饰板，还可将其与保温材料复合制成复合墙板等。

第四节 钢材的防火与防腐

一、钢材的防火

在一般土木工程结构中，钢材通常是在常温条件下工作的，但对于某些长期处于高温环境中的结构，或遇到火灾等特殊情况时，则必须考虑温度对钢材性能的影响。

温度对钢材性能的影响，不能简单地用应力—应变关系来加以评定，必须同时考虑温度和高温持续时间两个因素。钢材在一定温度和应力作用下，产生随时间而缓慢增长的塑性变形，称为蠕变。温度愈高，蠕变现象愈明显，蠕变将导致应力松弛。此外，由于在高温下晶界强度较晶粒强度为低，晶界滑移较易会促使内部微裂缝加速扩展。因此，随着温度的升高，钢材的持久强度将会显著下降。试验研究表明，工程中常用的低碳钢，当温度超过 350℃时，强度就会开始大幅度下降，500℃时屈服点及抗拉强度约为常温时的 1/2，600℃时其抗拉强度仅为常温时的 1/3 左右。

钢材在高温下塑性变形增大，强度显著降低，与其自身的导热性大有直接关系，钢材的热导率高达 67.63 W/(m·K)。这是钢结构及钢筋混凝土结构在遭遇火灾的情况下极易在短时间内发生破坏的一个重要原因。试验研究和大量火灾实例表明，一般建筑钢材耐热临界温度为 540℃左右，而建筑物失火后，火场温度在 800℃～1 000℃。因此处于火灾环境条件下裸露的钢材往往在 10～15 min，其自身温度就会上升到耐热临界温度 540℃以上，致使钢材强度和结构承载能力急剧下降，在纵向压力和横向拉力作用下，结构发生扭曲变形，导致建筑物整体坍塌毁坏。

为了提高建筑物的防火性能，在钢结构中应采取预防包覆措施，如设置防火板或涂刷防火涂料等。在钢筋混凝土结构中，钢筋应留设一定厚度的保护层。

二、钢材的防腐

1. 钢材被腐蚀的主要原因

钢材被腐蚀的主要原因见表 7-27。

表 7-27 钢材被腐蚀的主要原因

项 目	内 容
化学腐蚀	钢材与周围介质直接发生化学反应而引起的腐蚀，称为化学腐蚀。通常是由于氧化作用，使钢材中的铁形成疏松的氧化铁而被腐蚀。在干燥环境中，化学腐蚀进行缓慢，但在潮湿环境和温度较高时，腐蚀速度加快，这种腐蚀亦可由空气中的二氧化碳或二氧化硫作用以及其他腐蚀性物质的作用而产生
电化学腐蚀	金属在潮湿气体以及导电液体（电解质）中，由于电子流动而引起的腐蚀称为电化学腐蚀。这是由于两种不同电化学势的金属之间的电势差，使负极金属发生溶解的结果。就钢材而言，当凝聚在钢铁表面的水分中溶入二氧化碳或硫化物气体时即形成一层电解质水膜，钢铁本身是铁和铁碳化合物以及其他杂质化合物的混合物，它们之间形成以铁为负极，以碳化铁为正极的原电池，由于电化学反应生成铁锈。 钢铁在酸碱盐溶液及海水中发生的腐蚀、地下管线在土壤与大气中的腐蚀以及与其他金属接触处的腐蚀，均属于电化学腐蚀，可见电化学腐蚀是钢材腐蚀的主要形式

续上表

项　目	内　容
应力腐蚀	钢材在应力状态下腐蚀加快的现象称为应力腐蚀。所以，钢筋冷弯处、预应力钢筋等都会因应力存在而加速腐蚀

2. 钢材腐蚀的预防措施

防止钢材腐蚀的主要方法见表7-28。

表7-28　防止钢材腐蚀的主要方法

项　目	内　容
保护膜法	利用保护膜使钢材与周围介质隔离，从而避免或减缓外界腐蚀性介质对钢材的破坏作用。例如在钢材的表面喷刷涂料、搪瓷、塑料等；或以金属镀层作为保护膜，如锌、锡、铬等
电化学保护法	无电流保护法是在钢铁结构上接一块较钢铁更为活泼的金属如锌、镁，因为锌、镁比钢铁的电位低，所以锌、镁成为腐蚀电池的阳极遭到破坏（牺牲阳极），而钢铁结构得到保护。这种方法对于那些不容易或不能覆盖保护层的地方，如蒸汽锅炉、轮船外壳、地下管道、港工结构、道桥建筑等常被采用。 外加电流保护法是在钢铁结构附近，安放一些废钢铁或其他难熔金属，如高硅铁及铅银合金等，将外加直流电源的负极接在被保护的钢铁结构上，正极接在难溶的金属上，通电后则难熔金属成为阳极而被腐蚀，钢铁结构成为阴极得到保护
合金化	在碳素钢中加入能提高抗腐蚀能力的合金元素，如镍、铬、钛、铜等制成不同的合金钢。 防止混凝土中钢筋的腐蚀可以采用上述的方法，但最经济而有效的方法是提高混凝土的密实度和碱度。并保证钢筋有足够的保护层厚度。 在水泥水化产物中，有1/5左右的$Ca(OH)_2$产生，介质的pH值达到13左右，使钢筋表面产生钝化膜，因此混凝土中的钢筋是不易生锈的。但大气中的CO_2以扩散方式进入混凝土中，与$Ca(OH)_2$作用而使混凝土中性化。当pH值降低到11.5以下时，钝化膜可能破坏，使钢材表面呈活化状态，此时若具备了潮湿和供氧条件，钢筋表面即开始发生电化学腐蚀作用，由于铁锈的体积比钢大2～4倍，则可导致混凝土顺筋开裂。因为CO_2是以扩散方式进入混凝土内部进行碳化作用的，所以提高混凝土的密实度就十分有效地减缓了碳化过程。 由于Cl^-有破坏钝化膜的作用，因此在配制钢筋混凝土时还应限制氯盐的使用量

第五节　铜和铜合金

一、铜和铜合金的分类

1. 铜的分类

铜的分类见表7-29。

表 7-29 铜的分类

项 目	内 容
硫化矿	如黄铜矿($CuFeS_2$)、斑铜矿(Cu_5FeS_4)和辉铜矿(Cu_2S)等
氧化矿	如赤铜矿(Cu_2O)、孔雀石[$CuCO_3Cu(OH)_2$]、蓝铜矿[$2CuCO_3Cu(OH)_2$]、硅孔雀石($CuSiO_32H_2O$)等
自然铜	铜矿石中铜的含量1%左右(0.5%~3%)便有开采价值,因为采用浮选法可以把矿石中一部分脉石等杂质除去,而得到含铜量较高(8%~35%)的精矿砂

2. 铜合金的分类

铜合金的分类见表7-30。

表 7-30 铜合金的分类

分 类	内 容
黄铜	(1)简单黄铜:为Cu－Zn二元合金,以"H"表示,H后面的数字表示合金的平均含铜量如H70表示含铜量为70%,其余为锌。 (2)复杂黄铜:铜锌合金中加入少量(一般为1%~2%,少数达3%~4%,极个别的到5%~6%)锡、铝、锰、铁、硅、镍、铅等元素,构成三元、四元、甚至五元合金,即为复杂黄铜
青铜	除黄铜、白铜之外的铜合金统称青铜,它是由Sn、Al、Be、Si、Mn、Cr、Cd、Zr、Ti等与铜组成的铜合金。青铜分为锡青铜和无锡青铜(特殊青铜),锡青铜其主要合金成分是锡,无锡青铜其主要合金成分没有锡,而是铝、铍等其他元素
白铜	(1)结构白铜:具有很好的耐蚀性,优良的机械性能和压力加工性能,焊接性好,用于造船、电力、化工及石油等部门中制造冷凝管、蒸发器、热交换器和各种高强耐蚀件等。 (2)电工白铜:应用最广泛的电工白铜是康铜、锰铜和考铜锰铜:BMn3－12锰白铜又称锰铜。具有高的电阻和低的电阻温度系数,电阻值很稳定,与铜接触时的热电势不大

二、铜合金的性能

(1)铜合金通常对化学侵袭有较强的抵抗力,所以好经常在没有保护镀层的情况下使用。当在苛刻的环境下使用时,如自动化应用中,铜合金通常在其表面上镀一层锡或锡料以提高对腐蚀的抵抗能力。出现压力腐蚀必须具有的三个条件:

1)合金必须易受到压力腐蚀的影响;

2)其工作环境使得此特定的合金易受影响;

3)拉伸力的存在。

(2)高导电率和热导率。

(3)具有良好的塑性,易于成型。

(4)高强度,耐磨性良好。

第八章　木　　材

第一节　木材的基本知识

一、木材的分类与构造

1. 木材的分类

树木品种繁多，我国已发现树种约 3 万多种，按树叶的外观形状可将木材分为针叶树木和阔叶树木两大类，具体内容见表 8-1。

表 8-1　木材的分类

项　目	内　容
针叶树木	针叶树叶子细长呈针状，树干通直而高大，纹理顺直，木质较软，易于加工，故又称软木材。软木材表观密度和胀缩变形较小，强度较高，耐腐蚀性较强。针叶树是土木工程中广泛应用的木材，可用于承重构件和装饰部件。常见的树种有杉木、松、柏等四季常青树
阔叶树木	阔叶树树叶宽大，树身弯曲多节，树干通直部分较短，材质坚硬，疤节多，难加工，故又称硬(杂)木材。硬木材表观密度和胀缩变形较大，易翘曲或开裂。阔叶树一般用于小尺寸构件的制作，不宜作承重结构材料，可利用其加工后的美丽纹理，用于内部装饰和家具制作。常见的树种有榆、槐、柳、柞等落叶树

2. 木材的结构

(1)木材的宏观构造。木材的宏观构造是指用肉眼或借助于 10 倍放大镜所能观察到的木材构造特征。要了解木材构造必须从三个方面进行观察，即树干的横切面、径切面和弦切面的构造，如图 8-1 所示。

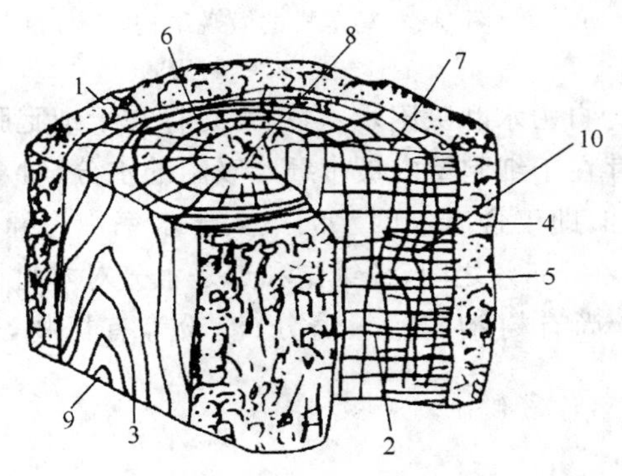

图 8-1　树干的三个切面

1—横切面；2—径切面；3—弦切面；4—树皮；5—木质部；

6—年轮；7—髓线；8—髓心；9—节子；10—斜纹

从横切面可以看出：木材是由树皮、髓心和木质部组成的，木质部是建筑材料使用的主要部分，在木质部中靠近中心颜色较深的部分称为心材；靠近树皮颜色较浅的部分称为边材，一般心材比边材利用价值大一些。

从横切面上看到的深浅相间的同心圆环即所谓年轮，在同一年轮内，较紧密且颜色较深的部分是夏天生长的，称为夏材（晚材）；较疏松且颜色较浅的部分是春天生成的，称为春材（早材）。夏材部分越多，年轮越密且均匀，木材质量越好。

树干的中心称为髓心，其质松软、强度低，易腐朽和虫害。从髓心向外的射线称为髓线，干燥时易沿此开裂。

从弦切面可以看出，包含在树干或主枝木材中的枝条部分称为节子，节子与周围木材紧密连生、构造正常称为活节；由枯死枝条形成的节子称为死节。节子破坏木材构造的均匀性和完整性，对木材的性能有重要的影响。

从径切面可以看出，木材中纤维排列与纵轴方向不一致所出现的倾斜纹理称为斜纹，斜纹主要降低木材的强度。

(2)木材的微观构造。木材的微观构造是指借助显微镜才能见到的组织，如图 8-2 所示。针叶树和阔叶树在微观构造上是有差别的，但它们具有许多共同的特征。木材是由无数管状细胞组成的，且绝大部分是纵向排列的。每个细胞都由细胞壁和细胞腔组成，细胞壁由若干层纤维组成，决定了木材的力学性质；纤维之间纵向连接比横向连接牢固，所以木材具有各向异性；细胞腔、细胞间存在着大量的孔隙，决定了木材具有明显的吸湿性。

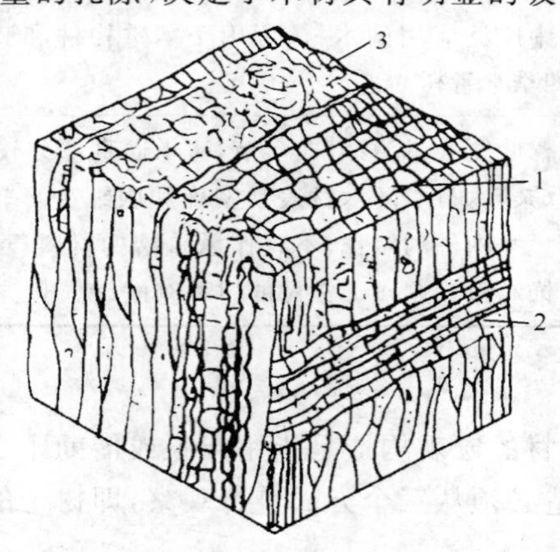

图 8-2 马尾松的微观结构

1—管胞；2—髓线；3—树脂道

细胞中存在的水，可分为自由水和吸附水：自由水是存在于细胞腔、细胞间隙的水分，对木材的性能影响较小；吸附水是存在于细胞壁内被木纤维吸附的水分，对木材的性能影响较大。木材内无自由水，而细胞壁内饱和，即仅含有吸附水的最大含水率称为纤维饱和点，其数值因树种而异，一般质量百分比介于 25％～35％之间，纤维饱和点是水分对木材性能影响的转折点。

木材中除纤维、水以外，尚有树脂、色素、糖分、淀粉等有机物，这些组分决定了木材的腐朽、虫害、燃烧等性能。

二、木材的主要性能

1. 物理性质

(1)密度。木材是由细胞壁实质物质、水分及空气组成的多孔性材料。根据不同的水分状态，木材的密度可以分为生材密度、气干密度、绝干密度和基本密度。较常用的是气干密度和基本密度。气干密度指的是在气干状态下木材单位体积的质量，而基本密度是指木材绝干质量与生材体积之比。在比较不同树种的材性时，用基本密度。木材的基本密度不同树种相差不大，平均为 1.5 g/cm³。气干密度因树种不同而不同，相差较大。

(2)含水率。木材含水率见表 8-2。

表 8-2　木材含水率

项　目	内　容	
木材中的水分	自由水	自由水是存在于细胞腔和细胞间隙中的水，它对木细胞的吸附能力很差，是木材中最不稳定的水分。自由水含量的变化影响木材的表观密度、燃烧性、抗腐蚀性及渗透性
	吸附水	吸附水是物理吸附于细胞壁内的细纤维间的水分。吸附水含量的变化是影响木材强度和湿胀干缩的主要因素
	化合水	化合水是组成细胞化合成分的水分，是构成木材必不可少的组分，它在常温下最稳定，对木材的性能基本无影响
木材的纤维饱和点	当潮湿的木材干燥时，首先蒸发的是自由水，当木材的自由水完全脱去后而细胞壁内的吸附水尚处于饱和状态时的含水率称为木材的纤维饱和点。此时细胞的变形程度达到最大，水分再增加也不会明显改变木细胞的结构与状态。纤维饱和点随树种而异，一般在 25%～35%之间，平均为 30%左右。木材的纤维饱和点通常是木材性能变化规律的转折点	
木材的平衡含水率	木材长时间暴露在一定温度和湿度的空气中时，干燥的木材会从周围的空气中吸收水分，而潮湿的木材会向周围放出水分。也就是说，木材所含水分是不断运动的，当水分停止运动，即木材的含水率与周围空气的相对湿度达到平衡时，表现为木材的含水率恒定不变，此时的含水率称为木材的平衡含水率。木材的平衡含水率随所在地区不同而不同，我国北方大气环境下的木材平衡含水率为 12%，而南方约为 18%。图 8-3 为不同温度和湿度的环境下木材的平衡含水率	

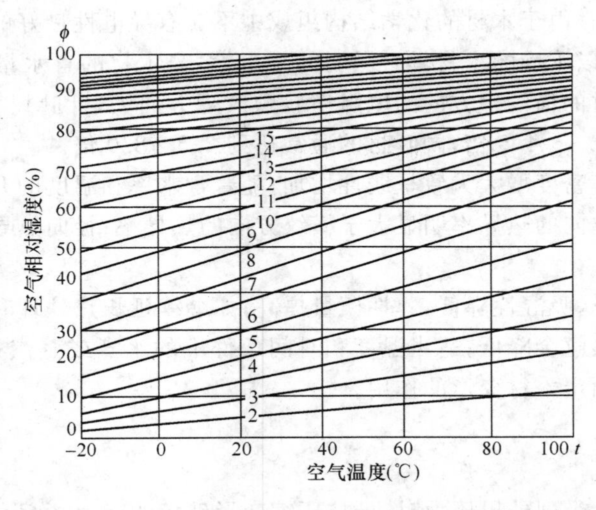

图 8-3　木材平衡含水率与空气相对湿度和温度的关系

(3)木材的湿胀与干缩。当木材含水率在纤维饱和点以下时，含水率的增大实际上是吸附水的增加引起的，吸附水的增加增大了木细胞的膨胀变形，木材的体积产生膨胀，这种现象称为木材的湿胀;含水率减小时,木材体积收缩,这种现象称为木材的干缩。

木材含水率大于纤维饱和点时,即吸附水达到饱和,木材细胞变形已达到最大,此时含水率的增加或减小只是自由水含量的变化,它不影响木材的变形。木材含水率与湿胀干缩的关系如图 8-4 所示,从图中可看到,纤维饱和点是木材发生湿胀干缩变形的转折点。

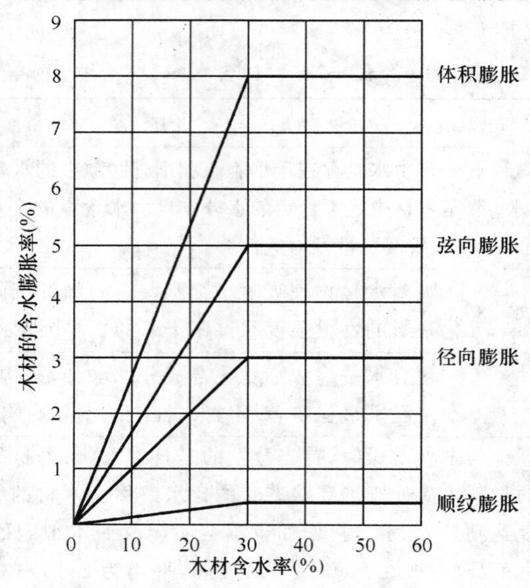

图 8-4 木材含水率与胀缩的关系

由于木材是典型的纤维结构材料,故其湿胀干缩变形表现出各向异性,其中弦向最大,径向和纵向次之。木材的湿胀干缩变形随树种而有差异,一般来讲,表观密度大的,夏材含量多的木材,胀缩就较大。

湿胀干缩变形会影响木材的使用特性。干缩会使木材翘曲,开裂,接榫松动,拼缝不严;湿胀可造成表面鼓凸。所以,为了避免这种情况,潮湿的木材在加工或使用前应预先进行干燥,使其含水率达到或接近与环境湿度相适应的平衡含水率后才能使用。

(4)其他物理性质。由于木材的化学结构组成中不含有导电性良好的电子,仅在杂质中含有少量的金属离子,所以干燥的木材具有微弱的导电性,当木材的含水量提高或温度升高时,木材电阻会降低。木材的横纹理方向的电阻率较顺纹理方向大,针叶树材横纹理方向的电阻率约是顺纹理方向的 2.3~4.5 倍,阔叶材的通常达到 2.5~8.0 倍。

木材的热导率随其密度增大大致呈线性增加;随着含水率和温度的升高,木材的热导率也增加。同种木材顺纹方向的热导率明显大于横纹方向的热导率;径向热导率大于弦向的,平均约相差 12.7%。

木材在受热条件下,吸湿性降低,弹性模量提高;如继续延长热处理时间,木材的力学性质随着自身化学成分的热解会降低;适当温度和时间条件下的水煮或蒸汽处理可以起到释放内部应力、降低吸湿性、固定木材变形的作用。

2.力学性质

(1)木材的强度。

1)抗压强度。木材受到外界压力时,抵抗压缩变形破坏的能力,称为抗压强度。木材的抗压强度分为顺纹抗压强度和横纹抗压强度。顺纹抗压强度为作用力方向与木纤维方向一致时的强度,受压破坏时细胞壁失去稳定而非纤维的断裂;横纹抗压强度为作用力方向与木材纤维垂直时的强度，受压破坏时木材横向受力压紧产生显著变形而造成的破坏。故木材的顺纹抗压强度较横纹抗压强度高。

顺纹抗压强度变化小，容易测定，所以常以顺纹抗压强度来确定木材的强度等级。由于横纹压力测试较困难，所以常以顺纹抗压强度的百分比来估计横纹抗压强度。木材的横纹抗压强度与顺纹抗压强度的比值因树种不同而异，一般针叶树横纹抗压强度约为顺纹的 10%，阔叶树为 15%～20%。

2)抗拉强度。木材受外加拉力时，抵抗拉伸变形破坏的能力，称为抗拉强度。木材的抗拉强度分为顺纹和横纹两种。从木材微观结构来看，沿木材纵向排列的木细胞是由木纤维连接而成的，在此方向具有很强的粘结能力，因此木材的顺纹抗拉强度是所有强度中最大的，木材单纤维的抗拉强度可达 80～200 MPa；而横向各细胞间的连接能力很差，故横纹抗拉强度很小，仅为顺纹抗拉强度的 1/40～1/10，因此，家具结构上应避免产生横纹拉力。但木材在使用中不可能是单纤维受力，木材的疵病如木节、斜纹、裂缝等都会显著降低顺纹抗拉强度。

3)抗弯强度。有一定跨度的木材，受到垂直于木材纤维方向的外力作用时后，会产生弯曲变形。木材抵抗上述弯曲变形破坏的能力，称为木材的抗变强度。木材受弯曲时内部会产生压、拉、剪等复杂的应力。受弯构件上部是顺纹受压，下部是顺纹受拉，在水平面则产生剪切力。木材受弯破坏时，首先是受压区纤维达到强度极限，产生大量变形，但不会立即破坏，此时构件仍能继续承载，随着外力增大，裂纹慢慢地扩展，当受拉区内纤维也达到强度极限时，因纤维本身及纤维间连接的断裂而最终破坏。

木材的抗弯强度也较高，仅次于顺纹抗拉强度，是木材力学性质中极其重要的一种强度指标。因此，在土木工程中常用作桁架、梁、桥梁、地板等受弯构件。

4)抗剪强度。使木材的相邻两部分产生相对位移的外力，称为剪力。木材抵抗剪力破坏的能力，称为抗剪强度。木材受剪破坏是突然发生的，具有脆性破坏的性质。根据剪力与木纤维之间的作用方向不同，可将剪力分为顺纹剪切、横纹剪切和截纹切断三种，如图 8-5 所示。

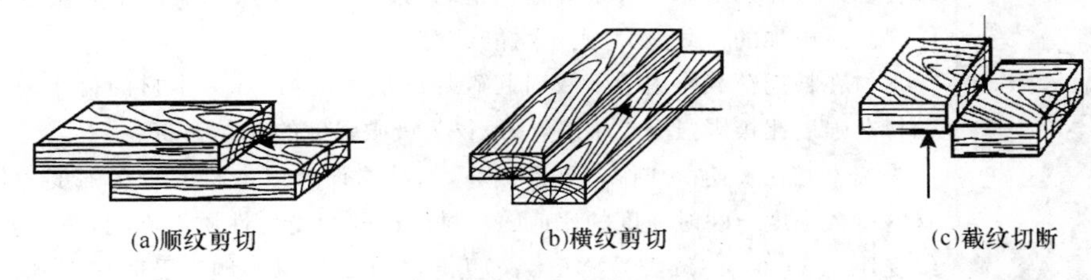

图 8-5 木材的剪力形式

顺纹剪切时[图 8-5(a)]，剪力方向和剪切平面均与木材纤维方向平行。木材在顺纹剪切时，绝大部分纤维本身不被破坏，仅破坏受剪面上的纤维连接部分。所以，木材的顺纹抗剪强度小，一般只有顺纹抗压强度的 15%～30%。若木材本身存在裂纹时，则抗剪强度就更低。相反，若受剪区有斜纹或节子等，反而可以增大抗剪强度。横纹剪切时[图 8-5(b)]，剪力方向和剪切平面均与木材纤维方向垂直，而剪切面与木材纤维方向平行。木材的横纹抗剪极限强度很低，只有顺纹抗剪极限强度的一半左右。横纹剪断时[图 8-5(c)]，剪力方向和剪切面都与木材纤维方向垂直，剪切破坏是将木材纤维切断，因此，在抗剪强度中，横纹剪断强度最大，约为顺纹抗剪极限强度的 3 倍。

在实际应用中，很少出现纯粹的横纹剪断情况。在横纹剪切的情况中，也常是木材先受压变形，然后才发生错动。所以，计算横纹抗剪强度的实际意义不大。我们通常说的木材的抗剪强度是指木材的顺纹剪切强度。

木材的强度是以木材的极限强度来表示的，其意义是当外力达到此值时，木材就会被破坏。木材极限强度的测定是在实验室里进行的，采用无疵病的木材制成标准试件，按《木材物理力学试验方法》进行测定，但在实际应用中，必须考虑各种附加因素的影响。所以，极限强度的数值不能直接作为设计工作的依据，而要考虑一定的安全系数(大于1的数值)，把木材的极限强度除以安全系数，得到的数值我们称之为木材的容许应力，容许应力是进行设计工作、实用计算的依据。当木材的顺纹抗压强度为1时，木材的其他强度之间的大小关系见表8-3。

表8-3 木材各种强度的大小关系

抗压强度		抗拉强度		抗弯	抗剪强度	
顺纹	横纹	顺纹	横纹		顺纹	横纹剪切
1	1/10～1/3	2～3	1/20～1/3	3/2～2	1/7～1/3	1/2～1

(2)影响木材强度的主要因素(表8-4)。

表8-4 影响木材强度的主要因素

影响因素	内容
含水率	木材的含水率对木材强度影响很大，其规律是：当木材的含水率在纤维饱和点以下时，随含水率降低，即细胞壁中吸附水的减少，木纤维相互间的连接力增大，使细胞壁趋于紧密，木材强度随之增大，反之则强度减小。 当含水率在纤维饱和点以上变化时，只是自由水的变化，木材强度基本不变；当含水率在纤维饱和点以内变化时，对不同方向的不同强度影响也不同，其中影响最大的是顺纹抗压强度，其次是抗弯强度，对顺纹抗剪强度影响较小，而对顺纹抗拉强度几乎没有影响，如图8-6所示
负荷时间	木材具有一个显著的特点，就是在荷载的长期作用下木材强度会降低，这是由于木材在外力作用下产生纤维等速蠕滑，经过较长时间累积后产生大量连续变形的结果。所施加的荷载愈大，则木材能经受的时期愈短。 木材在长期荷载作用下不致引起破坏的最大应力，称为木材的持久强度。木材的持久强度比极限强度小很多，一般仅为极限强度的50%～60%。 为使木材在长期荷载作用下不破坏，木结构设计以木材的持久强度为依据。木材的持久强度与瞬时强度的比值随木材的树种和受力性质而不同，一般大约为：顺纹受压0.5～0.59；顺纹受拉0.5；静力弯曲0.5～0.64；顺纹受剪0.5～0.55
温度	木材的强度随环境温度的升高而降低，这主要是由于木材受热时细胞壁中的胶结物质软化引起的。当温度从25℃升高到50℃时，针叶树抗拉强度降低10%～15%，抗压强度降低20%～24%。当木材长期处于60℃～100℃温度下时，会引起水分和所含挥发物的蒸发而呈暗褐色，强度明显降低，变形增大，而当温度降低到正常温度时，木材的强度也不会再恢复。温度高于140℃时，木材的纤维素会发生热裂解，变形明显并导致裂纹产生，强度显著下降。因此，长期处于60℃以上温度作用下的土木工程构件，不宜采用木结构。 以木材含水率为零时，常温下的强度为100%，则温度升至50℃时，由于木质部分分解，强度大为降低。温度升至150℃时，木质分解加速而且碳化，达到275℃时木材开始燃烧。通常在长期受热环境中，如温度可能超过50℃时，则不应采用木结构。当温度降至0℃以下时，其中水分结冰，木材强度增大，但木材变得较脆。一旦解冻，各项强度都将比未解冻时的强度低

续上表

影响因素	内　容
疵病	木材在生长、采伐、保存过程中所产生的内部和外部的缺陷，统称为疵病。木材中存在的天然缺陷，是由于树木生长的生理过程、遗传因子的作用或在生长期中受外界环境的影响所形成的，主要包括斜纹、节子、应力木、立木裂纹、树干的干形缺陷等，以及在使用过程中出现的虫害、裂纹、腐朽等木材加工缺陷。一般木材或多或少都存在一些疵病，使木材的物理力学性质受到影响
节子	节子影响木材强度的程度大小主要随节子的质地、分布位置、尺寸大小、密集程度和木材用途而定，就节子质地对强度影响来说，活节影响最小，死节其次，漏节最大。 当木材的纤维排列与其纵轴的方向明显不一致时，木材上即出现斜纹(或斜纹理)。斜纹是木材中普遍存在的一种现象，无论树干、原木或锯材的板材、方材，都可能出现这种或那种类型的斜纹。供结构使用的木材，任何类型的斜纹都会引起强度的降低
裂纹	裂纹对木材力学性质的影响取决于裂纹相对的尺寸、裂纹与作用力方向的关系以及裂纹与危险断面的关系等。但总体而言，裂纹破坏了木材的完整性，从而降低木材的强度
腐朽	初期腐朽对材质的影响较小，腐朽程度继续加深，则对材质的影响也逐渐加大，到腐朽后期，大大降低木材的强度
密度	木材强度与其密度之间存在着密切的关系，特别是同一树种的木材更为显著，其密度较大者强度必较高

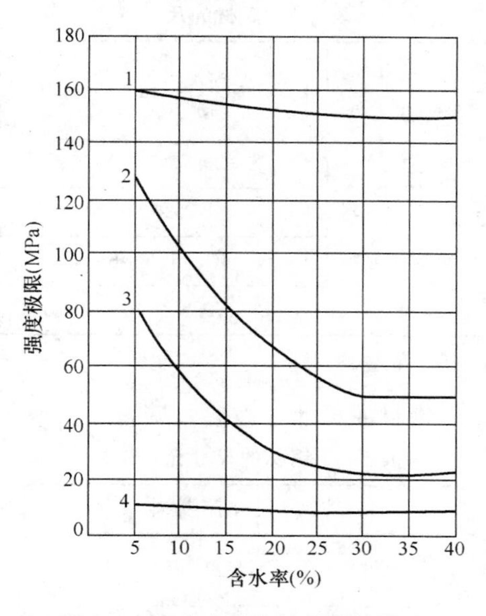

图 8-6　含水率对木材强度的影响

1—顺纹抗拉；2—抗弯；3—顺纹抗压；4—顺纹抗剪

第二节 常用木材及制品

一、木材的用途及规格

1. 木材的种类及主要用途

木材的种类及主要用途见表 8-5。

表 8-5 木材的种类及主要用途

种类	内 容	主要用途
原条	指除去皮、根、树梢的木料，但尚未按一定尺寸加工成规定直径和长度的材料	建筑工程的脚手架、建筑用材、家具等
原木	指已经除去皮、根、树梢的木料，并已按一定尺寸加工成规定直径和长度的材料	(1)直接使用的原木：用于建筑工程(如屋架、檩、椽等)、桩木、电杆、坑木等。 (2)加工原木：用于胶合板、造船、车辆、机械模型及一般加工用材等
锯材	指已经加工锯解成材的木料。凡宽度为厚度3倍或3倍以上的，称为板材，不足3倍的称为枋材	建筑工程、桥梁、家具、造船、车辆、包装箱板等
枕木	指按枕木断面和长度加工而成的成材	铁道工程

2. 常用锯材的规格

(1)锯材的尺寸。锯材的尺寸规定见表 8-6。

表 8-6 锯材的尺寸

<table>
<tr><th rowspan="2">分类</th><th colspan="2">长度(m)</th><th rowspan="2">厚度(mm)</th><th colspan="2">宽度(mm)</th></tr>
<tr><th>尺寸范围</th><th>进 级</th><th>尺寸范围</th><th>进 级</th></tr>
<tr><td>薄板</td><td rowspan="4">针叶树锯材 1～8；
阔叶树锯材 1～6</td><td rowspan="4">2 m以上按0.2 m进级，不足2 m按0.1 m进级</td><td>12、15、18、21</td><td rowspan="3">30～300</td><td rowspan="3">10</td></tr>
<tr><td>中板</td><td>25、30、35</td></tr>
<tr><td>厚板</td><td>40、45、50、60</td></tr>
<tr><td>方材</td><td colspan="3">25×20、25×25、30×30、40×30、60×40、60×50、100×55、100×60</td></tr>
</table>

注：表中未列规格尺寸由供需双方商定。

(2)锯材的尺寸允许偏差。锯材的尺寸允许偏差见表 8-7。

表 8-7 锯材的尺寸允许偏差

<table>
<tr><th>种 类</th><th>尺寸范围</th><th>偏 差</th></tr>
<tr><td rowspan="2">长度(m)</td><td>不足 2.0</td><td>$^{+3}_{-1}$ cm</td></tr>
<tr><td>自 2.0 以上</td><td>$^{+6}_{-2}$ cm</td></tr>
</table>

续上表

种　类	尺寸范围	偏　差
宽度、厚度(mm)	不足 30	±1 mm
	自 30 以上	±2 mm

(3)锯材的质量指标。锯材的质量指标见表 8-8。

表 8-8　锯材的质量指标

缺陷名称	检量与计算方法		允许限度			
			特等	一等	二等	三等
活节及死节	最大尺寸不得超过材宽的		15%	25%	40%	不限
	任意材长 1 m 范围内个数不得超过	针叶	4	8	12	
		阔叶	3	6	8	
腐朽	面积不得超过所在材面面积的		不许有	2%	10%	30%
裂纹夹皮	长度不得超过材长的	针叶	5%	10%	30%	不限
		阔叶	10%	15%	40%	
虫眼	任意材长 1 m 范围内的个数不得超过	针叶	1	4	15	不限
		阔叶	1	2	8	
钝棱	最严重缺角尺寸不得超过材宽的		5%	10%	30%	40%
弯曲	横弯最大拱高不得超过水平长的	针叶	0.3%	0.5%	2%	3%
		阔叶	0.5%	1%	2%	4%
	顺弯最大拱高不得超过水平长的		1%	2%	3%	不限
斜纹	斜纹倾斜程度不得超过		5%	10%	20%	不限

注:长度不足 1 m 的锯材不分等级,其缺陷允许限度不低于三等材。

二、人造板材

1. 热固性树脂浸渍纸高压装饰层积板(HPL)

热固性树脂浸渍纸高压装饰层积板是由专用纸浸渍氨基树脂(主要是三聚氰胺树脂)、酚醛树脂经热压(压力不低于 4.9 MPa)制成的板材。按用途分为平面(P)、立面(L)和平衡面(H);按外观、特性分为:有光(Y)、柔光(R)、双面(S)和滞燃(Z)。各种规格的装饰板其技术条件应满足《热固性树脂装饰层压板》(GB 7911—1999)的要求。

在建筑工程中,装饰板主要用于建筑室内装饰。

2. 胶合板

由三层或三层以上的单板按对称原则、相邻层单板纤维方向互为直角组坯胶合而成的板材称为胶合板,通常其表板和内层板对称地配置在中心层或板芯的两侧。一般分为两类即普通胶合板和特种胶合板;普通胶合板按特性分为三类,各类板的特性及适用范围见表 8-9。普通胶合板的技术条件应符合《普通胶合板通用技术条件》(GB/T 9846.3—2004)的要求。

表 8-9 胶合板分类、特性及适用范围

分类	名 称	胶 种	特 性	适用范围
Ⅰ类	耐气候、耐沸水胶合板	酚醛树脂胶或其他性能相当的胶	耐久、耐煮沸或蒸汽处理、耐干热、抗菌	室外工程
Ⅱ类	耐水胶合板	脲醛树脂或其他性能相当的胶	耐冷水浸泡及短时间热水浸泡，不耐煮沸	室外工程
Ⅲ类	不耐潮胶合板	豆胶或其他性能相当的胶	有一定胶合强度但不耐水	室内工程一般常态下使用

3. 纤维板

纤维板是以木材或其他植物纤维为原料，经分离成纤维，施加或不施加添加剂，成型热压而成的板材。因成型时温度和压力的不同纤维板分为硬质、半硬质、软质三种。纤维板构造均匀，而且完全克服了木材的各种缺陷，不易变形、翘曲和开裂，各方面强度一致并有一定的绝缘性。

硬质纤维板是以植物纤维为原料，加工成密度大于 0.8 g/cm^3 的纤维板，其技术条件应符合国标《硬质纤维板技术要求》(GB 12626.2—2009)的要求，硬质纤维板可代替木材用于室内墙面、顶棚、地板等；软质纤维板可用于保温、吸声材料。

4. 刨花板

刨花板是将木材或非木材植物加工成刨花碎料，并施加胶粘剂和其他添加剂热压而成的板材。

按表面状况分为：未砂光板、砂光板、涂饰板、装饰材料饰面板四种；按用途分为在干燥状态下使用的普通用板、家具及室内装饰用板、结构用板、增强结构用板；在潮湿条件下使用的结构用板、增强结构用板。其技术性质应符合《刨花板》(GB/T 4897.1～4897.7—2003)的要求。

刨花板密度小，材质均匀，花纹美，可用于保温、吸声或室内装饰等工程。

第三节 木材的防腐及防火

一、木材的防腐

1. 木材的腐朽

木材的腐朽是由真菌侵害而引起的，引起木材腐朽的真菌有三种：腐朽菌、变色菌及霉菌。霉菌只寄生在木材表面，通常叫发霉；变色菌是以细胞腔内含物为养料，并不破坏细胞壁，所以这两种菌类对木材的破坏作用是很小的；而腐朽菌是以细胞壁为养料，供自身生长繁殖，致使木材腐朽破坏。

真菌的繁殖和生存，必须同时具备三个条件，即适宜的温度、足够的空气和适当的湿度。

(1)温度：真菌适宜繁殖的温度为 25℃～35℃。当温度低于 5℃时，真菌停止繁殖；当温度高于 60℃时，真菌会死亡。

(2)空气：真菌的繁殖和生存需要一定的氧气存在。完全浸入水中的木材，因缺少氧气而不易腐朽。

(3)湿度：当木材的含水率略高于纤维饱和点时(即含水率在35%～50%时)，最适宜真菌的繁殖。当木材含水率小于20%或把木材泡在水中，真菌也难以存在。

木材除受到真菌腐蚀外，还会遭受昆虫的蛀蚀，如白蚁、天牛、蠹虫等。白蚁喜蛀蚀潮湿的木材，在温暖和潮湿的环境中生存繁殖；天牛主要侵害含水率较低的木材，它分解木质纤维素作为养分而破坏木材。

2. 木材的防腐

根据木材产生腐朽的原因，木材的防腐通常采用破坏真菌和昆虫生存和繁殖环境的方法，具体见表8-10。

表8-10　木材防腐的措施

防腐措施	内　容
结构措施	将木材、木制品或木结构经常置于通风、干燥处，并对木结构和木制品的表面涂油漆，使木材与空气和水分隔绝，从而避免或减少真菌的腐朽作用
化学处理措施	将化学有毒药剂注入木材中，使得真菌和昆虫无法生存。防腐剂种类很多，一般分为水溶性防腐剂(如氟化钠、硼砂、亚砷酸钠等)、油剂防腐剂(如煤焦油、杂酚油—煤焦油混合液等)和膏状防腐剂(如硼酚合剂、氟铬酚合剂、煤沥青等)三类。水溶性防腐剂主要用于室内木构件的防腐。油剂防腐剂颜色深、有恶臭味，常用于室外木结构的防腐。膏状防腐剂也主要用于室外木材防腐。 大多数防腐处理使用的是全身浸渍加压法，即木材被放置于一个高压容器中，然后使用真空吸尘器抽出木材细胞中的空气，并将汽缸中的防腐剂溶液吸入细胞中，然后再用0.69～1.38 MPa的高压迫使更多防腐剂进入木材中。

二、木材的防火

木材属于木质纤维材料，是具有潜在火灾危险性的有机可燃物。木材在热的作用下要发生热分解反应，随着温度升高，热分解加快。温度高至220℃以上达到木材燃点时，木材燃烧释放出大量可燃气体，这些可燃气体中有大量高能量的活化基，活化基氧化燃烧后继续放出新的活化基，如此形成一种燃烧链反应，于是火焰在链状反应中得到迅速传播，使火越烧越旺。在实际火灾中，木材的燃烧温度可达到800℃～1 300℃。所谓木材的防火，就是将木材经过具有阻燃性能的化学物质处理后变成难燃的材料，以达到遇小火能自熄、遇大火能延缓或阻滞燃烧蔓延，从而赢得扑救时间。

阻止和延缓木材燃烧的途径主要有：抑制木材在高温下的热分解；利用阻燃物质阻滞热传递；稀释木材燃烧面周围空气中的氧气和热分解产生的可燃气体，增加隔氧作用。

常用的防火处理方法有表面涂覆法和溶液浸注法两种。

(1)表面涂覆法。木材防火处理表面涂覆法就是在木材的表面涂覆防火涂料，它既能起到防火作用，又有防腐和装饰效果。

(2)溶液浸注法。木材防火溶液浸注处理分为常压浸注和加压浸注两种，后者阻燃剂吸入量及透入深度均大大高于前者。

第九章　防水材料

第一节　沥青材料

一、石油沥青

1. 石油沥青的组分

石油沥青的组分见表 9-1。

表 9-1　石油沥青的组分

项　目	内　容
油分	油分是沥青中最轻组分(密度小于 1 g/cm³)的淡黄色液体,能溶于大多数有机溶剂,但不溶于酒精,在石油沥青中油分含量为 40%～60%。它赋予沥青以流动性,其含量越大,沥青的黏度越小,越便于施工
树脂(沥青脂胶)	树脂为密度大于 1 g/cm³ 的黄色至黑褐色的黏稠半固体,能溶于汽油中,在石油沥青中含量为 15%～30%,它赋予沥青黏性与塑性,其含量增加,沥青的塑性增大
地沥青质	地沥青质为密度大于 1 g/cm³ 的深褐色至黑色固体粉末,是石油沥青中最重的组分,能溶于二硫化碳和三氯甲烷,但不溶于汽油和酒精,在石油沥青中含量为 5%～30%。它决定石油沥青温度敏感性并影响黏性的大小,其含量越多,则温度敏感性愈小,黏性愈大,也愈硬脆

2. 石油沥青的分类

石油沥青的分类见表 9-2。

表 9-2　石油沥青的分类

划分标准		内　容
按生产方法分	直馏沥青	用直馏的方法将石油在不同沸点温度的馏分(汽油、煤油、柴油)取出之后残留的黑色液状产品。符合沥青标准的,称为直馏沥青;不符合沥青标准的,针入度大于 300,含蜡量大的称为渣油
	氧化沥青	将常压或减压重油或低稠直馏沥青在 250℃～300℃高温下吹入空气,经过数小时氧化可获得常温下为半固体或固体状的沥青。氧化沥青具有良好的温度稳定性
	溶剂沥青	用萃取的方法,从原油蒸馏所得的减压渣油(有时也从常压渣油)中除去胶质和沥青,以制取脱沥青油同时生产石油沥青的一种石油产品精制过程
	乳化沥青	沥青微粒均匀分散在含有乳化剂的水溶液中所得到的稳定的乳液。乳化沥青是将通常高温使用的道路沥青,经过机械搅拌和化学稳定的方法(乳化),扩散到水中而液化成常温下黏度很低、流动性很好的一种道路建筑材料。可以常温使用,且可以和冷的、潮湿的石料一起使用。当乳化沥青破乳凝固时,还原为连续的沥青并且水分完全排除掉,道路材料的最终强度才能形成

续上表

划分标准		内　容
按生产方法分	调和沥青	调合法生产沥青最初指由同一原油构成沥青的4组分按质量要求所需的比例重新调合，所得的产品称为合成沥青或重构沥青。随着工艺技术的发展，调合组分的来源得到扩大。例如可以用同一原油或不同原油一二次加工的残渣或组分以及各种工业废油等作为调合组分，这就降低了沥青生产中对油源选择的依赖性。随着适宜制造沥青的原油日益短缺，调合法显示出的灵活性和经济性正在日益受到重视
	改性沥青	改性沥青是掺加橡胶、树脂、高分子聚合物、磨细的橡胶粉或其他填料等外掺剂（改性剂），或采取对沥青轻度氧化加工等措施，使沥青或沥青混合料的性能得以改善制成的沥青结合料。 改性沥青其机理有两种，一是改变沥青化学组成，二是使改性剂均匀分布于沥青中形成一定的空间网络结构
按沥青在常温下的稠度分		一般可分为黏稠沥青和液体沥青两大类。黏稠沥青在常温下为半固体或固体状态。如按针入度分级时，针入度小于40为固体沥青，在40～300之间的呈半固体状态，大于300的为黏性液体状态(单位为0.1mm)
按用途分		可分为道路沥青、建筑沥青、防水防潮沥青、以用途或功能命名的各种专用沥青等

3.石油沥青的生产工艺简介

石油沥青的生产流程示意图如图9-1所示。

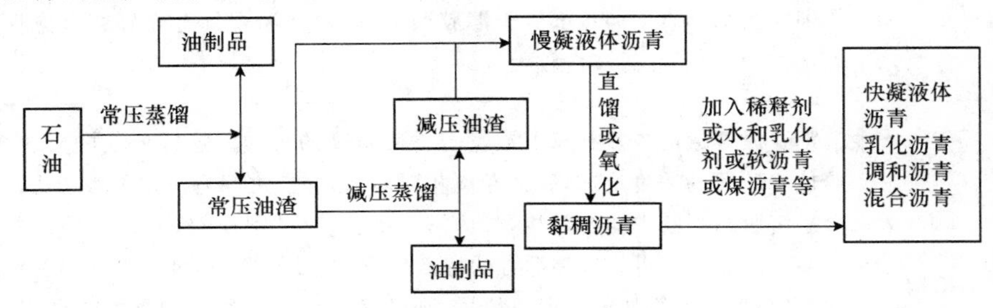

图9-1　石油沥青的生产流程

原油经常压蒸馏后得到常压渣油，再经减压蒸馏后得到减压渣油。这些渣油都属于低标号的慢凝液体沥青。因其稠度低，往往不能满足使用要求，所以，通过直馏或减压工艺将其制成黏稠沥青。除此之外，还可得到轻度氧化高标号慢凝沥青。

在施工过程中，为使沥青在常温条件下具有较大的施工流动性，并在施工完成后短时间内又能凝固而具有高的粘结性，可在黏稠沥青中掺加挥发速度较快的溶剂（如煤油或汽油等），制成中凝液体沥青或快凝液体沥青。也可将沥青分散于有乳化剂的水中而形成沥青乳液，这种乳液也称为乳化沥青，这种液体沥青可节约溶剂和扩大沥青使用范围。

为得到不同稠度的沥青，也可以采用硬的沥青和软的沥青（黏稠沥青或慢凝液体沥青）按适当比例调配，称为调和沥青。按照比例不同所得成品可以是黏稠沥青，也可以是慢凝液体沥青。

目前我国生产沥青的工艺方法主要有蒸馏法、氧化法、半氧化法、溶剂脱沥青法和调配法等。不同方法生产的沥青，其性能和状态也不同，可根据工程的实际需要进行选择。

4.石油沥青的胶体结构

(1)胶体结构的形式。沥青的胶体结构，是以固态超细微粒的沥青质为分散相。通常是若干个沥青质聚集在一起，它们吸附了极性半固态的胶质而形成"胶团"。由于胶溶剂一胶质的胶溶作用，而使胶团胶溶、分散于液态的芳香分和饱和分组成的分散介质中，形成稳定的胶体。在沥青中，分子量很高的沥青质不能直接胶溶于分子量很低的芳香分和饱和分的介质中，特别是饱和分为胶凝剂，它会阻碍沥青质的胶溶。沥青之所以能形成稳定的胶体，是因为强极性的沥青吸附了极性较强的胶质，胶质中极性最强的部分吸附在沥青质表面，然后逐步向外扩散，极性逐渐减小，芳香度也逐渐减弱，距离沥青质愈远，则极性愈小，直至与芳香分接近，再到几乎没有极性的饱和分。这样，在沥青胶体结构中，从沥青质到胶质，再从芳香分到饱和分，它们的极性是逐步递减的，没有明显的分界线。

(2)胶体结构分类。根据沥青中各组分的化学组成和相对含量的不同，可以形成不同的胶体结构，可以分为三类见表 9-3。石油沥青胶体结构的类型示意图如图 9-2 所示。

表 9-3 胶体结构分类

项目	内容
溶胶型结构	沥青质分子量较小和含量很少，同时有一定数量的芳香度较高的胶质，这样使胶团能够完全胶溶而分散在芳香分和饱和分的介质中。在此情况下，胶团相距较远，它们之间吸引力很小，胶团可以在分散介质黏度许可范围之内自由运动，这种胶体结构的沥青，称为溶胶型沥青[图 9-2(a)]。这类沥青的特点是，当对其施加荷载时，几乎没有弹性效应，剪应力与剪变率成直线关系，呈牛顿流型流动，所以这类沥青也称为"牛顿流沥青"。 通常大部分直馏沥青都属于溶胶型沥青，这类沥青具有较好的自愈性和低温时变形能力，但温度感应性较大
溶一凝胶型结构	沥青质含量适当并有较多数量芳香度较高的胶质。这样形成的胶团数量增多，胶体中胶团的浓度增加，胶团距离相对靠近，它们之间有一定的吸引力。这是一种介乎溶胶与凝胶之间的结构，称为溶—凝胶结构[图 9-2(b)]。这种结构的沥青称为溶—凝胶型沥青。这类沥青的特点是，在变形的最初阶段，表现出一定程度的弹性效应，但变形增加至一定数值后，则又表现出一定程度的黏性流动，是一种具有黏—弹特性的伪塑性体。这类具有黏—弹特性的沥青，称为黏—弹性沥青。这类沥青，有时还有触变性。修筑现代高等级沥青路面用的沥青，都应属于这类胶体结构类型。这类沥青在高温时具有较小的感温性，低温时又具有较好的形变能力
凝胶型结构	沥青质含量很高并有相当数量芳香度高的胶质来形成胶团。这样，沥青中胶团浓度很大程度地增加，它们之间相互的吸引力增加，使胶团靠得很近，形成空间网络结构。此时，液态的芳香分和饱和分在胶团的网络中成为"分散相"，连续的胶团成为"分散介质"[图 9-2(c)]。这类沥青的特点是，当施加荷载很小时，或在荷载时间很短时，具有明显的弹性变形。当应力超过屈服值之后，则表现为黏一弹性变形，为一种似宾汉姆体，有时还具有明显的触变性，这类沥青称为弹性沥青。通常深度氧化的沥青多属于凝胶型沥青，这类沥青虽具有较小的温度感应性，但低温变形能力较差

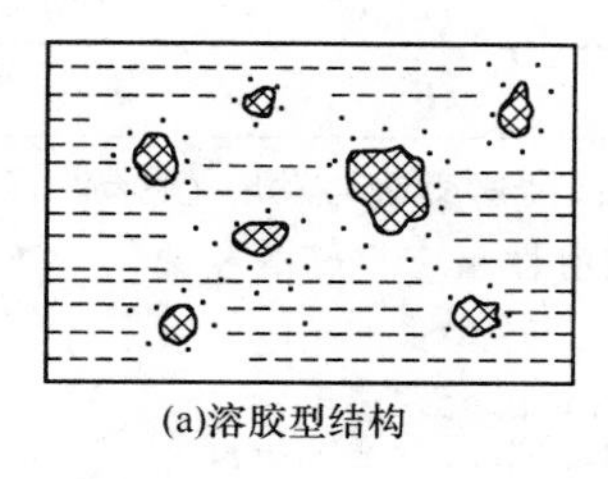
(a)溶胶型结构

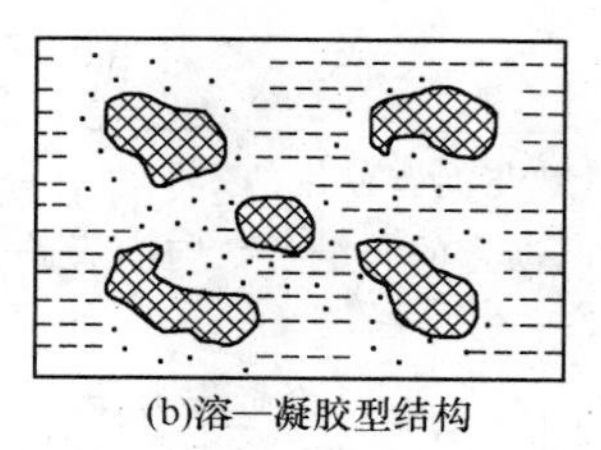
(b)溶—凝胶型结构

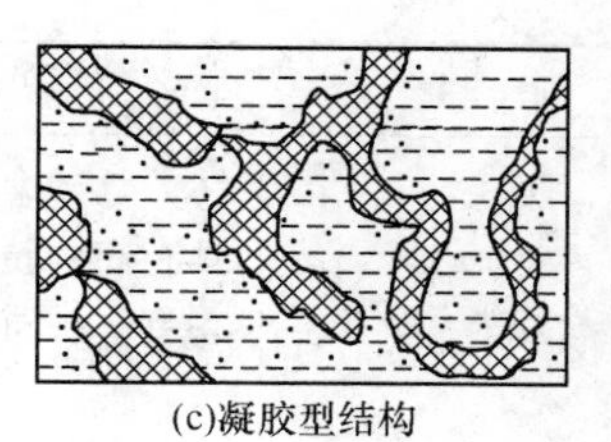
(c)凝胶型结构

图 9-2　石油沥青胶体结构的类型示意

(3)蜡对沥青胶体结构的影响。蜡组分在沥青胶体结构中,可溶于分散介质芳香分和饱和分中,在高温时,它的黏度很低,会降低分散介质的黏度,使沥青胶体结构向溶胶方向发展;在低温时,它能结晶析出,形成网络结构,使沥青胶体结构向凝胶方向发展。

(4)胶体结构类型的判定。沥青的胶体结构与其性能有密切的关系。胶体结构类型的确定,可以根据流变学的方法(如流变曲线测定法)和物理化学的方法(如容积度法、絮凝比—稀释度法)等;为工程使用方便,通常采用针入度指数法。该法是根据沥青的针入度指数(PI)值,按表 9-4 来划分其胶体结构类型。

表 9-4　沥青的针入度指数和胶体结构类型

沥青的针入度指数(PI)	沥青的胶体结构类型
<−2	溶胶型
−2～+2	溶一凝胶型
>+2	凝胶型

5.石油沥青的技术性质

(1)石油沥青的物理性质见表 9-5。

表 9-5　石油沥青的物理性质

项　目	内　容
密度	沥青的密度是沥青在规定温度条件下单位体积的质量。可用相对密度表示,相对密度是指在规定温度下,沥青质量与同体积水质量之比。沥青的密度与其化学组成有密切的关系,通过沥青的密度测定,可以概略地了解沥青的化学组成。通常黏稠沥青的相对密度波动在 0.96～1.04 范围。我国富产石蜡基沥青,其特征为含硫量低、含蜡量高、沥青质含量少,所以相对密度常在 1.00 以下
热胀系数	沥青在温度上升 1℃时的长度或体积的变化,分别称为线胀系数或体胀系数,统称热胀系数。沥青路面的开裂,与沥青混合料的热胀系数有关。沥青混合料的热胀系数主要取决于沥青热学性质,特别是含蜡沥青,当温度降低时,蜡由液态转变为固态,比容突然增大,沥青的热胀系数发生突变,因而易导致路面产生开裂。 沥青的体胀系数可以通过测定不同温度下的密度,由式(9-1)计算: $$A=\frac{D_{T_2}-D_{T_1}}{D_{T_2}(T_1-T_2)} \quad (9\text{-}1)$$ 式中　A——为沥青的体胀系数; T_1、T_2——密度测试温度(℃); D_{T_1}、D_{T_2}——温度为 T_1 和 T_2 时的密度(g/cm^3)

续上表

项　目	内　容
介电常数	沥青的介电常数与沥青使用的耐久性有关，现代高速交通的发展，要求沥青路面具有高的抗滑性，沥青的介电常数与沥青路面抗滑性也有很好的相关性。沥青的介电常数可由式(9-2)计算： $$介电常数=\frac{沥青作为介质时平行板电容器的电容}{真空作为介质时相同平行板电容器的电容} \quad (9\text{-}2)$$

(2)石油沥青黏滞性(黏性)。

石油沥青黏滞性是指沥青在外力作用下抵抗变形的能力，其大小取决于沥青的化学组分及温度。沥青的黏滞性是反映沥青材料内部阻碍其相对流动的一种特性，是技术性质中与沥青路面力学行为联系最密切的一种性质。在现代交通条件下，为防止路面出现车辙，沥青黏度的选择是首要考虑的参数。沥青的黏性通常用黏度表示，所以黏度是现代沥青等级(标号)划分的主要依据。黏滞性应以绝对黏度表示，但因其测定方法较复杂，故工程中常用相对黏度(条件黏度)来表示黏滞性，对黏稠(半固体或固体)的石油沥青用针入度表示，对液体石油沥青则用黏滞度表示。石油沥青黏滞性的表达方式及测定方法见表 9-6。

表 9-6　石油沥青黏滞性的表达方式及测定方法

项　目		内　容
表达方式	牛顿流型沥青的黏度	溶胶型沥青或沥青在高温条件下，可视为牛顿液体。设在两金属板中夹一层沥青，如图 9-3 所示，按牛顿内摩擦定律可推导出牛顿流型沥青的黏度。 在运动状态下，测定沥青黏度时，考虑到密度的影响，动力黏度还可采用另一种量描述，即沥青在某一温度下的动力黏度与同温下沥青密度之比，称为“运动黏度”(或称“动比密黏度”)
	非牛顿流型沥青的黏度	沥青是一种复杂的胶体物质，只有当其在高温时(例如加热至施工温度时)才接近于牛顿液体。而当其在路面的使用温度时，沥青均表现为黏弹性体，故其在不同剪变率时，表现为不同的黏度。 沥青的复合流动度系数 C 是评价沥青流变性质的重要指标。$C=1.0$ 表示牛顿流型沥青，$C<1.0$ 表示非牛顿流型沥青，C 值愈小表示非牛顿流型性愈强。图 9-4 是剪应力和剪变率关系曲线
测定方法	绝对黏度测定方法	(1)毛细管法。是测定沥青运动黏度的一种方法。该法是测定沥青试样在严格控温条件下，于规定温度，通过坎芬式逆流毛细管黏度计(亦可采用其他符合规程要求的黏度计)流经规定体积所需的时间，计算运动黏度。 (2)真空减压毛细管法。是测定沥青动力黏度的一种方法。该法是沥青试样在严密控制的真空装置内，保持一定的温度，通过规定型号的毛细管黏度计流经规定的体积所需要的时间(以 s 计)
	条件黏度测定方法	(1)标准黏度计法。测定液体石油沥青、煤沥青和乳化沥青等的黏度，采用道路标准黏度计法。液体状态的沥青材料，在标准黏度计中于规定的温度条件下通过规定的流孔直径，流出 50 mL 体积所需的时间。试验温度和流孔直径根据液体状态沥青的黏度选择，常用的流孔有 3 mm、4 mm、5 mm 和 10 mm 4 种。按上述方法，在相同温度和相同流孔条件下，流出时间愈长，表示沥青黏度愈大。

续上表

项　目		内　容
测定方法	条件黏度测定方法	(2)针入度法。针入度试验是国际上经常用来测定黏稠(固体、半固体)沥青稠度的一种方法。该法是沥青材料在规定温度条件下,以规定质量的标准针经过规定时间贯入沥青试样的深度(以 1/10 mm 为单位计)。 按上述方法测定的针入度值愈大,表示沥青愈软(稠度愈小)。实质上,针入度是测定沥青稠度的一种指标。通常稠度高的沥青,其黏度亦高。但是,由于沥青结构的复杂性,将针入度换算为黏度的一些方法均不能获得满意结果,所以近年美国及欧洲一些国家已将沥青针入度分级改为黏度分级
软化点		沥青材料是一种非晶质高分子材料,它由液态凝结为固态,或由固态熔化为液态时,没有敏锐的固化点或液化点,通常采用条件的硬化点和滴落点来表示。沥青材料在硬化点至滴落点之间的温度阶段,是一种黏滞流动状态,在工程实用中为保证沥青不致由于温度升高而产生流动的状态,因此取液化点与固化点之间温度间隔的 87.21%作为软化点。 针入度是在规定温度下测定沥青的条件黏度,而软化点则是沥青达到条件黏度时的温度,所以软化点既是反映沥青材料热稳定性的一个指标,也是沥青黏度的一种量度

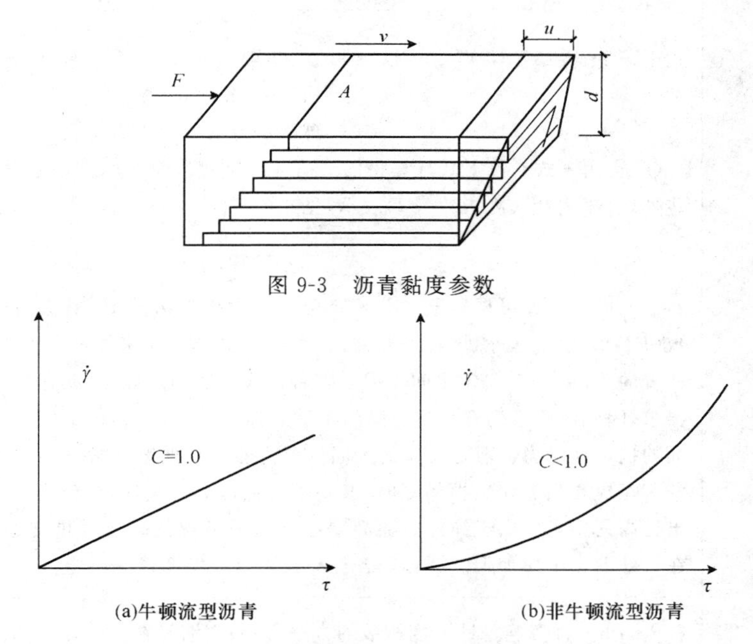

图 9-3　沥青黏度参数

图 9-4　沥青流变曲线

(3)石油沥青的塑性。塑性指石油沥青在外力作用下产生变形而不破坏,除去外力后,仍能保持变形后的形状的性质。沥青的塑性对冲击振动荷载有一定的吸收能力,并能减少摩擦时的噪声,故沥青是一种优良的道路路面材料。

石油沥青的塑性用延度表示,即将规定形状的试样在规定温度下,以一定速度受拉伸至断开时的长度,称为沥青的延度,以 cm 表示。延度愈大,塑性愈好。

(4)感温性。沥青是复杂的碳氢化合物形成的胶体结构,沥青的黏度随温度的不同而产生明显的变化,这种黏度随温度变化的感应性称为感温性。沥青材料的温度感应性(简称感温性)与沥青路面的施工(如拌和、摊铺、碾压)和使用性能(如高温稳定性和低温抗裂性)都有密切关系,所以它是评价沥青技术性质的一个重要指标。沥青的感温性是采用"黏度"随"温度"而变化的行为(黏一温关系)来表达。目前最常用的有针入度指数法和修正的针入度指数法见表 9-7。

表 9-7 针入度指数法和修正的针入度指数法

项 目	内 容
针入度指数法	建立这一指标的基本思路是沥青针入度值的对数($\lg P$)与温度(T)具有线性关系(图 9-5),其关系式见式(9-3): $$\lg P = AT + K \quad (9\text{-}3)$$ 式中 A——为直线斜率; K——截距(常数)。 采用斜率 A 来表征沥青针入度($\lg P$)随温度(T)的变化率,故称 A 为针入度—温度感应性系数(PTS)。 (1)基本公式。根据已知的针入度值 P(25℃,100 g,5 s)和软化点 $T_{R\&B}$(℃),并假设软化点时的针入度值为 800 (1/10 mm),由此可绘出针入度—温度感应性系数图(图 9-6),并建立针入度-温度感应性系数 A 的基本公式,见式(9-4): $$A = \frac{\lg 800 - \lg P(25℃,100\ g,5\ s)}{T_{R\&B} - 25} \quad (9\text{-}4)$$ 式中 $\lg P$(25℃,100 g,5 s)——在 25℃、100 g、5 s 条件下测定的针入度值(1/10 mm)的对数; $T_{R\&B}$——球法测定的软化点,(℃)。 (2)实用公式。按上式计算得的 A 值均为小数,为使用方便起见,普费等做了一些处理,改用针入度指数(PI)表示,见式(9-5): $$A = \frac{20 - PI}{50 \times (10 + PI)} \quad (9\text{-}5)$$ 针入度指数亦可根据 P·Ph·普费针入度指数诺模图(图 9-7)计算。针入度指数(PI)值愈大,表示沥青的感温性愈小。通常,按 PI 来评价沥青的感温性时,要求沥青的 $PI = -1 \sim +1$ 之间。但是随着近代交通的发展,对沥青感温性提出更高的要求,因此也要求沥青具有更高的 PI 值。沥青针入度指数 PI 提高,可增加沥青路面的抗车辙能力。但是沥青的高温抗形变能力与低温抗裂缝能力往往是互相矛盾的。在提高高温稳定性的同时,又要不降低低温抗裂性,这就意味着对沥青材料提出更高的要求。由于纯粹石油沥青已难以满足现代高速繁重交通的要求,所以常在石油沥青中掺加天然沥青及各种高聚物以改善沥青的性能
修正的针入度指数法	P·Ph·普费确定针入度指数的方法,是假定沥青在软化点($T_{R\&B}$)时的针入度值为 800 (1/10 mm)为前提的。实际上,沥青在软化点(环球法)时的针入度可波动于 600～1 000 (1/10 mm)之间。特别是高含蜡量沥青,在软化点时的针入度值会波动在更宽的范围。因此,在使用时,必须修正软化点[即寻求在针入度值为 800 (1/10 mm)时的温度]T_{800},然后再按 T_{800} 求出修正的针入度指数(PI)。针入度指数的修正,可以采用诺模图法或计算法

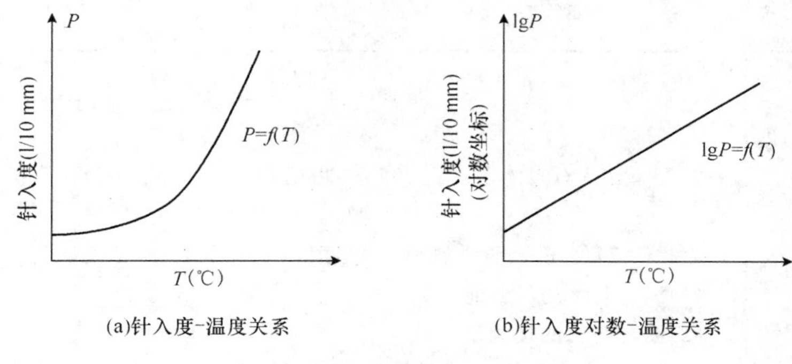

图 9-5　针入度-温度关系图

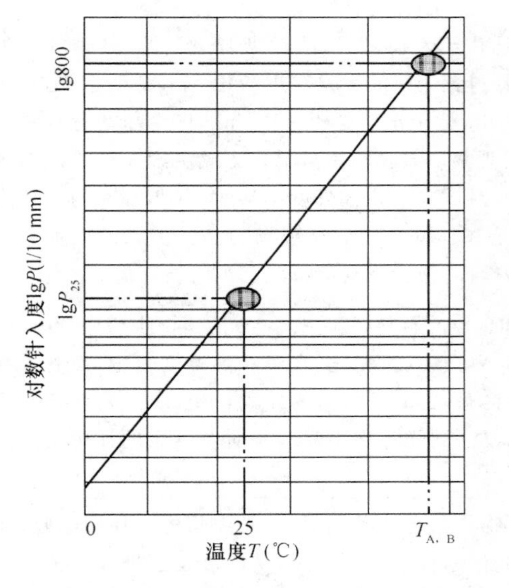

图 9-6　针入度-温度感应性系数图

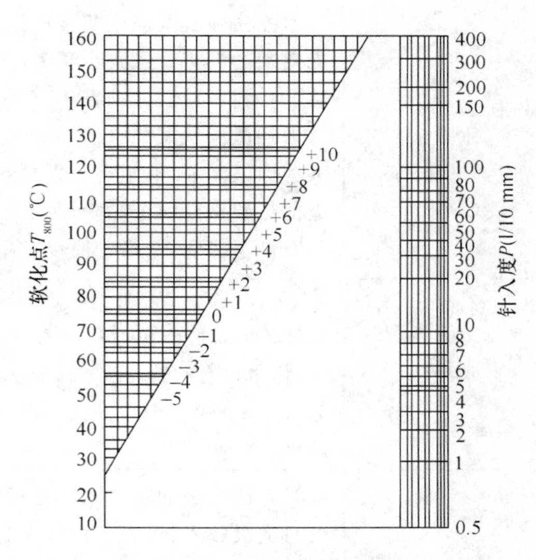

图 9-7　P · Ph · 普费针入度指数诺模图

(5)沥青的黏弹性。物体的黏弹性可以看作是黏性和弹性的结合,路面用溶凝胶型沥青可以看成是比较典型的黏弹性物体。路用沥青在高温下可呈流动状态,而在低温时逐渐呈现弹性性质。劲度模量是表示沥青材料黏性和弹性两种联合效应的指标。大多数沥青在变形时呈现黏弹性。

(6)黏附性。沥青与骨料的黏附性直接影响沥青路面的使用质量和耐久性,所以黏附性是评价沥青技术性能的一个重要指标。沥青黏附性机理及评价方法见表 9-8。

表 9-8　沥青黏附性机理及评价方法

项　目	内　容
黏附机理	沥青与骨料的黏附作用,是一个复杂的物理－化学过程。目前,对黏附机理有多种解释。按润湿理论认为:在有水的条件下,沥青对石料的黏附性,可用沥青－水－石料三相体系来讨论,沥青－水－石料三相体系如图 9-8 所示。 设沥青与水的接触角为 θ,石料－沥青、石料－水和沥青－水的界面剩余自由能(简称界面能)分别为 γ_{sb}、γ_{bw} 和 γ_{sw},沥青从石料单位表面积上置换水,所做的功 W 可按式(9-6)计算:

续上表

项目		内容
黏附机理		$$W=\gamma_{sb}+\gamma_{bw}-\gamma_{sw} \quad (9\text{-}6)$$ 沥青－水－石料体系达到平衡时，做的功 W 可按式(9-7)计算： $$W=\gamma_{bw}(1+\cos\theta) \quad (9\text{-}7)$$ 由式(9-7)可知，沥青欲置换水而黏附于石料的表面，主要取决于： (1)沥青与水的界面能； (2)沥青与水的接触角。 在确定的石料条件下，均取决于沥青的性质。沥青的性质主要为沥青的稠度和沥青中极性物质的含量(如沥青酸及其酸酐等)
评价方法	水煮法	水煮法在我国应用非常广泛，适用于基质沥青、改性沥青、经过热处理的掺加抗剥落剂的沥青。大致步骤为：将骨料置于(105±5)℃烘箱中 1 h，将沥青加热，将加热的骨料颗粒浸入沥青 45 s 后取出，挂于试验架上 15 min。将冷却的骨料颗粒浸入保持微沸状态的水中，3 min 后观察沥青膜剥落情况。水煮法因为其判断结果是人为肉眼判断，故主观因素导致有时试验结果区分度不够大，很难判断两种外观接近的试验试件哪个黏附性能更好，并且没有建立与现场的相关关系。但水煮法亦具有试验时间短、设备简单、容易操作、沥青膜剥落情况直观明显等优点
	水浸法	试验时选用 20 颗已用沥青拌和裹覆的石料，浸泡在 80℃的恒温水槽中 30 min，然后评价沥青膜剥离面积的百分率。与水煮法相比，水浸法的温度恒定，没有人为因素；但水没有沸腾，完全处于静止状态，更缺乏水力的冲刷作用，所以要延长时间到 30 min来弥补。与水煮法一样，水浸法同样存在主观因素对剥落率的评价影响大的缺点
	光电比色法	光电比色法的基本原理是基于物质在光的激发下，对光波长的选择性吸收，而有各自的吸收光带，当已色散后的光谱通过某一溶液时，某些波长的光线会被溶液吸收，在通过溶液的光谱中出现相应的黑暗谱带。根据波尔定律，在一定的波长下，溶液中某一种物质的浓度与光的吸收效应存在一定关系，即有色溶液的吸光度与溶液的浓度、液层厚度成正比。光电分光光度计就是将透过溶液的光线通过光电转换器将光能转换成电能，从指示器上读出相应的吸光度，通过吸光度与浓度的关系曲线，可以得到原骨料及裹覆沥青膜的骨料在吸附试验后染料残留的浓度并计算出原骨料的吸附量、混合料剥落试验后的吸附量以及沥青膜的剥落率。光电比色法测得的黏附性指标完全量化，试验过程中人为因素影响较小。但是试验操作要求较高，试验数据普遍偏大，因为试验结果不仅包括了沥青自矿料表面剥落的百分率，也包括了沥青自矿料表面剥离但未剥落的百分率

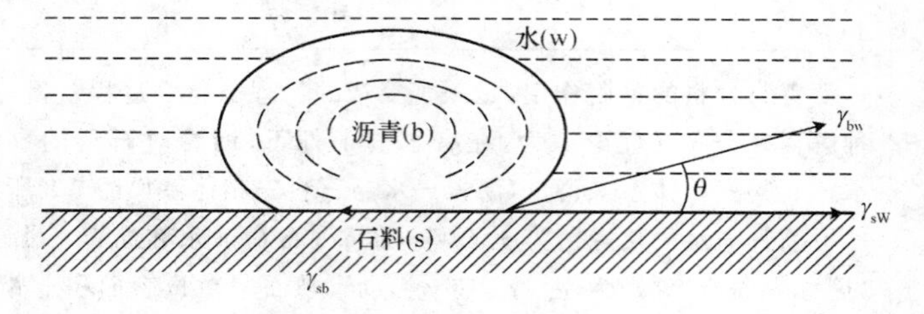

图 9-8　沥青-水-石料的三相体系

(7)耐久性。

1)耐久性的影响因素。

①氧化。沥青与空气接触会逐渐氧化,沥青中的极性含氧基因逐渐联合结成高分子的胶团,促使沥青黏度提高,形成的极性羟基、羰基、羧基团形成更大更复杂的分子使沥青硬化并降低柔韧性。氧化引起的沥青硬化是沥青老化的主要原因。

②蒸发。主要是一些极易挥发的蒸发,特别是在高温和暴露的条件下。但黏稠沥青挥发成分较少,因此影响较小。

③光的作用。日光特别是紫外线的作用会使沥青的氧化作用加速,使沥青中的羟基、羰基、羧基团等进一步加速形成更大的分子。

④自然硬化。沥青在环境温度条件发生的自然硬化也称为物理硬化,这是由于沥青分子的重新定位或由于蜡质缓慢结晶。物理硬化是可逆的,沥青重新加热又可恢复原来的黏度。

⑤渗流硬化。是指沥青中的油分渗流至矿料的孔隙中去的现象。

⑥水的影响。水在与光、氧、热共同作用时,能起到催化作用。

2)耐久性的评价方法。

①沥青的蒸发损失试验。将 50 g 的沥青试样装入盛样皿内,置于烘箱中,在 163℃下保持受热时间 5 h,冷却。测定质量损失,并测定残留物的针入度。沥青经加热损失试验后,由于沥青中轻质馏分挥发,不稳定成分发生氧化、聚合等作用,导致残留物性能与原始材料性能有很大差别。表现为针入度减小、软化点升高和延度降低。

②沥青薄膜加热试验。该法是将 50 g 沥青试样盛于内径为(140±1) mm、深度为 9.5～10 mm 的铝皿中,使沥青成为厚约 3.2 mm 的薄膜,沥青薄膜在 163℃的标准薄膜加热烘箱中加热 5 h 后取出冷却,测其质量损失,并按规定的方法测定残留物的针入度、延度等技术指标。这一实验方法中,沥青试样与空气接触面积较大,沥青膜较薄,沥青在薄膜烘箱加热试验后的性质与沥青在拌和机中加热拌和后的性质有很好的相关性。所以此试验能表征沥青在工厂拌和机中 150℃拌和 1.5 min 后的性质变化和耐久性。

③液体石油沥青蒸馏试验。该法是测定沥青试样受热时,在规定温度范围内蒸出的馏分含量,以占试样体积百分率表示。除非特殊需要,各馏分蒸馏的标准切换温度为 225℃、316℃、360℃。通过此试验可了解液体沥青含各温度范围内轻质挥发油的数量,并可根据残留物的性质测定预估液体沥青在道路路面中的性质。

3)延长沥青耐久性的途径。沥青在路面中,受到各种自然因素(氧、热、光和水)的作用,由于组分移行而逐渐老化,最后导致路用性能随之衰降。在诸多作因素中,似乎氧化为产生老化的首要原因,因此许多研究者都曾试图掺加各种抗氧化剂来延缓老化的进程,但是都未得到预期效果。

(8)耐蚀性。耐蚀性是石油沥青抵抗腐蚀介质侵蚀的能力。石油沥青对于大多数中等浓度的酸、碱和盐类都有较好的抵抗能力。

(9)防水性。石油沥青是憎水性材料,几乎完全不溶于水,它本身的构造致密,与矿物材料表面有很好的粘结力,能紧密粘附于矿物材料表面,形成致密膜层。同时,它还有一定的塑性,能适应材料或构件的变形,所以石油沥青具有良好的防水性,广泛用作建筑工程的防潮、防水、抗渗材料。

6.石油沥青的技术指标

(1)建筑石油沥青的技术指标见表 9-9。

表 9-9 建筑石油沥青的技术指标

项 目	质量指标		
	10号	30号	40号
针入度(25℃,100 g,5 s)(1/10 mm)	10～25	26～35	36～50
针入度(46℃,100 g,5 s)(1/10 mm)	报告①	报告①	报告①
针入度(0℃,200 g,5 s)(1/10 mm),≥	3	6	6
延度(25℃,5 cm/min)(cm),≥	1.5	2.5	3.5
软化点(环球法)(℃),≥	95	75	60
溶解度(三氯乙烯)(%),≥	99.0		
蒸发后质量变化(163℃,5 h)(%),≤	1		
蒸发后25℃针入度比②(%),≥	65		
闪点(开口杯法)(℃),≥	260		

①报告应为实测值。

②测定蒸发损失后样品的25℃针入度之比乘以100后,所得的百分比,称为蒸发后针入度比。

(2)道路石油沥青的技术指标见表9-10。

表 9-10 道路石油沥青的技术指标

项 目	质量指标				
	200号	180号	140号	100号	60号
针入度(25℃,100 g,5 s)(1/10 mm)	200～300	150～200	110～150	80～110	50～80
延度①(25℃)(cm),≥	20	100	100	90	70
软化点(℃)	30～48	35～48	38～51	42～55	45～58
溶解度(%),≥	99.0				
闪点(开口)(℃),≥	180	200	230		
密度(25℃)(g/cm³)	实测值				
蜡含量(%),≤	4.5				
薄膜烘箱试验(168℃,5 h)					
质量变化(%),≤	1.3	1.3	1.3	1.2	1.0
针入度比(%)	实测值				
延度(25℃)(cm)	实测值				

①如25℃延度达不到,15℃延度达到时,也认为是合格的,指标要求与25℃延度一致。

7.石油沥青的应用

石油沥青是按针入度指标来划分牌号的,同时保证相应的延度和软化点等。针入度、延度和软化点是衡量沥青材料性能的三项重要指标。同一品种石油沥青中,牌号越大,材料越软,针入度值越大(即黏度越小),延度越大(即塑性越大),软化点越低(即温度敏感性越大)。

选用沥青材料时,应根据工程性质(房屋、道路、防腐)及当地气候条件,所处工作环境(屋面、地下)来选择不同牌号的沥青(或选取两种牌号沥青混合使用)。在满足使用要求的前提下,尽量选用较大牌号的石油沥青,以保证在正常使用条件下,石油沥青有较长的使用年限。

一般情况下,屋面沥青防水层不但要求黏度大,以使沥青防水层与基层牢固粘结,更主要的是按其温度敏感性选择沥青牌号。由于屋面沥青层蓄热后的温度高于周围气温,因此选用时要求其软化点要高于当地历年来达到的最高气温20℃以上。对于夏季气温高,而坡度又大的屋面,常选用10号、30号石油沥青。但在严寒地区一般不宜直接选用10号石油沥青,以防冬季出现冷脆破裂现象。

用于地下防潮、防水工程时,一般对软化点要求不高,但其塑性要好,黏性较大,使沥青层能与建筑物粘结牢固,并能适应建筑物的变形,而保持防水层完整,不遭破坏。

建筑石油沥青多用于建筑工程和地下防水工程以及作为建筑防腐材料。道路石油沥青多用于拌制沥青砂浆和沥青混凝土,用于道路路面及厂房地面等。普通石油沥青含蜡量高,性能较差,在建筑工程中一般不使用。如用于一般或次要的路面工程,可与其他沥青掺配使用。

二、改性沥青

1.橡胶改性沥青

橡胶是以生胶为基础加入适量的配合剂组成的具有高弹性的有机高分子化合物。即使在常温下它也具有显著的高弹性能,在外力作用下产生很大的变形,除去外力后能很快恢复原来的状态。橡胶在阳光、热、空气或机械力的反复作用下,表面会出现变色、变硬、龟裂或变软发黏,同时机械强度降低,这些现象叫老化。为防止橡胶老化,一般加入防老化剂,如蜡类等。

橡胶是沥青的重要改性材料,它和沥青有很好的混溶性,并能使沥青具有橡胶的优点,如高温变形性小,低温柔性好等,沥青中掺入橡胶后,可使其性能得到很好的改善,如耐热性、耐腐蚀性、耐候性等得以提高。

橡胶改性沥青可制成卷材、片材、胶粘剂、密封材料和涂料等,用于道路路面工程密封材料和防水材料等。常用的品种有:氯丁橡胶改性沥青、丁基橡胶改性沥青和再生橡胶改性沥青等。

2.树脂改性沥青

用树脂对石油沥青进行改性,使沥青的耐寒性、耐热性、粘结性和不透气性提高,如石油沥青加入聚乙烯树脂改性后可制成冷粘贴防水卷材等。常用的品种有:古马隆树脂改性沥青、聚乙烯树脂改性沥青、聚丙烯树脂改性沥青、酚醛树脂改性沥青等。

3.橡胶和树脂改性沥青

橡胶和树脂同时用于改善沥青的性质,使沥青具有橡胶和树脂的特性,如耐寒性,且树脂比橡胶便宜,橡胶和树脂又有较好的混溶性,故效果较好。橡胶和树脂改性沥青主要有卷材、片材、密封材料和防水涂料等。

4.稀释沥青(冷底子油)

冷底子油是用稀释剂对沥青稀释的产物,它是将沥青熔化后,用汽油或煤油、轻柴油、苯等溶剂(稀释剂)溶合而配成的沥青涂料。由于它多在常温下用于防水工程的底层,故名冷底子油。它的流动性好,便于喷涂,将冷底子油涂刷在混凝土、砂浆或木材等基面后,能很快渗透进基面,溶剂挥发后,便与基面牢固结合,并使基面有憎水性,为粘结同类防水材料创造了有利条件。

冷底子油通常随用随配,若贮存时,应使用密闭容器,以防止溶剂挥发。

5.沥青玛琋脂

沥青玛琋脂是在沥青中掺入适量粉状或纤维状矿质填充料经均匀混合而制成。它与沥青相比，具有较好的黏性、耐热性和柔韧性，主要用于粘贴卷材、嵌缝、接头、补漏及做防水层的底层。沥青玛𤇾脂中掺入填充料，不仅可以节省沥青，更主要的是可以提高沥青玛𤇾脂的粘结性、耐热性和大气稳定性，填充料主要有粉状的，如滑石粉、石灰石粉、普通水泥和白云石粉等；还有纤维状的，如石棉粉、木屑粉等。填充料加入量一般为10%～30%，由试验决定。

沥青玛𤇾脂有热用及冷用两种。在配制热沥青玛𤇾脂时，应待沥青完全熔化脱水后，再慢慢加入填充料，同时应不停地搅拌至均匀为止，要防止粉状填充料沉入锅底。填充料在掺入沥青前应干燥并宜加热。冷用沥青玛𤇾脂是将沥青熔化脱水后，缓慢地加入稀释剂，再加入填充料搅拌而成，它可在常温下施工，改善劳动条件，同时减少沥青用量，但成本较高。

6. 沥青的掺配

某一种牌号的石油沥青往往不能满足工程技术要求，因此需用不同牌号沥青进行掺配。

进行两种沥青掺配时，首先按式(9-8)计算，然后再进行试配调整：

$$\text{较软沥青掺量}(\%)=\frac{\text{较硬沥青软化点}-\text{要求的软化点}}{\text{较硬沥青软化点}-\text{较软沥青软化点}}\times 100\% \tag{9-8}$$

$$\text{较硬沥青掺量}(\%)=100\%-\text{较软沥青掺量}$$

三、煤沥青

煤沥青是由煤干馏产品煤焦油再加工获得的。路用煤沥青主要是由炼焦或制造煤气得到的高温焦油加工而得。以高温焦油(700℃以上干馏)为原料可获得数量较多且质量较佳的煤沥青。而低温焦油(450℃～700℃)则相反，获得的煤沥青数量较少，且往往质量亦不稳定。

1. 煤沥青化学组成和结构

(1)煤沥青化学元素。煤沥青的组成主要是芳香族碳氢化合物及其氧、硫和碳的衍生物的混合物，其元素组成主要为C、H、O、S和N。煤沥青元素组成的特点是“碳氢比”较石油沥青大得多，它的化学结构主要是高度缩聚的芳烃及其含氧、氮和硫的衍生物，在环结构上带有侧链，但侧链很短。

(2)煤沥青化学组分。煤沥青化学组分的分析方法与石油沥青的方法相似。

煤沥青中各组分的性质如下。

1)游离碳。是高分子有机化合物的固态碳质微粒，不溶于苯，加热不熔，但高温分解。煤沥青的游离碳含量增加，可提高其黏度和温度稳定性，但随着游离碳含量增加低温脆性亦增加。

2)树脂为环心含氧碳氢化合物。分为：①硬树脂，类似石油沥青中的沥青质；②软树脂，赤褐色黏塑性物质，溶于氯仿，类似石油沥青中的树脂。

3)油分是液态碳氢化合物。与其他组分比较，为最简单结构的物质。除了上述的基本组分外，煤沥青的油分中还含有萘、蒽和酚等。萘和蒽能溶解于油分中，在含量较高或低温时能呈固态晶态析出，影响煤沥青的低温变形能力。酚为苯环中的含羟物质，能溶于水，且易被氧化。煤沥青中酚、萘和水均为有害物质，对其含量必须加以限制。

(3)煤沥青的结构特点。

1)煤沥青的化学结构特点。其化学结构极为复杂，它可分离为成千上万个结构单元，它们是高度缩聚的芳烃以及其含氧、氮和硫的衍生物的混合物。

2)煤沥青的胶体结构特点。煤沥青和石油沥青相类似，也是一种复杂胶体分散系，游离碳和硬树脂组成的胶体微粒为分散相，油分为分散介质，而软树脂为保护物质，它吸附于固态分散胶粒周围，逐渐向外扩散，并溶解于油分中，使分散系形成稳定的胶体物质。

2.煤沥青的技术性质与技术指标

(1)煤沥青的技术性质。煤沥青与石油沥青相比,在技术性质上有下列差异。

1)煤沥青是一种较粗的分散系,同时树脂的可溶性较高,所以表现为热稳定性较低。当在一定温度下,随着煤沥青的黏度降低,减少了热稳定性不好的可溶性树脂,而增加了热稳定性好的油分含量。当煤沥青黏度升高时,粗分散相的游离碳含量增加,但不足以补偿由于同时发生的可溶树脂数量的变化带来的热稳定性损失。

2)在煤沥青组成中含有较多数量的极性物质,它赋予煤沥青高的表面活性,所以它与矿质骨料具有较好的粘附性。

3)煤沥青化学组成中含有较高含量的不饱和芳香烃,这些化合物有相当大的化学潜能,它在周围介质(空气中的氧、日光、温度和紫外线以及大气降水)的作用下,老化进程(黏度增加、塑性降低)较石油沥青快。

4)煤沥青含对人体有害成分较多,臭味较重。

根据煤沥青与石油沥青的某些特性,可按表 9-11 来识别两种沥青。

表 9-11　石油沥青与煤沥青的简单识别法

鉴别方法	石油沥青	煤沥青
相对密度	1.0 左右	大于 1.25
脆性	韧性较好,有弹性感,声哑	韧性差(性脆),声清脆
燃烧	烟无色、无刺激性臭味	烟呈黄色、有刺激性臭味
溶液颜色	用 30～50 倍汽油或酒精溶化,用玻璃棒滴滤纸上,斑点呈棕色	按石油沥青测试方法试验,滤纸上斑点有两圈,外棕内黑

(2)煤沥青的技术指标。煤沥青的技术指标主要有以下各项。

1)黏度。是评价煤沥青质量最主要的指标,它表示煤沥青的黏结性。煤沥青的黏度取决于液相组分和固相组分在其组成中的数量比例,当煤沥青中油分含量减少、固态树脂及游离碳含量增加时,则煤沥青的黏度增高。由于煤沥青的温度稳定性和大气稳定性均较差,故当温度变化或"老化"后其黏度即显著地变化。煤沥青的黏度测定方法与液体沥青相同,亦是用标准黏度计测定。黏度是确定煤沥青标号的主要指标。根据标号不同,常用的温度和流孔有 C30、5,C30、10,C50、10 和 C60、10 四种。

2)蒸馏试验。煤沥青中含有各种沸点的油分,这些油分的蒸发将影响其性质,因而煤沥青的起始黏滞度并不能完全表达其在使用过程中黏结性的特征。为了预估煤沥青在路面中使用过程的性质变化,在测定其起始黏度的同时,还必须测定煤沥青在各馏程中所含馏分及其蒸馏后残留物的性质。根据煤沥青化学组成特征,将其物理化学性质较接近的化合物分为:

①170℃以前的轻油;

②270℃以前的中油;

③300℃以前的重油 3 个馏程。

3)含水量。煤沥青中含有水分,在施工加热时易产生泡沫或爆沸现象,不易控制。同时,煤沥青作为路面结合料,如含有水分会影响煤沥青与骨料的黏附,降低路面强度,因此对其在煤沥青中的含量必须要加以限制。含水量的测定按《焦化沥青类产品喹啉不溶物试验方法》(GB/T 2293—2008)的方法是煤沥青样品在水分测定器中,用甲苯为溶剂,使水分抽提而截留于接受管中,根据水分体积计算含水量。

4)甲苯不溶物含量。甲苯不溶物含量是煤沥青中不溶于热甲苯的物质的含量。这些不溶物主要为游离碳，并含有氧、氮和硫等结构复杂的大分子有机物以及少量的灰分。这些物质含量过多会降低煤沥青黏结性，因此必须要加以限制。甲苯不溶物测定采用抽提法。按《焦化沥青类产品喹啉不溶物试验方法》(GB/T 2293—2008)的测定方法计算甲苯不溶物含量。

5)萘含量。萘在煤沥青中，低温时易结晶析出，使煤沥青失去塑性，导致路面冬季易产生裂缝。在常温条件下，萘易挥发、升华，加速煤沥青“老化”，并且挥发出的气体对人体有毒害。因此，对煤沥青中的萘含量必须加以限制。萘含量的测定方法，按相关标准规定，是采用气相色谱法测定，该法是以纯萘用二甲苯溶解，制成标样，然后将煤沥青蒸馏试验得到的 170℃～270℃和 270℃～300℃馏分用二甲苯稀释，制成样品用气相色谱仪测定谱图后，量出标样和样品的萘峰高，计算出煤沥青中萘含量。

6)酚含量。酚能溶解于水，易导致路面的强度降低；同时酚水溶物有毒，污染环境，对人类和牲畜有害，因此对其在煤沥青中的含量必须加以限制。煤沥青酚含量的测定方法，按《煤沥青筑路油及其测定方法》(YB/T 030—1992)规定，采用国际碱液萃取双球计量的方法。该法是将酚分馏试验所得 300℃前的馏分用纯苯稀释并用氧化钠饱和后，在双球分液漏斗中用氢氧化钠使其与酚及其同系物作用生成酚盐，酚盐溶于碱液，不溶于油，可根据碱液的体积增加量计算酚含量。采用本方法测得的酚含量包括酚及其同系物的含量，所以称为“焦油酸含量”。

四、乳化沥青

乳化沥青是将黏稠沥青加热至流动态，经机械力的作用而形成微滴分散在有乳化剂一稳定剂的水中，由于乳化剂一稳定剂的作用而形成均匀稳定的乳状液。

1. 乳化沥青的组成材料

乳化沥青主要是由沥青、水、乳化剂和稳定剂等组分组成。

(1)沥青。沥青是乳化沥青组成的主要原料，沥青的质量直接关系到乳化沥青的性能。在选择作为乳化沥青用的沥青时，首先要考虑它的易乳化性。沥青的易乳化性与其化学结构有密切关系。以工程适用为目的，可认为易乳化性与沥青中的沥青酸含量有关。通常认为沥青酸总量大于 1%的沥青，采用通用乳化剂和一般工艺即易于形成乳化沥青。一般说来，相同油源和工艺的沥青，针入度较大者易于形成乳液。但是针人度的选择应根据乳化沥青在路面工程中的用途而决定。

(2)水。水是乳化沥青的主要组成部分，不可忽视水对乳化沥青性能的影响。水常含有各种矿物质或其他影响乳化沥青形成的物质。自然界获得的水，可溶解或悬浮各种物质，影响水的 pH 值，或者含有钙或镁的离子等，这些因素都可能影响某些乳化沥青的形成或引起乳化沥青的过早分裂。因此，生产乳化沥青的水应不含其他杂质。

(3)乳化剂。乳化剂是乳化沥青形成的关键材料。沥青乳化剂是一种表面活性剂，从化学结构上考察，它是一种“两亲性”分子。分子的一部分具有亲水性质，而另一部分具有亲油性质。亲油部分一般由碳氢原子团特别是由长链烷基构成，结构差别较小。亲水部分原子团则种类繁多，结构差异较大，因此乳化剂的分类是以亲水基的结构为依据。沥青乳化剂按其亲水基在水中是否电离而分为离子型和非离子型两大类。离子型乳化剂按其离子电性，又衍生为阴(或负)离子型、阳(或正)离子型和两性离子型三类。

(4)稳定剂。稳定剂使乳液具有良好的贮存稳定性，以及在施工中喷洒或拌和的机械作用下的稳定性。稳定剂可分为有机稳定剂和无机稳定剂。

1)有机稳定剂。常用的有聚乙烯醇、聚丙烯酰胺、羧甲基纤维素钠、糊精、MF 废液等，这类稳定剂可提高乳液的贮存稳定性和施工稳定性。

2)无机稳定剂。常用的无机稳定剂有氯化钙、氯化镁、氯化铵和氯化铬等，这类稳定剂可提高乳液的贮存稳定性。

2.乳化沥青的制备

(1)乳化沥青制备工序。沥青乳液的制备可以采用各种设备，但其主要流程基本相同。一般由下列几个主要工序组成。

1)乳化沥青水溶液的调制。在水中加入制备乳化沥青的需要数量的乳化剂和稳定剂。根据乳化剂和稳定剂溶解所需的水温，使其在水中充分溶解。一般控制在 60℃～80℃。

2)沥青加热。沥青加热温度根据其品种、牌号、施工季节和地区而定，一般温度为 120℃～150℃。

3)沥青与水比例控制。沥青与乳化液通过流量计，严格控制加入比例。

4)乳化常用设备。胶体磨或其他同类设备。

5)乳液成品贮存。贮运过程注意乳化液的稳定性，避免产生破乳。

(2)乳化工艺。

1)乳化工艺流程。沥青乳化的工艺流程如图 9-9 所示。

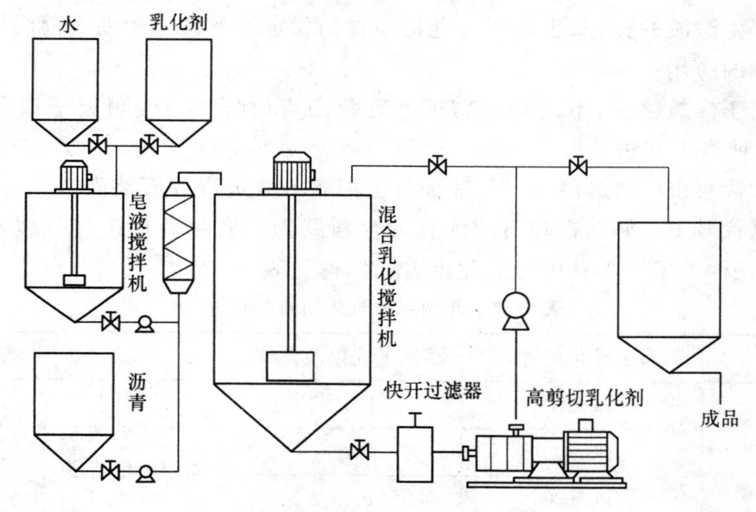

图 9-9　沥青乳化工艺流程图

2)乳化设备。目前，使用机械分散制造乳化沥青的设备很多，归纳起来主要有胶体磨、高速搅拌机及齿轮泵型匀化机三大类。

①胶体磨类乳化机。胶体磨的基本原理是流体或半流体物料通过高速相对连动的定齿与动齿之间，使物料受到强大的剪切力、摩擦力及高频振动等作用，有效地被粉碎、乳化、均质、混合，从而获得满意的精细加工的产品。胶体磨其主机部分由壳体、定子、转子、调节机构、冷却机构、电机等组成。其主要零件均采用不锈钢制造，耐腐蚀，无毒。使用单位可依不同物料特性、生产效率、不同用途，选用不同规格型号的胶体磨，使之达到良好的效果。

②高速搅拌机。高速搅拌机是最简单的搅拌机。由于生产效率较低，生产沥青乳液时用得较少，主要用于食品及化妆品的制造方面。

③齿轮泵型匀化机。匀化机的原理是将欲乳化的混合液在高压下从小孔中喷出，它可实现连续生产，设备较简单，乳化效果较好。缺点是容易堵塞，在使用中要求对沥青及乳化剂水

溶液仔细过滤。我国已有多种型号的匀化机。

3.乳化沥青的特点

(1)乳化沥青可以冷态施工,现场无需加热设备和能源消耗,扣除制备乳化沥青所消耗的能源后,仍然可以节约大量能源。

(2)由于乳化沥青黏度低、和易性好,施工方便,可节约劳力。此外,由于乳化沥青在骨料表面形成的沥青膜较薄,不仅提高沥青与骨料的黏附性,而且可以节约沥青用量。

(3)乳化沥青施工不需加热,故不污染环境;同时,避免了劳动操作人员受沥青挥发物的毒害。

4.乳化沥青的分裂

乳化沥青在路面施工时,为发挥其黏结的功能,沥青液滴必须从乳化液中分裂出来,聚集在骨料的表面而形成连续的沥青薄膜,这一过程称为“分裂”。乳化沥青的分裂主要取决于下列因素。

(1)水的蒸发作用。由于路面施工环境气温、相对湿度和风速等因素的影响,乳液中水的蒸发破坏乳化沥青的稳定性而造成分裂。

(2)骨料和吸收作用。由于骨料的矿物构造孔隙对水分的吸收,能破坏乳液的稳定性造成分裂。

(3)骨料物理－化学作用。乳化沥青中带电荷的微滴与不同化学性质的骨料接触后产生复杂的物理－化学作用,而使乳化沥青分裂并在骨料表面形成薄膜。

(4)机械的激波作用。在施工过程中压路机的碾压和开放交通后汽车的行驶,各种机械力对路面的震颤产生激波的作用,也能促进乳化沥青的稳定性的破坏和沥青薄膜结构的形成。

5.乳化沥青的应用

乳化沥青用于修筑路面,不论是阳离子型乳化沥青(代号 C)或阴离子型乳化沥青(代号 A),均有以下两种施工方法。

(1)洒布法(代号 P):如透层、粘层、表面处泼或贯入式沥青碎石路面。

(2)拌和法(代号 B):如沥青碎石或沥青混合料路面。乳化沥青按其分裂速度,可分为快裂、中裂和慢裂三种类型。各种牌号乳化沥青的用途见表 9-12。

表 9-12 几种牌号乳化沥青的用途

类型	阳离子乳化沥青(C)	阴离子乳化沥青(A)	用途
洒布型(P)	PC－1	PA－1	表面处泼或贯入路面、洒布透层油用于粘结层
	PC－2	PA－2	
	PC－3	PA－3	
拌和型(B)	BC－1	BA－1	拌制沥青混凝土或沥青碎石拌制加固土
	BC－2	BA－2	
	BC－3	BA－3	

五、再生沥青

沥青的再生就是老化的逆过程。通常可掺入再生剂,如掺玉米油、润滑油等。掺再生剂后,使沥青质相对含量降低,且提高软沥青质对沥青质的溶解能力,改善沥青的相容性,提高沥青的针入度和延度,使其恢复或接近原来的性能。

1.沥青材料的老化

沥青路面在使用过程中,经受行车和自然因素的作用,逐渐脆硬老化,其实质是沥青路面中的沥青结合料发生老化。根据对旧沥青路面材料的抽提回收可以看出,沥青的组分发生了转化,表现为芳香分减少,胶质和沥青质增加。引起沥青组分变化的原因是多方面的,主要原因是氧化缩合作用。由于沥青路面中矿质骨料对沥青中轻质组分的吸附,促使高分子化合物增加,沥青中饱和分比例稳定,变化不大,而芳香烃分子量增大,向胶质转化,胶质向沥青质转化,沥青中的低分子聚合为更大的分子。沥青的老化过程可以看作是沥青的化学组分移行的结果。而随着沥青路面使用年限的增加,沥青的老化加重,沥青组分发生变化,胶体结构也发生变化,使作为溶剂的软沥青质和作为溶质的沥青质溶度参数发生变化,破坏了它们之间的相容性,造成沥青性质的恶化。

由于沥青化学组分的移行,引起沥青物理一力学性质的变化。通常规律是针入度变小,延度降低,软化点和脆点升高,表现为沥青变硬、变脆、延伸性降低,导致路面产生裂缝、松散等破坏。

2.沥青再生的机理

沥青再生的机理目前有两种理论,一种理论是“相容性理论”,该理论从化学热力学出发,认为沥青产生老化的原因是沥青胶体物系中各组分相容性的降低,导致组分间溶度参数差增大。如能掺入一定的再生剂使其溶度参数差减小,则沥青即能恢复到(甚至超过)原来的性质。另一种理论是“组分调节理论”。该理论是从化学组分移行出发,认为由于组分的移行,沥青老化后,某些组分偏多,而某些组分偏少,各组分间比例不协调,所以导致沥青路用性能降低,如能通过掺加再生剂调节其组分则沥青将恢复原来的性质。实际上,这两个理论是一致的,前者是从沥青内部结构的化学能来解释,后者是从宏观化学组成量来解释。

第二节　防水卷材

一、沥青防水卷材

1.石油沥青纸胎油毡

石油沥青纸胎油毡(简称油毡)是指以石油沥青浸渍原纸,再涂盖其两面,表面涂或撒隔离材料所制成的卷材。油毡帽宽为 1 000 mm,其他规格可由供需双方商定。每卷油毡的总面积为(20±0.3)m²。

油毡按卷重和物理性能分为Ⅰ型、Ⅱ型和Ⅲ型三类。Ⅰ型、Ⅱ型油毡适用于辅助防水、保护隔离层、临时性建筑防水、防潮及包装等;Ⅲ型油毡适用于屋面工程的多层防水。

每卷油毡的卷重应符合表 9-13 的规定。油毡的物理性能应符合表 9-14 规定。

表 9-13　油毡的卷重

类　型	Ⅰ型	Ⅱ型	Ⅲ型
卷重(kg/卷)	≥17.5	≥22.5	≥28.5

表 9-14　油毡的物理性能

项　目		指　标		
		Ⅰ型	Ⅱ型	Ⅲ型
单位面积浸涂材料总量(g/m²)		≥600	≥750	≥1 000
不透水性	压力(MPa)	≥0.02	≥0.02	≥0.10
	保持时间(min)	≥20	≥30	≥30

续上表

项　目	指　标		
	Ⅰ型	Ⅱ型	Ⅲ型
吸水率(%)	≤3.0	≤2.0	≤1.0
耐热度	(85±2)℃,2 h 涂盖层无滑动、流淌和集中性气泡		
拉力(纵向)(N/50 mm)	≥240	≥270	≥340
柔度	(18±2)℃,绕 ϕ20 mm 棒或弯板无裂纹		

注:Ⅲ型产品物理性能要求为强制性的,其余为推荐性的。

2.石油沥青玻璃布胎油毡

为了克服纸胎沥青油毡耐久性差、抗拉强度低等缺点,可用玻璃布等代替纸胎。玻璃布胎沥青油毡(简称玻璃布油毡)是用石油沥青涂盖材料浸涂玻璃纤维织布的两面,再涂或撒隔离材料所制成均以无机纤维为胎体的沥青防水卷材。油毡的抗拉强度柔韧性,耐腐蚀性均优于纸胎沥青油毡,适用于防水性、耐水性、耐腐蚀性要求较高的工程,是重要工程中常用的防水卷材,也常用于金属管道(热管道除外)防腐保护层。石油沥青玻璃布胎油毡的物理性能应符合表 9-15 的规定。

表 9-15　石油沥青玻璃布胎油毡的物理性能

项目名称		一等品	合格品
可溶物含量(g/m²),≥		420	380
耐热度(85±2℃,2 h)		无滑动和集中性气泡	
不透水性	压力(MPa)	0.2	0.1
	时间≥15 min	无渗漏	
拉力(N)　(25±2℃时,纵向),≥		400	360
柔度	温度(℃),≤	0	5
	弯曲直径(30 mm)	无裂纹	
耐霉菌腐蚀性	质量损失(%),≤	2.0	
	拉力损失(%),≤	15	

二、改性沥青防水卷材

1.弹性体改性沥青防水卷材

(1)弹性体改性沥青防水卷材的规格和类型(表 9-16)。

表 9-16　弹性体改性沥青防水卷材的规格和类型

项　目	内　容
规格	(1)卷材公称宽度为 1 000 mm。 (2)聚酯毡卷材公称厚度为 3 mm、4 mm、5 mm。 (3)玻纤毡卷材公称厚度为 3 mm、4 mm。 (4)玻纤增强聚酯毡卷材公称厚度为 5 mm。 (5)每卷卷材公称面积为 7.5 m²、10 m²、15 m²

续上表

项目		内容
类型	按胎基划分	分为聚酯毡(PY)、玻纤毡(G)、玻纤增强聚酯毡(PYG)
	按上表面隔离材料划分	分为聚乙烯膜(PE)、细砂(S)、矿物粒料(M)
	按下表面隔离材料划分	分为细砂(S)、聚乙烯膜(PE)
	按材料性能划分	分为Ⅰ型和Ⅱ型

(2)弹性体改性沥青防水卷材的用途。

1)弹性体改性沥青防水卷材主要适用于工业与民用建筑的屋面和地下防水工程。

2)玻纤增强聚酯毡卷材可用于机械固定单层防水,但需通过抗风荷载试验。

3)玻纤毡卷材适用于多层防水中的底层防水。

4)外露使用上表面隔离材料为不透明的矿物粒料的防水卷材。

5)地下工程防水采用表面隔离材料为细砂的防水卷材。

(3)弹性体改性沥青防水卷材的外观质量要求。

1)成卷卷材应卷紧卷齐,端面里进外出不得超过 10 mm。

2)成卷卷材在 4℃～50℃任一产品温度下展开,在距卷芯 1 000 mm 长度外不应有10 mm 以上的裂纹或粘结。

3)胎基应浸透,不应有未被浸渍处。

4)卷材表面应平整,不允许有孔洞、缺边和裂口、疙瘩,矿物粒料粒度应均匀一致并紧密地粘附于卷材表面。

5)每卷卷材接头处不应超过一个,较短的一段长度不应少于 1 000 mm,接头应剪切整齐,并加长 150 mm。

(4)弹性体改性沥青防水卷材的物理力学性能。弹性体改性沥青防水卷材的物理力学性能应符合表 9-17 的规定。

表 9-17 弹性体改性沥青防水卷材的物理力学性能

项目		指标				
		Ⅰ		Ⅱ		
		PY	G	PY	G	PYG
可溶物含量(g/m²),≥	3 mm	2 100				—
	4 mm	2 900				—
	5 mm	3 500				
	试验现象	—	胎基不燃	—	胎基不燃	—
耐热性	℃	90		105		
	mm,≤	2				
	试验现象	无流淌、滴落				
低温柔性(℃)		−20		−25		

续上表

<table>
<tr><td colspan="2" rowspan="3">项　目</td><td colspan="5">指　标</td></tr>
<tr><td colspan="2">Ⅰ</td><td colspan="3">Ⅱ</td></tr>
<tr><td>PY</td><td>G</td><td>PY</td><td>G</td><td>PYG</td></tr>
<tr><td colspan="2">不透水性，30 min</td><td>0.3 MPa</td><td>0.2 MPa</td><td colspan="3">0.3 MPa</td></tr>
<tr><td rowspan="3">拉力</td><td>最大峰拉力(N/50 mm)，≥</td><td>500</td><td>350</td><td>800</td><td>500</td><td>900</td></tr>
<tr><td>次高峰拉力(N/50 mm)，≥</td><td>—</td><td>—</td><td>—</td><td>—</td><td>800</td></tr>
<tr><td>试验现象</td><td colspan="5">拉伸过程中，试件中部无沥青涂盖层开裂或与胎基分离现象</td></tr>
<tr><td rowspan="2">延伸率</td><td>最大峰时延伸率(%)，≥</td><td>30</td><td>—</td><td>40</td><td>—</td><td>—</td></tr>
<tr><td>次高峰时延伸率(%)，≥</td><td>—</td><td>—</td><td>—</td><td>—</td><td>15</td></tr>
<tr><td rowspan="2">浸水后质量增加(%)，≤</td><td>PE、S</td><td colspan="5">1.0</td></tr>
<tr><td>M</td><td colspan="5">2.0</td></tr>
<tr><td rowspan="6">热老化</td><td>拉力保持率(%)，≥</td><td colspan="5">90</td></tr>
<tr><td>最大峰时延伸率保持率(%)，≥</td><td colspan="5">80</td></tr>
<tr><td rowspan="2">低温柔性(℃)</td><td colspan="2">−15</td><td colspan="3">−20</td></tr>
<tr><td colspan="5">无裂缝</td></tr>
<tr><td>尺寸变化率(%)，≤</td><td>0.7</td><td>—</td><td>0.7</td><td>—</td><td>0.3</td></tr>
<tr><td>质量损失(%)，≤</td><td colspan="5">1.0</td></tr>
<tr><td colspan="2">渗油性，张数，≤</td><td colspan="5">2</td></tr>
<tr><td colspan="2">接缝剥离强度(N/mm)，≥</td><td colspan="5">1.5</td></tr>
<tr><td colspan="2">钉杆撕裂强度①(N)，≥</td><td colspan="4">—</td><td>300</td></tr>
<tr><td colspan="2">矿物粒料粘附性②(g)，≤</td><td colspan="5">2.0</td></tr>
<tr><td colspan="2">卷材下表面沥青涂盖层厚度③(mm)，≥</td><td colspan="5">1.0</td></tr>
<tr><td rowspan="4">人工气候加速老化</td><td>外观</td><td colspan="5">无滑动、流淌、滴落</td></tr>
<tr><td>拉力保持率(%)，≥</td><td colspan="5">80</td></tr>
<tr><td rowspan="2">低温柔性(℃)</td><td colspan="2">−15</td><td colspan="3">−20</td></tr>
<tr><td colspan="5">无裂缝</td></tr>
</table>

①仅适用于单层机械固定施工方式卷材。

②仅适用于矿物粒料表面的卷材。

③仅适用于热熔施工的卷材。

2.塑性体改性沥青防水卷材

(1)塑性体改性沥青防水卷材的规格和类型(表 9-16)。

(2)塑性体改性沥青防水卷材的用途。

1)塑性体改性沥青防水卷材主要适用于工业与民用建筑的屋面和地下防水工程。

2)玻纤增强聚酯毡卷材可用于机械固定单层防水，但需通过抗风荷载试验。

3)玻纤毡卷材适用于多层防水中的底层防水。

4)外露使用应采用上表面隔离材料为不透明的矿物粒料的防水卷材。

5)地下工程防水采用表面隔离材料为细砂的防水卷材。

(3)塑性体改性沥青防水卷材的外观质量要求。

1)成卷卷材应卷紧卷齐，端面里进外出不得超过 10 mm。

2)成卷卷材在 4℃～60℃任一产品温度下展开，在距卷芯 1 000 mm 长度外不应有10 mm以上的裂纹或黏结。

3)胎基应浸透，不应有未被浸渍处。

4)卷材表面应平整，不允许有孔洞、缺边和裂口、疙瘩，矿物粒料粒度应均匀一致并紧密地黏附于卷材表面。

5)每卷卷材接头处不应超过一个，较短的一段长度不应少于 1 000 mm，接头应剪切整齐，并加长 150 mm。

(4)塑性体改性沥青防水卷材的物理力学性能。塑性体改性沥青防水卷材的物理力学性能应符合表 9-18。

表 9-18　塑性体改性沥青防水卷材的物理力学性能

<table>
<tr><th colspan="2" rowspan="3">项　目</th><th colspan="5">指　标</th></tr>
<tr><th colspan="2">Ⅰ</th><th colspan="3">Ⅱ</th></tr>
<tr><th>PY</th><th>G</th><th>PY</th><th>G</th><th>PYG</th></tr>
<tr><td rowspan="4">可溶物含量(g/m²)，≥</td><td>3 mm</td><td colspan="4">2 100</td><td>—</td></tr>
<tr><td>4 mm</td><td colspan="4">2 900</td><td>—</td></tr>
<tr><td>5 mm</td><td colspan="5">3 500</td></tr>
<tr><td>试验现象</td><td>—</td><td>胎基不燃</td><td>—</td><td>胎基不燃</td><td>—</td></tr>
<tr><td rowspan="3">耐热性</td><td>℃</td><td colspan="2">110</td><td colspan="3">130</td></tr>
<tr><td>mm，≤</td><td colspan="5">2</td></tr>
<tr><td>试验现象</td><td colspan="5">无流淌、滴落</td></tr>
<tr><td colspan="2" rowspan="2">低温柔性(℃)</td><td colspan="2">−7</td><td colspan="3">−15</td></tr>
<tr><td colspan="5">无裂缝</td></tr>
<tr><td colspan="2">不透水性(30 min)</td><td>0.3 MPa</td><td>0.2 MPa</td><td colspan="3">0.3 MPa</td></tr>
<tr><td rowspan="3">拉力</td><td>最大峰拉力(N/50 mm)，≥</td><td>500</td><td>350</td><td>800</td><td>500</td><td>900</td></tr>
<tr><td>次高峰拉力(N/50 mm)，≥</td><td>—</td><td>—</td><td>—</td><td>—</td><td>800</td></tr>
<tr><td>试验现象</td><td colspan="5">拉伸过程中，试件中部无沥青涂盖层开裂或与胎基分离现象</td></tr>
<tr><td rowspan="2">延伸率</td><td>最大峰时延伸率(%)，≥</td><td>25</td><td rowspan="2">—</td><td>40</td><td rowspan="2">—</td><td>—</td></tr>
<tr><td>第二峰时延伸率(%)，≥</td><td>—</td><td>—</td><td>15</td></tr>
<tr><td rowspan="2">浸水后质量增加(%)，≤</td><td>PE、S</td><td colspan="5">1.0</td></tr>
<tr><td>M</td><td colspan="5">2.0</td></tr>
</table>

续上表

项目		指标				
		Ⅰ		Ⅱ		
		PY	G	PY	G	PYG
热老化	拉力保持率(%),≥	90				
	延伸率保持率(%),≥	80				
	低温柔性(℃)	−2		−10		
		无裂缝				
	尺寸变化率(%),≤	0.7	—	0.7	—	0.3
	质量损失(%),≤	1.0				
接缝剥离强度(N/mm),≥		1.0				
钉杆撕裂强度①(N),≥		—				300
矿物粒料粘附性②(g),≤		2.0				
卷材下表面沥青涂盖层厚度③(mm),≥		1.0				
人工气候加速老化	外观	无滑动、流淌、滴落				
	拉力保持率(%),≥	80				
	低温柔性(℃)	−2		−10		
		无裂缝				

①仅适用于单层机械固定施工方式卷材。

②仅适用于矿物粒料表面的卷材。

③仅适用于热熔施工的卷材。

三、高分子防水卷材

1. 高分子防水卷材的分类

高分子防水卷材具有抗拉强度高、延伸率大、自重轻(2 kg/m^2)、使用温度范围宽(−40℃～120℃)、可冷施工等优点，主要缺点是耐穿刺性差(厚度1～2 mm)、抗老化能力弱。所以其表面常施涂浅色涂料(少吸收紫外线)或以水泥砂浆、细石混凝土、块体材料作卷材的保护层。高分子防水卷材的种类较多，其分类见表9-19。

表9-19　高分子防水卷材的分类

分类		代号	主要原材料
均质片	硫化橡胶类	JL1	三元乙丙橡胶
		JL2	橡胶(橡塑)共混
		JL3	氯丁橡胶、氯磺化聚乙烯、氯化聚乙烯等
		JL4	再生胶
	非硫化橡胶类	JF1	三元乙丙橡胶
		JF2	橡胶(橡塑)共混

续上表

分　类		代号	主要原材料
均质片	非硫化橡胶类	JF3	氯化聚乙烯
	树脂类	JS1	聚氯乙烯等
		JS2	乙烯乙酸、乙烯、聚乙烯等
		JS3	乙烯乙酸、乙烯改性沥青共混等
复合片	硫化橡胶类	FL	三元乙丙、丁基、氯丁橡胶、氯磺化聚乙烯等
	非硫化橡胶类	FF	氯化聚乙烯、三元乙丙、丁基、氯丁橡胶、氯磺化聚乙烯等
	树脂类	FS1	聚氯乙烯等
		FS2	聚乙烯、乙烯、乙酸乙烯等
点粘片	树脂类	DS1	聚氯乙烯等
		DS2	乙烯乙酸、乙烯、聚乙烯等
		DS3	乙烯乙酸、乙烯改性沥青共混物等

2.高分子防水卷材的规格

高分子防水卷材的规格见表9-20。

表9-20　高分子防水卷材的规格

项　目	厚度(mm)	宽度(m)	长度(m)
橡胶类	1.0,1.2,1.5,1.8,2.0	1.0,1.1,1.2	20以上
树脂类	0.5以上	1.0,1.2,1.5,2.0	

注:橡胶类片材在每卷20 m长度中允许有一处接头,且最小块长度不小于3 m,并应加长15 cm备作搭接;树脂类片材在每卷至少20 m长度内不允许有接头。

3.高分子防水卷材的外观质量

(1)片材表面应平整,不能有影响使用性能的杂质、机械损伤、折痕及异常粘着等缺陷。

(2)在不影响使用的条件下,片材表面缺陷应符合下列规定:

1)凹痕,深度不得超过片材厚度的30%,树脂类片材不得超过5%。

2)气泡,深度不得超过片材厚度的30%,每平方米内不得超过7 mm^2,树脂类片材允许有气泡。

4.高分子防水卷材的物理性能

(1)均质片的物理性能见表9-21。

表9-21　均质片的物理性能

项　目		指　标									
		硫化橡胶类				非硫化橡胶类			树脂类		
		JL1	JL2	JL3	JL4	JF1	JF2	JF3	JS1	JS2	JS3
断裂拉伸强度(MPa)	常温,≥	7.5	6.0	6.0	2.2	4.0	3.0	5.0	10	16	14
	60℃,≥	2.3	2.1	1.8	0.7	0.8	0.4	1.0	4	6	5

续上表

项目		指标									
		硫化橡胶类				非硫化橡胶类			树脂类		
		JL1	JL2	JL3	JL4	JF1	JF2	JF3	JS1	JS2	JS3
扯断伸长率(%)	常温,≥	450	400	300	200	400	200	200	200	550	500
	−20℃,≥	200	200	170	100	200	100	100	15	350	300
撕裂强度(kN/m),≥		25	24	23	15	18	10	10	40	60	60
不透水性(30 min 无渗漏)(MPa)		0.3		0.2		0.3	0.2		0.3		
低温弯折温度(℃),≤		−40	−30	−30	−20	−30	−20	−20	−20	−35	−35
加热伸缩量(mm)	延伸,≤	2	2	2	2	2	4	4	2	2	2
	收缩,≤	4	4	4	4	4	6	10	6	6	6
热空气老化(80℃,168 h)	断裂拉伸强度保持率(%),≥	80	80	80	80	90	60	80	80	80	80
	扯断伸长率保持率(%)	≥70									
耐碱性(饱和 $Ca(OH)_2$ 溶液,常温,168 h)	断裂拉伸强度保持率(%),≥	80	80	80	80	80	70	70	80	80	80
	扯断伸长率保持率(%),≥	80	80	80	80	90	80	70	80	90	90
臭氧老化(40℃,168 h)	伸长率 40%,500×10^{-8}	无裂纹	—	—	—	无裂纹	—	—	—	—	—
	伸长率 20%,500×10^{-8}	—	无裂纹	—	—	—	—	—	—	—	—
	伸长率 20%,100×10^{-8}	—	—	无裂纹	无裂纹	—	无裂纹	无裂纹	—	—	—
人工气候老化	断裂拉伸强度保持率(%),≥	80	80	80	80	80	70	80	80	80	80
	扯断伸长率保持率(%)	≥70									
粘结剥离强度(片材与片材)	(N/mm)(标准试验条件)	≥3.5									
	浸水保持率(常温,168 h)(%)	≥70									

注:1. 人工气候老化和粘合性能项目为推荐项目。

2. 非外露使用可以不考核臭氧老化、人工气候老化、加热伸缩量、60℃断裂拉伸强度性能。

(2)复合片的物理性能见表 9-22。

表 9-22　复合片的物理性能

项　目		种　类			
		硫化橡胶类	非硫化橡胶类	树脂类	
		FL	FF	FS1	FS2
断裂拉伸强度(N/cm)	常温,≥	80	60	100	60
	60℃,≥	30	20	40	30
扯断伸长率(%)	常温,≥	300	250	150	400
	-20℃,≥	150	50	10	10
撕裂强度(kN/m)		40	20	20	20
不透水性(0.3 MPa,30 min)		无渗漏			
低温弯折温度(℃),≤		-35	-20	-30	-20
加热伸缩量(mm)	延伸,≤	2	2	2	2
	收缩,≤	4	4	2	4
热空气老化(80℃,168 h)	断裂拉伸强度保持率(%),≥	80			
	扯断伸长率保持率(%),≥	70			
耐碱性(10%$Ca(OH)_2$溶液,常温,168 h)	断裂拉伸强度保持率(%),≥	80	60	80	80
	扯断伸长率保持率(%),≥	80	60	80	80
臭氧老化(40℃,168 h),200×10^{-8}		无裂纹	无裂纹	—	—
人工气候老化	断裂拉伸强度保持率(%),≥	80	70	80	80
	扯断伸长率保持率(%),≥	70			
粘结剥离强度(片材与片材)	(N/mm)(标准试验条件),≥	1.6	1.6	1.6	1.6
	浸水保持率(常温,168 h)(%),≥	70	70	70	70
复合强度(FS2 增强层与芯层)(N/cm)		—	—	—	0.8

注:同表 9-21 表注。

(3)点粘片的物理性能见表 9-23。

表 9-23　点粘片的物理性能

项　目		指　标		
		DS1	DS2	DS3
断裂拉伸强度(MPa)	常温,≥	10	16	14
	60℃,≥	4	6	5

续上表

项目		指标		
		DS1	DS2	DS3
扯断伸长率(%)	常温,≥	200	550	500
	−20℃,≥	15	350	300
撕裂强度(kN/m),≥		40	60	60
不透水性(30 min)		0.3 MPa无渗漏		
低温弯折温度(℃),≤		−20	−35	−35
加热伸缩量(mm)	延伸,≤	2	2	2
	收缩,≤	6	6	6
热空气老化(80℃,168 h)	断裂拉伸强度保持率(%),≥	80	80	80
	扯断伸长率保持率(%),≥	70	70	70
耐碱性(质量分数为100%的$Ca(OH)_2$溶液,常温×168 h)	断裂拉伸强度保持率(%),≥	80	80	80
	扯断伸长率保持率(%),≥	80	90	90
人工气候老化	断裂拉伸强度保持率(%),≥	80	80	80
	扯断伸长率保持率(%),≥	70	70	70
粘结点	剥离强度(kN/m),≥	1		
	常温下断裂拉伸强度(N/cm),≥	100	60	
	常温下扯断伸长率(%),≥	150	400	
粘结剥离强度(片材与片材)	(N/cm)(标准试验条件),≥	1.5		
	浸水保持率(常温,168 h),≥	70		

注:1. 人工气候老化和粘合性能项目为推荐项目。

2. 非外露使用可以不考核人工气候老化、加热伸缩量、60℃断裂拉伸强度性能。

5. 常用高分子防水卷材

(1)三元乙丙橡胶防水卷材。三元乙丙橡胶防水卷材是以乙烯、丙烯和少量双环戊二烯三种单体共聚合成的三元乙丙橡胶为主要原料,掺入适量的丁基橡胶、硫化剂、促进剂、软化剂、补强剂和填充剂等,经密炼、拉片、过滤、挤出(或压延)成形、硫化加工制成。该卷材是目前耐老化性能较好的一种卷材,使用寿命达20年以上。它的耐候性、耐老化性好,化学稳定性、耐臭氧性、耐热性和低温柔性好,具有质量轻、弹性和抗拉强度高、延伸率大、耐酸碱腐蚀等特点,对基层材料的伸缩或开裂变形适应性强,可广泛用于防水要求高、耐用年限长的防水工程。三元乙丙橡胶防水卷材根据其表面质量、拉伸强度与撕裂强度、不透水性、耐低温性等指标分为一等品和合格品。

(2)聚氯乙烯防水卷材。

1)聚氯乙烯防水卷材的组成、性质及适用范围见表9-24。

表 9-24　聚氯乙烯防水卷材的组成、性质及适用范围

项　目	内　容
组成	聚氯乙烯防水卷材是以聚氯乙烯为主体，掺入填充料、软化剂、增塑剂及其他助剂等，经混炼、压延或挤出成型而成。包括无复合层、用纤维单面复合及织物内增强的聚氯乙烯卷材
性质	聚氯乙烯本身的低温柔性和耐老化性较差，通过改性之后，性能得到改善，可以满足建筑防水工程的要求。 聚氯乙烯卷材具有质轻、低温柔性好，尺寸稳定性、耐腐蚀性和耐细菌性好等优点。粘贴时可采用多种胶粘剂，施工方法采用全粘法或局部粘贴法
适用范围	适用于新建和翻修工程的屋面防水，也适用于水池、堤坝等防水工程。尤其适用特殊要求防腐工程

2)聚氯乙烯防水卷材的分类、规格和标记见表 9-25。

表 9-25　聚氯乙烯防水卷材的分类、规格和标记

项　目	内　容
分类	聚氯乙烯防水卷材按有无复合层分类：无复合层的为 N 类，用纤维单面复合的为 L 类，织物内增强的为 W 类。每类产品按理化性能分为Ⅰ型和Ⅱ型两种
规格	(1)长度规格为：10 m、15 m、20 m。 (2)厚度规格为：1.2 mm、1.5 mm、2.0 mm。 (3)其他长度、厚度规格可由供需双方商定，厚度规格不得小于 1.2 mm
标记	按产品名称(代号 PVC 卷材)、外露或非外露使用、类型、厚度、长×宽和标准顺序标记。如长度 20 m、宽度 1.2 m、厚度 1.5 mm、Ⅱ型、L 类外露使用聚氯乙烯防水卷材标记为：PVC 卷材　外露 L　Ⅱ　1.5/20×1.2　GB 12952—2003

3)聚氯乙烯防水卷材的理化性能。

①N 类无复合层卷材的理化性能见表 9-26。

表 9-26　N 类无复合层卷材理化性能

项　目	Ⅰ型	Ⅱ型
拉伸强度(MPa)，≥	8.0	12.0
断裂伸长度(%)，≥	200	250
热处理尺寸变化率(%)，≤	3.0	2.0
低温弯折性	−20℃无裂纹	−25℃无裂纹
抗穿孔性	不透水	
不透水性	不透水	
剪切状态下的粘合性(N/mm)，≥	3.0 或卷材破坏	

续上表

项　目		Ⅰ型	Ⅱ型
热老化处理	外观	无起泡、裂纹、粘结、孔洞	
	拉伸强度变化率(%)	±25	±20
	断裂伸长率变化率(%)		
	低温弯折性	-15℃无裂纹	-20℃无裂纹
耐化学侵蚀	拉伸强度变化率(%)	±25	±20
	断裂伸长率变化率(%)		
	低温弯折性	-15℃无裂纹	-20℃无裂纹
人工气候加速老化	拉伸强度变化率(%)	±25	±20
	断裂伸长率变化率(%)		
	低温弯折性	-15℃无裂纹	-20℃无裂纹

注:非外露使用可以不考核人工气候加速老化性能。

②L类及W类无复合层卷材的理化性能见表9-27。

表9-27 L类及W类无复合层卷材的理化性能

项　目		Ⅰ型	Ⅱ型
拉力(N/cm),≥		100	160
断裂伸长率(%),≥		150	200
热处理尺寸变化率(%),≤		1.5	1.0
低温弯折性		-20℃无裂纹	-25℃无裂纹
抗穿孔性		不透水	
不透水性		不透水	
剪切状态下的粘合性(N/mm),≥	L类	3.0或卷材破坏	
	W类	6.0或卷材破坏	
热老化处理	外观	无起泡、裂纹、粘结、孔洞	
	拉伸强度变化率(%)	±25	±20
	断裂伸长率变化率(%)		
	低温弯折性	-15℃无裂纹	-20℃无裂纹
耐化学侵蚀	拉伸强度变化率(%)	±25	±20
	断裂伸长率变化率(%)		
	低温弯折性	-15℃无裂纹	-20℃无裂纹
人工气候加速老化	拉力变化率(%)	±25	±20
	断裂伸长率变化率(%)		
	低温弯折性	-15℃无裂纹	-20℃无裂纹

注:非外露使用可以不考核人工气候加速老化性能。

(3)氯化聚乙烯防水卷材。

1)氯化聚乙烯防水卷材的分类、规格和标记见表 9-28。

表 9-28　氯化聚乙烯防水卷材的分类、规格和标记

项　目	内　容
分类	产品按有无复合层分类,无复合层的为 N 类、用纤维单面复合的为 L 类、织物内增强的为 W 类。 每类产品按理化性能分为Ⅰ型和Ⅱ型
规格	(1)卷材长度规格为 10 m、15 m、20 m。 (2)厚度规格为 1.2 mm、1.5 mm、2.0 mm。 (3)其他长度、厚度规格可南供需双方商定,厚度规格不得小于 1.2 mm
标记	按产品名称(代号 CPE 卷材)、外露或非外露使用、类、型、厚度、长×宽和标准顺序标记。示例:长度 20 m、宽度 1.2 m、厚度 1.5 mmⅡ型 L 类外露使用氯化聚乙烯防水卷材标记为 CPE 卷材　外露　L　Ⅱ　1.5/20×1.2　GB 12953—2003

2)氯化聚乙烯防水卷材的理化性能。

①N 类卷材的理化性能应符合表 9-29 的规定。

表 9-29　N 类卷材的理化性能

项　目		Ⅰ型	Ⅱ型
拉伸强度(MPa),≥		5.0	8.0
断裂伸长率(%),≥		200	300
热处理尺寸变化率(%),≤		3.0	纵向 2.5 横向 1.5
低温弯折性		−20℃无裂纹	−25℃无裂纹
抗穿孔性		不渗水	
不透水性		不透水	
剪切状态下的粘合性(N/mm),≥		3.0 或卷材破坏	
热老化处理	外观	无起泡、裂纹、粘结与孔洞	
	拉伸强度变化率(%)	+50 −20	±20
	断裂伸长率变化率(%)	+50 −30	±20
	低温弯折性	−15℃无裂纹	−20℃无裂纹
耐化学侵蚀	拉伸强度变化率(%)	±30	±20
	断裂伸长率变化率(%)	±30	±20
	低温弯折性	−15℃无裂纹	−20℃无裂纹

续上表

项目		Ⅰ型	Ⅱ型
人工气候加速老化	拉伸强度变化率(%)	+50 −20	±20
	断裂伸长率变化率(%)	+50 −30	±20
	低温弯折性	−15℃无裂纹	−20℃无裂纹

注:非外露使用可以不考核人工气候加速老化性能。

②L 类及 W 类卷材的理化性能见表 9-30。

表 9-30 L 类及 W 类卷材的理化性能

项目		Ⅰ型	Ⅱ型
拉力(N/cm),≥		70	120
断裂伸长率(%),≥		125	250
热处理尺寸变化率(%),≤		1.0	
低温弯折性		−20℃无裂纹	−25℃无裂纹
抗穿孔性		不渗水	
不透水性		不透水	
剪切状态下的粘合性(N/mm),≥	L类	3.0或卷材破坏	
	W类	6.0或卷材破坏	
热老化处理	外观	无起泡、裂纹、粘结与孔洞	
	拉力(N/cm)	55	100
	断裂伸长率变化率(%)	100	200
	低温弯折性	−15℃无裂纹	−20℃无裂纹
耐化学侵蚀	拉力(N/cm)	55	100
	断裂伸长率变化率(%)	100	200
	低温弯折性	−15℃无裂纹	−20℃无裂纹
人工气候加速老化	拉力(N/cm)	55	100
	断裂伸长率变化率(%)	100	200
	低温弯折性	−15℃无裂纹	−20℃无裂纹

(4)氯化聚乙烯—橡胶共混防水卷材。氯化聚乙烯—橡胶共混防水卷材是以氯化聚乙烯树脂和合成橡胶为主体,加入适量的硫化剂、促进剂、稳定剂、软化剂和填充剂等,经过素炼、混炼、过滤、压延(或挤出)成形、硫化等工序加工制成的高弹性防水卷材。它不仅具有氯化聚乙烯所特有的高强度和优异的耐臭氧、耐老化性能,而且具有橡胶类材料所特有的高弹性、高延伸性和良好的低温柔性,其性能见表 9-31。因此,该类卷材特别适合于寒冷地区或变形较大的建筑防水工程。

表 9-31　氯化聚乙烯—橡胶共混防水卷材

<table>
<tr><td rowspan="2">项　目</td><td colspan="2">指　标</td><td colspan="2" rowspan="2">项　目</td><td colspan="2">指　标</td></tr>
<tr><td>S 型</td><td>N 型</td><td>S 型</td><td>N 型</td></tr>
<tr><td>拉伸强度(MPa)</td><td>≥7.0</td><td>≥5.0</td><td rowspan="2">热老化保持率(80℃，168 h)</td><td>拉伸强度(%)</td><td colspan="2">≥80</td></tr>
<tr><td>断裂伸长率(%)</td><td>≥400</td><td>≥250</td><td>断裂伸长率(%)</td><td colspan="2">≥70</td></tr>
<tr><td>直角形撕裂强度(kN/m)</td><td>≥24.5</td><td>≥20.0</td><td rowspan="2">粘结剥离强度</td><td>(kN/m)</td><td colspan="2">≥2.0</td></tr>
<tr><td>不透水性(30 min，不透水压力)</td><td>0.3 MPa</td><td>0.2 MPa</td><td>浸水 168 h，保持(%)</td><td colspan="2">≥70</td></tr>
<tr><td>脆性温度(℃)</td><td>−40℃</td><td>−20℃</td><td colspan="2" rowspan="2">热处理尺寸变化率(%)</td><td rowspan="2">+1～
−2</td><td rowspan="2">+2～
−4</td></tr>
<tr><td>臭氧老化(500 pphm，40℃，168 h)</td><td>定伸 40%
无裂纹</td><td>定伸 20%
无裂纹</td></tr>
</table>

注：1 pphm 臭氧含量相当于 1.01 MPa 臭氧分压。

第三节　防水涂料

一、聚合物水泥防水涂料

1. 聚合物水泥防水涂料的分类、标记及外观要求

(1)分类。产品按物理力学性能分为Ⅰ型、Ⅱ型和Ⅲ型。Ⅰ型适用于活动量较大的基层，Ⅱ型和Ⅲ型适用于活动量较小的基层。

(2)标记。产品按下列顺序进行标记：产品名称、类型、标准号。示例：Ⅰ型聚合物水泥防水涂料标记为：JS 防水涂料　Ⅰ　GB/T 23445—2009。

(3)外观要求。产品的两组分经分别搅拌后，其液体组分应为无杂质、无凝胶的均匀乳液；固体组分应为无杂质、无结块的粉末。

2. 聚合物水泥防水涂料的物理力学性能

聚合物水泥防水涂料的物理力学性能见表 9-32。

表 9-32　聚合物水泥防水涂料的物理力学性能

<table>
<tr><td colspan="2" rowspan="2">试验项目</td><td colspan="3">技术指标</td></tr>
<tr><td>Ⅰ型</td><td>Ⅱ型</td><td>Ⅲ型</td></tr>
<tr><td colspan="2">固体含量(%)，≥</td><td>70</td><td>70</td><td>70</td></tr>
<tr><td rowspan="5">拉伸强度</td><td>无处理(MPa)，≥</td><td>1.2</td><td>1.8</td><td>1.8</td></tr>
<tr><td>加热处理后保持率(%)，≥</td><td>80</td><td>80</td><td>80</td></tr>
<tr><td>碱处理后保持率(%)，≥</td><td>60</td><td>70</td><td>70</td></tr>
<tr><td>浸水处理后保持率(%)，≥</td><td>60</td><td>70</td><td>70</td></tr>
<tr><td>紫外线处理后保持率(%)，≥</td><td>80</td><td>—</td><td>—</td></tr>
</table>

续上表

试验项目		技术指标		
		Ⅰ型	Ⅱ型	Ⅲ型
断裂伸长率	无处理(%),≥	200	80	30
	加热处理(%),≥	150	65	20
	碱处理(%),≥	150	65	20
	浸水处理(%),≥	150	65	20
	紫外线处理(%),≥	150	—	—
低温柔性(ϕ 10 mm 棒)		−10℃ 无裂纹	—	—
粘结强度	无处理(MPa),≥	0.5	0.7	1.0
	潮湿基层(MPa),≥	0.5	0.7	1.0
	碱处理(MPa),≥	0.5	0.7	1.0
	浸水处理(MPa),≥	0.5	0.7	1.0
不透水性(0.3 MPa,30 min)		不透水	不透水	不透水
抗渗性(砂浆背水面)(MPa),≥		—	0.6	0.8

二、聚合物乳液建筑防水涂料

1. 聚合物乳液建筑防水涂料的分类、标记及外观要求

(1)分类。产品按物理力学性能分为Ⅰ类和Ⅱ类。Ⅰ类产品不用于外露场合。

(2)标记。产品按下列顺序进行标记:产品代号、类型、标准号。标记示例:Ⅰ类聚合物乳液建筑防水涂料标记为:聚合物乳液建筑防水涂料 Ⅰ JC/T 864—2008。

(3)外观要求。产品经搅拌后无结块,呈均匀状态。

2. 聚合物乳液建筑防水涂料的物理力学性能

聚合物乳液建筑防水涂料的物理力学性能见表9-33。

表9-33 聚合物乳液建筑防水涂料的物理力学性能

项目		指标	
		Ⅰ	Ⅱ
拉伸强度(MPa)		≥1.0	≥1.5
断裂延伸率(%)		≥300	
低温柔性(绕 ϕ10 mm 棒弯 180°)		−10℃,无裂纹	−20℃无裂纹
不透水性(0.3 MPa,30 min)		不透水	
固体含量(%)		≥65	
干燥时间(h)	表干时间	≤4	
	实干时间	≤8	

续上表

项目		指标	
		Ⅰ	Ⅱ
处理后的拉伸强度保持率(%)	加热处理	≥80	
	碱处理	≥60	
	酸处理	≥40	
	人工气候老化处理①	—	80～150
处理后的断裂伸长率(%)	加热处理	≥200	
	碱处理		
	酸处理		
	人工气候老化处理①	—	≥200
加热伸缩率(%)	伸长	≤1.0	
	缩短	≤1.0	

①仅用于外露使用产品。

三、水乳型沥青防水涂料

1.水乳型沥青防水涂料的分类、标记及外观要求

(1)分类。产品按性能分为H型和L型。

(2)标记。产品按类型和标准号顺序标记。示例:H型水乳型沥青防水涂料标记为水乳型沥青防水涂料　H　JC/T 408—2005。

(3)外观要求。样品搅拌后均匀无色差、无凝胶、无结块、无明显沥青丝。

2.水乳型沥青防水涂料的物理力学性能

水乳型沥青防水涂料的物理力学性能见表9-34。

表9-34　水乳型沥青防水涂料的物理力学性能

项目		L	H
固体含量(%)		≥45	
耐热度(℃)		80±2	110±2
		无流淌、滑动、滴落	
不透水性		0.10 MPa,30 min 无渗水	
粘结强度(MPa)		≥0.30	
表干时间(h)		≤8	
实干时间(h)		≤24	
低温柔度(℃)	标准条件	−15	0
	碱处理	−10	5
	热处理		
	紫外线处理		

续上表

项目		L	H
断裂伸长率(%)	标准条件	600	
	碱处理		
	热处理		
	紫外线处理		

注:供需双方可以商定温度更低的低温柔度指标。

四、溶剂型橡胶沥青防水涂料

1.溶剂型橡胶沥青防水涂料的分类、标记及外观要求

(1)分类。按产品的抗裂性、低温柔性分为一等品(B)和合格品(C)。

(2)标记。涂料按下列顺序标记:产品名称、等级、标准号。标记示例:溶剂型橡胶沥青防水涂料 C JC/T 852—1999。

(3)外观要求。涂料应为黑色、黏稠状、细腻、均匀胶状液体。

2.溶剂型橡胶防水涂料的物理力学性能

溶剂型橡胶防水涂料的物理力学性能见表9-35。

表9-35 溶剂型橡胶防水涂料的物理力学性能

项目		技术指标	
		一等品	合格品
固体含量(%)		≥48	
抗裂性	基层裂缝(mm)	0.3	0.2
	漆膜状态	无裂纹	
低温柔性(ϕ10 mm,2 h)(℃)		−15	−10
		无裂纹	
粘结性(MPa)		≥0.20	
耐热性(80℃,5 h)		无流淌、鼓泡、滑动	
不透水性(0.2 MPa,30 min)		不渗水	

五、聚氯乙烯弹性防水涂料

1.聚氯乙烯弹性防水涂料的分类、标记及外观要求

(1)分类。

1)PVC防水涂料按施工方式分为热塑性(J型)和热熔性(G型)两种类型。

2)PVC防水涂料按耐热和低温性能分为801和802两个型号。

“80”代表耐热温度为80℃,“1”和“2”代表低温柔性温度分别为“−10℃”、“−20℃”。

(2)标记。产品按下列顺序进行标记:产品按名称、类型、型号、标准号顺序标记。标记示例:PVC防水涂料 J 801 JC/T 674—1997。

(3)外观要求。

1)J 型防水涂料应为黑色均匀黏稠状物,无结块、无杂质。

2)G 型防水涂料应为黑色块状物,无焦渣等杂物,无流淌现象。

2. 聚氯乙烯弹性防水涂料的物理力学性能

聚氯乙烯弹性防水涂料的物理力学性能见表 9-36。

表 9-36　聚氯乙烯弹性防水涂料的物理力学性能

项　目		技术指标	
		801	802
密度(g/cm^3)		规定值[①] ±0.1	
耐热性(80℃,5 h)		无流淌、起泡和滑动	
低温柔性(φ20 mm)(℃)		−10	−20
		无裂纹	
断裂延伸率(%),≥	无处理	350	
	加热处理	280	
	紫外线处理	280	
	碱处理	280	
恢复率(%),≥		70	
不透水性(0.1 MPa,30 min)		不渗水	
粘结强度(MPa),≥		0.20	

①规定值是指企业标准或产品说明所规定的密度值。

六、聚氨酯防水涂料

1. 聚氨酯防水涂料的分类、标记及外观要求

(1)分类。

1)产品按组分分为单组分(S)、多组分(M)两种。

2)产品按拉伸性能分为Ⅰ、Ⅱ两类

(2)标记。产品按下列顺序进行标记:名称、组分、类和标准号顺序标记。示例:Ⅰ类单组分聚氨酯防水涂料标记为 PU 防水涂料　S　Ⅰ　GB/T 19250—2003。

(3)外观要求。产品为均匀黏稠体,无凝胶、结块。

2. 单组分聚氨酯防水涂料的物理力学性能

单组分聚氨酯防水涂料的物理力学性能见表 9-37。

表 9-37　单组分聚氨酯防水涂料的物理力学性能

项　目	Ⅰ	Ⅱ
拉伸强度(MPa),≥	1.90	2.45
断裂伸长率(%),≥	550	450
撕裂强度(N/mm),≥	12	14

续上表

项　目		Ⅰ	Ⅱ
低温弯折性(℃),≤		−40	
不透水性(0.3 MPa,30 min)		不透水	
固体含量(%),≥		80	
表干时间(h),≤		12	
实干时间(h),≤		24	
加热伸缩率(%)	≤	1.0	
	≥	−4.0	
潮湿基面粘结强度[①](MPa)		≥0.50	
定伸时老化	加热老化	无裂纹及变形	
	人工气候老化[②]	无裂纹及变形	
热处理	拉伸强度保持率(%)	80～150	
	断裂伸长率(%),≥	500	400
	低温弯折性(℃),≤	−35	
碱处理	拉伸强度保持率(%)	60～150	
	断裂伸长率(%),≥	500	400
	低温弯折性(℃),≤	−35	
酸处理	拉伸强度保持率(%)	80～150	
	断裂伸长率(%),≥	500	400
	低温弯折性(℃),≤	−35	
人工气候老化[②]	拉伸强度保持率(%)	80～150	
	断裂伸长率(%),≥	500	400
	低温弯折性(℃),≤	−35	

①仅用于地下工程潮湿基面时要求。

②仅用于外露使用的产品。

3.多组分聚氨酯防水涂料的物理力学性能

多组分聚氨酯防水涂料的物理力学性能见表9-38。

表9-38　多组分聚氨酯防水涂料的物理力学性能

项　目	Ⅰ	Ⅱ
拉伸强度(MPa),≥	1.90	2.45
断裂伸长率(%),≥	450	450
撕裂强度(N/mm),≥	12	14
低温弯折性(℃),≤	−35	
不透水性(0.3 MPa,30 min)	不透水	

续上表

项　目		Ⅰ	Ⅱ
固体含量(%),≥		92	
表干时间(h),≤		8	
实干时间(h),≤		24	
加热伸缩率(%)	≤	1.0	
	≥	−4.0	
潮湿基面粘结强度[①](MPa),≥		0.50	
定伸时老化	加热老化	无裂纹及变形	
	人工气候老化[②]	无裂纹及变形	
热处理	拉伸强度保持率(%)	80～150	
	断裂伸长率(%),≥	400	
	低温弯折性(℃),≤	−30	
碱处理	拉伸强度保持率(%)	60～150	
	断裂伸长率(%),≥	400	
	低温弯折性(℃),≤	−30	
酸处理	拉伸强度保持率(%)	80～150	
	断裂伸长率(%),≥	400	
	低温弯折性(℃),≤	−30	
人工气候老化[②]	拉伸强度保持率(%)	80～150	
	断裂伸长率(%),≥	400	
	低温弯折性(℃),≤	−30	

注:①、②同表 9-37 表注。

第四节　建筑防水密封材料

一、聚氨酯建筑密封胶

1.聚氨酯建筑密封胶的种类及规格

(1)成分。聚氨酯建筑密封胶是以氨基甲酸酯聚合物为主要成分的建筑密封胶。

(2)分类。

1)聚氨酯建筑密封胶按包装形式分为单组分(Ⅰ)和多组分(Ⅱ)两个品种;按流动性分为非下垂型(N)和自流平型(L)两个类型。

2)聚氨酯建筑密封胶按位移能力分为25、20两个级别。

3)聚氨酯建筑密封胶按拉伸模量分为高模量(HM)和低模量(LM)两个次级别。

(3)标记。聚氨酯建筑密封胶产品按下列顺序标记:名称、品种、类型、级别、次级别、标准号。标记示例:级低模量单组分非下垂型聚氨酯建筑密封胶标记为:聚氨酯建筑密封胶　Ⅰ

N　25　LM　JC/T 482—2003。

(4)外观质量。聚氨酯建筑密封胶应为细腻、均匀膏状物或黏稠液，不应有气泡。多组分产品各组分的颜色间应有明显差异。产品的颜色与供需双方商定的样品相比，不得有明显差异。

2. 聚氨酯建筑密封胶的物理力学性能

聚氨酯建筑密封胶的物理力学性能见表 9-39。

表 9-39　聚氨酯建筑密封胶的物理力学性能

项　目		技术指标		
		20 HM	25 LM	20 LM
密度(g/cm^3)		规定值±0.1		
流动性	下垂度(N型)(mm),≤	3		
	流平性(L型)	光滑平整		
表干时间(h),≤		24		
挤出性①(mL/min),≥		80		
适用期②(h),≥		1		
弹性恢复率(%),≥		70		
拉伸模量(MPa)	23℃ -20℃	>0.4 或>0.6	≤0.4 和≤0.6	
定伸粘结性		无破坏		
浸水后定伸粘结性		无破坏		
冷静拉—热压后的粘结性		无破坏		
质量损失率(%),≤		7		

①此项仅适用于单组分产品。

②此项仅适用于多组分产品，允许采用供需双方商定的其他指标值。

二、聚硫建筑密封胶

1. 聚硫建筑密封胶的种类及规格

(1)组成。聚硫建筑密封膏(双组分)是以液态聚硫橡胶为基料，加入硫化剂、增塑剂、填充料等配制而成的均匀膏状体。

(2)分类。

1)聚硫建筑密封膏按流动性分为非下垂型(N)和自流平型(L)两个类型。

2)按位移能力分为 25、20 两个级别。

3)按拉伸模量分为高模量(HM)和低模量(LM)两个次级别。

(3)标记。聚硫建筑密封膏产品按下列顺序标记：名称、类型、级别、次级别、标号。如 25 号低模量非下垂型聚硫建筑密封膏的标记为：聚硫建筑密封膏 N 25 LM JC/T 483—2006。

(4)外观质量。聚硫建筑密封膏产品应为均匀膏状物、无结皮结块，组分间颜色应有明显差别。产品颜色与供需双方商定的样品相比,不得有明显差异。

2.聚硫建筑密封胶的物理力学性能

聚硫建筑密封膏的物理力学性能见表9-40。

表9-40 聚硫建筑密封膏的物理力学性能

<table>
<tr><td colspan="2" rowspan="2">项 目</td><td colspan="3">技术指标</td></tr>
<tr><td>20 HM</td><td>25 LM</td><td>20 LM</td></tr>
<tr><td colspan="2">密度(g/cm^3)</td><td colspan="3">规定值±0.1</td></tr>
<tr><td rowspan="2">流动性</td><td>下垂度(N型)(mm),≤</td><td colspan="3">3</td></tr>
<tr><td>流平性(L型)</td><td colspan="3">光滑平整</td></tr>
<tr><td colspan="2">表干时间(h),≤</td><td colspan="3">24</td></tr>
<tr><td colspan="2">适用时期(h),≥</td><td colspan="3">2</td></tr>
<tr><td colspan="2">弹性恢复率(%),≥</td><td colspan="3">70</td></tr>
<tr><td rowspan="2">拉伸模量(MPa)</td><td>23℃</td><td rowspan="2">>0.4或>0.6</td><td colspan="2" rowspan="2">≤0.4和≤0.6</td></tr>
<tr><td>-20℃</td></tr>
<tr><td colspan="2">定伸粘结性</td><td colspan="3">无破坏</td></tr>
<tr><td colspan="2">浸水后定伸粘结性</td><td colspan="3">无破坏</td></tr>
<tr><td colspan="2">冷拉-热压后的粘结性</td><td colspan="3">无破坏</td></tr>
</table>

注:适用期允许采用供需双方商定的其他指标值。

三、硅酮建筑密封胶

1.硅酮建筑密封胶的种类及规格

(1)组成。硅酮建筑密封胶是以聚硅氧烷为主要成分,加入适量的硫化剂、硫化促进剂以及填料等在室温下固化的单组分密封胶。

(2)分类。

1)硅酮建筑密封胶按固化机理分为A型——脱酸(酸性)和B型——脱醇(中性)两类。

2)硅酮建筑密封胶按用途分为建筑接缝用(F类)和镶装玻璃用(G类)两类。

3)硅酮建筑密封胶按位移能力分为25、20两个级别;按拉伸模量分为高模量(HM)和低模量(LM)两个次级别。

(3)标记。硅酮建筑密封胶产品按下列顺序标记:名称、类型、类别、级别、次级别、标准号。如镶装玻璃用25级高模量酸性硅酮建筑密封胶标记为:硅酮建筑密封胶 A G 25 HM GB/T 14683—2003。

(4)外观质量。硅酮建筑密封胶应为细腻、均匀膏状物,不应有气泡、结皮和凝胶。颜色与供需双方商定的样品相比,不得有明显差异。

2. 硅酮建筑密封胶的物理力学性能

硅酮建筑密封胶的物理力学性能见表 9-41。

表 9-41 硅酮建筑密封胶的物理力学性能

项 目		技术指标			
		25HM	20 HM	25 LM	20 LM
密度(g/cm³)		规定值±0.1			
下垂度(mm)	垂直	≤3			
	水平	无变形			
表干时间(h)		≤3①			
挤出性(mL/min)		≥80			
弹性恢复率(%)		≥80			
拉伸模量(MPa)	23℃	>0.4 或>0.6		≤0.4 和≤0.6	
	-20℃				
定伸粘结性		无破坏			
紫外线辐照后粘结性②		无破坏			
冷拉-热压后粘结性		无破坏			
浸水后定伸粘结性		无破坏			
质量损失率(%)		≤10			

①允许采用供需双方商定的其他指标值。

②此项仅适用于 G 类产品。

第五节 防水材料的选用

一、防水卷材的选用

1. 沥青防水卷材

沥青防水卷材是以沥青为主要浸涂材料所制成的卷材，分有胎卷材和无胎卷材两类。有胎沥青防水卷材是以原纸、纤维毡等材料中的一种或数种复合为胎基，浸涂沥青、改性沥青或改性焦油，并用隔离材料覆盖其表面所制成的防水卷材，即含有增强材料的油毡。无胎沥青防水卷材是不含有增强材料的油毡。沥青防水卷材的选用见表 9-42。

表 9-42 沥青防水卷材的选用

项 目	内 容
石油沥青油毡	石油沥青油毡是以原纸为胎，两面均匀浸渍低软化点沥青形成油纸，再在油纸两面均匀浸渍高软化点沥青，再涂撒隔离材料而制成的卷材，其主要用于建筑防潮和一般的防潮包装
煤沥青防水油毡	它是先以低软化点沥青浸渍原纸，再用高软化点煤沥青涂盖油纸的两面并撒以苫布材料而制成的一种纸胎防水卷材。煤沥青油毡温度稳定性和大气稳定性能均不如石油沥青油毡，故工程上多用于地下防水和建筑物的防潮

续上表

项　目	内　容
沥青玻璃布油毡	沥青玻璃布油毡是用石油沥青浸涂玻璃纤维织布的两面，再撒上隔离材料而制成的一种无机胎防水卷材，主要优点是抗拉强度高、柔韧性好、耐腐蚀性强等，主要用于铺设屋面防水、地下防水以及金属管道的防腐保护层等
沥青玻璃纤维油毡	石油沥青玻璃纤维油毡是以玻璃纤维薄毡为胎，两面浸涂石油沥青，表面再撒以矿物粉料或覆盖聚乙烯薄膜等隔离材料而制成的一种防水卷材。它主要用于地下、屋面防水和防腐工程中应用

2.改性沥青防水卷材

改性沥青防水卷材是以改性沥青为涂盖层，纤维织物或纤维毡为胎体，粉状、片状、粒状或薄膜材料为覆盖层材料制成可卷曲的片状防水材料。改性沥青防水卷材改善了普通沥青防水卷材温度稳定性差、延伸率小等缺点，具有高温不流淌、低温不脆裂、拉伸强度较高、延伸率较大等特点。改性沥青防水卷材的选用见表 9-43。

表 9-43　改性沥青防水卷材的选用

项　目	内　容
橡胶改性沥青防水卷材	橡胶改性沥青防水卷材是采用玻璃纤维毡或聚酯毡为胎，浸涂橡胶改性沥青，两面覆盖聚乙烯薄膜、细砂、粉料或矿物粒料而制成的一种新型中、高档防水卷材。该防水卷材较沥青防水卷材，提高了延展性、柔韧性、粘附性，可以形成高强度的防水层，施工时可以热熔搭接，广泛地应用在各种类型的防水工程中，尤其适用于工业与民用建筑的地下结构防水、防潮，室内游泳池防水，各种水工构筑物和市政工程的防水、抗渗等
树脂改性沥青防水卷材	树脂改性沥青防水卷材是用无规聚丙烯或聚烯烃类聚合物(如 SBS)作改性剂浸渍玻璃纤维胎或聚酯胎，两面再覆以砂粒、塑料薄膜隔离材料所制成的防水卷材。它具有优良的综合性能，尤其是耐热性能好，耐紫外线能力比其他改性沥青防水卷材都强，所以，特别适合高温地区或阳光辐射强烈地区防水工程，并且可以广泛用于各种屋面、地下室、游泳池、桥梁和隧道等工程的防水
再生橡胶改性沥青防水卷材	再生橡胶改性沥青防水卷材是利用废橡胶粉作改性剂掺入石油沥青中，再加入适量的助剂，经过混炼、压延和硫化而制成的一种无胎防水卷材，其主要特点是自重轻，延伸性、低温柔性和耐腐蚀性都比普通油毡好，且价格便宜。适合用于屋面或地下接缝等部位的防水，还适合用于基层沉降较大或沉降不均匀的建筑物变形缝的防水

3.合成高分子防水卷材

合成高分子防水卷材是指以合成橡胶、合成树脂或两者共混体为基料，加入适量的化学助剂和填充料等，经不同工序加工而成的可卷曲的片状防水材料。合成高分子防水卷材的选用见表 9-44。

表 9-44 合成高分子防水卷材的选用

项目	内容
橡胶系防水卷材	硫化型橡胶防水卷材是用涤纶短纤维无纺布为胎体，或无胎体，以氯丁橡胶、天然橡胶或改性再生橡胶为面料制成的卷材。三元乙丙橡胶防水卷材是橡胶系防水卷材的主要品种。这种卷材是由石油裂解生成的乙烯、丙烯和少量的双环戊二烯三种单体共聚合成的三元乙丙橡胶为主体，掺入适量的丁基橡胶等外掺料，经熔炼、拉片、压延成形，再经硫化加工而成的一种新型防水卷材。它的主要优点是防水性能强、弹性好、抗拉强度高、耐腐蚀性好、耐久性好。三元乙丙橡胶防水卷材适用于防水要求高，使用年限长的屋面、地下室、隧道、水工构筑物的防水，尤其适合建筑物的外露屋面和大跨度、受振动荷载的建筑物防水
塑料系防水卷材	聚氯乙烯防水卷材是塑料系防水卷材最主要的品种。它是以聚氯乙烯树脂为基本原料，掺入适量的填充料、助剂，经混炼、造粒、挤出压延和冷却等工序而制成的一种柔性防水卷材。其原材料丰富且价格便宜，可用于修缮或新建工程的防水，也可以用于地下室、水池、水渠和堤坝等防水抗渗工程
氯化聚乙烯一橡胶共混防水卷材	氯化聚乙烯一橡胶共混防水卷材是以氯化聚乙烯树脂、合成橡胶为主要原料，再掺入适量的填充材料，如加入硫化剂、催化剂、软化剂和化学稳定剂等，经混炼和压延等工序成形，再经硫化而制成的具有较高弹性的防水卷材。它是一种橡塑共混的防水卷材，具有良好的耐热、耐油、耐寒和耐酸碱性，尤其耐臭氧性能优异，并且可以进行冷作，是屋面、地下和地面等建筑部位防水工程施工时理想的防水材料

二、防水涂料的选用

防水涂料的选用见表 9-45。

表 9-45 防水涂料的选用

项目	内容
沥青基防水涂料	沥青基防水涂料是以沥青为基料配制而成的水乳型或溶剂型防水涂料
改性沥青类防水	改性沥青类防水涂料指以沥青为基料，用合成高分子聚合物进行改性制成的水乳型或溶剂型防水涂料。最有代表性的为氯丁橡胶改性沥青防水涂料。氯丁橡胶改性沥青防水涂料从成分上分有水乳型和溶剂型两种类型。水乳型是以阳离子型氯丁胶乳与阳离子型沥青乳胶混合而成，以水代替溶剂，氯丁橡胶和石油沥青的微粒借助于表面活性剂的作用，稳定地分散在水中而形成的一种乳液状防水涂料，它具有较好的耐候性、耐腐蚀性、粘结性，有较高的弹性和延伸性，且无毒、阻燃，对基层变形的适应能力强、抗裂性好。溶剂型氯丁橡胶改性沥青防水涂料是将氯丁橡胶和石油沥青溶解于芳烃溶剂（苯或二甲苯）中而形成的一种混合胶体溶液

续上表

项　目		内　容
合成高分子类防水涂料	聚氨酯防水涂料	聚氨酯防水涂料聚氨酯防水涂料是合成高分子类防水涂料中应用较多的一个品种。它是一种化学反应型涂料，多以双组分形式混合使用，涂料喷、刷以后，借助组分间发生的化学反应，直接由液态变为固态，形成较厚的防水涂膜，涂料中几乎不含有溶剂，故涂膜体积收缩小，且其弹性、延伸性和抗拉强度高，耐候、耐蚀性能好，对环境温度变化和基层变形的适应性强，是一种性能优良的合成高分子防水涂料。缺点是有一定的毒性、不阻燃，且成本也较高
	丙烯酸酯防水涂料	丙烯酸酯防水涂料，是以纯丙烯酸酯乳液或以改性丙烯酸共聚物乳液为基料，加入各种配剂制成的水乳型防水涂料。该类涂料成膜后，有较高的粘结力、弹性和耐候性，质轻、整体性好且施工方便
	硅橡胶防水涂料	硅橡胶防水涂料是以硅橡胶乳液与其他高分子乳液的复合物为基料，加入配剂和填料制成的涂渗性防水涂料。硅橡胶防水涂料可在潮湿基层上施工，能较深地渗入基层毛细孔，从而提高粘结力和透水性，施工方便，成膜速度快，不污染环境

三、建筑密封材料的选用

建筑密封材料是能承受位移以达到气密、水密目的而嵌入建筑接缝中的定形和不定形的材料。建筑密封材料的选用见表 9-46。

表 9-46　建筑密封材料的选用

项　目	内　容
建筑防水沥青嵌缝油膏	建筑防水沥青嵌缝油膏是以石油沥青为基料，加入改性材料、稀释剂及填充料混合制成的冷用膏状密封材料。主要用于各种混凝土屋面板、墙板等建筑构件节点的防水密封
聚氯乙烯防水接缝材料	聚氯乙烯防水接缝材料是以聚氯乙烯树脂和焦油为基料，掺入适量的填充材料和增塑剂、稳定剂等改性材料，经塑化或热熔而成。产品呈黑色黏稠状或块状，按加工工艺不同分为热塑型(如胶泥)和热熔型(如塑料油膏)。聚氯乙烯防水接缝材料具有良好的弹性、延伸性及抗老化的性能，与水泥砂浆、水泥混凝土基面有较好的粘结效果，能适应屋面振动、伸缩、沉降引起的变形要求
聚氨酯建筑密封胶	聚氨酯建筑密封胶是以异氰酸基(—NCO)为基料，与含有活性氢化物的固化剂组成的一种常温固化弹性密封材料。这种密封膏能在常温下固化，并有优良的弹性、耐热、耐寒和耐久的性能，与混凝土、木材、塑料和金属等多种材料都有很好的粘结效果，广泛用于屋面板、楼地板、阳台、窗框和卫生间等部位的接缝密封、各种施工缝的密封以及混凝土裂缝的修补等
聚硫建筑密封胶	聚硫建筑密封胶是由液态硫橡胶为主剂与金属过氧化物等硫化剂反应在常温下形成的弹性体密封胶，国内多为双组分产品
硅酮密封胶	硅酮密封胶是以在有机硅氧烷为主剂，加入适量硫化剂、硫化促进剂、增强填充料和颜料等组成的。该类密封胶用有机硅橡胶为基料配制而成，故具有弹性高、耐水、防震、绝缘、耐高低温和耐老化性强等特性

第十章　建筑塑料

第一节　塑料概述

一、塑料的组成

1. 合成树脂

合成树脂的类型见表 10-1。

表 10-1　合成树脂的类型

项　目	内　容
加聚合成树脂	许多烯类及其衍生物单体在一定反应条件下，其中有一个不饱和键（如双键）断开，相互聚合成链状高分子物质。加聚反应所得的高聚物一般为线型分子。建筑塑料常用的加聚合成树脂有聚氯乙烯（PVC）、聚乙烯（PE）、聚苯乙烯（PS）、聚丙烯（PP）、聚甲基丙烯酸甲酯（PMMA）等
缩聚合成树脂	在一定反应条件下，由两种或两种以上单体，通过缩合反应形成高分子化合物。如缩聚酚醛树脂是由苯酚和甲醛两种单体缩聚而成。 缩聚反应所得的高聚物可以是线型的，可以是体型的（三度空间许多分子交联）。建筑塑料常用的缩聚树脂有酚醛树脂（PF）、脲醛树脂（DF）、环氧树脂（EP）及聚酯树脂等。 单组分塑料中合成树脂含量几乎达 100％；在多组分塑料中，合成树脂含量为 30％～70％

2. 填料

填料是塑料中另一重要成分。填料按其化学组成不同分有机填料（如木粉、棉布、纸屑）和无机填料（如石棉、云母、滑石粉、石墨、玻璃纤维）；按形状可分粉状和纤维状。填料不仅可以提高塑料的强度和硬度，增加化学稳定性，而且由于填料价格低于合成树脂，因而可以节约树脂，降低成本。一般填料掺量可达 40％～70％。

3. 添加剂

塑料中的添加剂用量虽然较少，但对改善塑料性能起着重要作用。添加剂的类型见表10-2。

表 10-2　添加剂的类型

项　目	内　容
增塑剂	增塑剂能增加塑料的可塑性，减少脆性，使其便于加工，并能使制品具有柔软性。对增塑剂的要求是：能与合成树脂均匀混合在一起，并具有足够的耐光、耐大气、耐水性能。常用的增塑剂有邻苯二甲酸酯类、磷酸酯类、樟脑和二苯甲酮等

续上表

项　目	内　容
稳定剂	稳定剂可以增强塑料的抗老化能力。稳定剂应能耐水、耐油、耐化学药品并与树脂相溶。常用的稳定剂有硬脂酸盐、铅化合物、环氧化合物
润滑剂	塑料在加工成型时，加入润滑剂可以防止粘模，并使塑料制品光滑。 常用的润滑剂有油酸、硬脂酸、硬脂酸的钙盐和镁盐。塑料中润滑剂一般用量为0.5%～1.5%
着色剂	为使塑料具有各种颜色，可掺有机染料或无机染料。对着色剂的要求是：色泽鲜明、着色力强、分散性好、与塑料结合牢靠、不起化学反应、不变色。常用的颜料有酞菁蓝、甲苯胺红和苯胺黑等
其他添加剂	为了满足塑料的某些特殊要求还需加入各种助剂。如加入异氰酸酯发泡剂，可制成泡沫塑料；加入适量的银、铜等金属微粒，可得导电塑料；在组分中加进一些磁铁末，可制成磁性塑料；加入阻燃剂三水合氧化铝可降低塑料制品的燃烧速度，并具有自熄性

二、塑料的分类

塑料的分类见表10-3。

表10-3　塑料的分类

划分标准		内　容
按树脂受热时所发生变化的不同划分	热固性塑料	热塑性塑料加热呈现软化，逐渐熔融，冷却后又凝结硬化，这一过程能多次重复进行。因此热塑性塑料制品可以再生利用。常用的热塑性塑料由聚氯乙烯、聚苯乙烯、聚酰胺、聚丙烯等树脂制成
	热塑性塑料	热固性塑料一经固化成型，受热也不会变软改变形状，所以只能塑制一次。属于热固性塑料的有酚醛树脂、环氧树脂、不饱和聚酯树脂、聚硅醚树脂等制成的塑料
按树脂的合成方法	缩合物塑料	缩聚物指的是由两个或两个以上不同分子化合时放出水或其他简单物质，生成一种与原来分子完全不同的生成物，如酚醛塑料、有机硅塑料和聚酯塑料等
	聚合物塑料	聚合物是指由许多相同的分子连接而成的庞大的分子，并且基本组成不变的生成物，如聚乙烯塑料、聚苯乙烯塑料、聚甲基丙烯酸甲酯塑料等

三、塑料的特性

塑料的特性见表10-4。

表10-4　塑料的特性

项　目	内　容
质轻、比强度高	塑料密度小，一般都在0.9～2.3 g/cm^{3}之间，只有钢铁的1/8～1/4，铝的1/2左右，混凝土的1/3，大大减轻了结构物自重。按单位质量计算的强度称为比强度，有些增强塑料的比强度接近甚至超过钢材。例如合金钢材，其单位质量的拉伸强度为160 MPa，而用玻璃纤维增强的塑料可达到170～400 MPa

续上表

项　目	内　容
优异的电绝缘性能	几乎所有的塑料都具有优异的电绝缘性能，如极小的介电损耗和优良的耐电弧特性，这些性能可与陶瓷媲美
优良的耐化学腐蚀性能	一般塑料对酸碱等化学品均有良好的耐腐蚀能力，可延长建筑物的使用寿命。如聚四氟乙烯的耐化学腐蚀性能比黄金还要好，甚至能耐“王水”等强腐蚀性电解质的腐蚀
优良的加工性能	塑料可以用各种方法成形，且加工性能好。采用注塑成形、挤压成形、模压成形、层压成形、浇注成形以及发泡成形等工艺可生产出薄膜、板材、管材及各种断面复杂的异型材等。各种塑料建材都可以大规模机械化生产，效率高，能耗低
其他性能	(1)减摩、耐磨性能好。大多数塑料具有优良的减摩、耐磨和自润滑特性。许多工程塑料制造的耐摩擦零件就是利用塑料的这些特性，在耐磨塑料中加入某些固体润滑剂和填料时，可降低其摩擦系数或进一步提高其耐磨性能。 (2)有透光及防护性能。多数塑料都可以作为透明或半透明制品，可用作航空玻璃材料，具有良好的透光和保暖性能及多种防护性能。 (3)减震、消声性能优良。某些塑料柔韧而富于弹性，当它受到外界频繁的机械冲击和振动时，内部产生黏性内耗，将机械能转变成热能，因此，工程上用作减震消声材料。 (4)塑料的共同缺点是耐热性比金属等材料差，一般塑料仅能在100℃以下使用，少数在200℃左右使用；塑料的热膨胀系数要比金属大3～10倍，容易受温度变化而影响尺寸的稳定性；在载荷作用下，塑料会缓慢地产生黏性流动或变形，即蠕变现象；此外，塑料在大气、阳光、长期的压力或某些物质作用下会发生老化，使性能变差等

第二节　常用的建筑塑料

一、热塑性塑料

1. 常见的热塑性塑料

常见的热塑性塑料见表10-5。

表10-5　常见的热塑性塑料

项　目		内　容
聚氯乙烯塑料(PVC)	硬质聚氯乙烯塑料(硬PVC)	硬质PVC表观密度为1.38～1.43 g/cm^3，机械强度高，介电性能优良，耐酸碱性特强，化学稳定性、耐油性及抗老化性也较好。其缺点是抗冲击性较差，使用温度低(60℃以下)，线膨胀系数大，成型加工性不好。 建筑工程中用它可制成百叶窗、屋面采光板、踏脚板、门窗框、扶手、地板砖，管、棒、板等型材；还可制成泡沫塑料，用作隔声、隔热材料

续上表

项　目		内　容
聚氯乙烯塑料(PVC)	软质聚氯乙烯塑料（软 PVC）	软质 PVC 材质较软，耐摩擦、耐挠曲，具有一定弹性，吸水性低，冲击韧性较硬质 PVC 低，易于加工成型，耐寒性、大气稳定性、化学稳定性好，破断时伸长率较高。其缺点是抗拉强度、抗弯强度较低，使用温度低（−15℃～55℃）。 建筑工程中用它可制成薄板、薄膜、管材等制品，与其他材料（如纸、织物和金属）复合，可制成壁纸、壁布和塑料复合金属板等
聚乙烯塑料（PE）		聚乙烯塑料是一种产量大、用途广的塑料。按其聚合方法不同，可分为高压、中压、低压三种。 聚乙烯塑料表观密度较小，有良好的耐低温性（−70℃）和耐化学腐蚀性，有突出的电绝缘性和耐辐射性，同时耐磨性、耐水性均较好。其缺点是机械强度不高，质较软；线性收缩率大；易燃，燃烧时火焰呈蓝色，并且熔融滴落，导致火焰蔓延，因此通常须加阻燃剂改善其耐燃性。 建筑工程中，聚乙烯塑料主要用于化工耐腐蚀管道，用于配制多种涂料，也可作防水、防潮材料
聚甲基丙烯酸甲酯塑料（有机玻璃）		聚甲基丙烯酸甲酯（PMMA）是由甲基丙烯酸甲酯单体加入引发剂、增塑剂聚合而成，密度为1.18～1.19 g/cm^3。PMMA 是玻璃态高透明的固体，由于它不但能透过 95％的白光，并且能透过 73.5％的紫外线，因此可代替玻璃。聚甲基丙烯酸甲酯塑料质轻，机械强度高，不易破碎，耐水性及电绝缘性良好；但耐磨性差，表面易发毛，光泽难以保持，易燃烧，易溶于有机溶剂。建筑工程中可将其制成板材、管材、穹形天窗、浴缸和室内隔断等
聚酰胺塑料（尼龙）		尼龙（PA）是某些氨基酸的缩聚物，或是二元酸与二元胺的缩聚物。常用的品种有尼龙 6、尼龙 66、尼龙 610 及尼龙 1010 等。它们都是线型结构的高聚物。尼龙突出的性能是摩擦系数小，抗拉伸，耐磨性、耐油性良好。其缺点是热膨胀大，吸水性高，对强酸、强碱、酚类等抗腐蚀力低。 在建筑工程中，尼龙用作给水管的零部件，以代替建筑五金的装饰部件以及喷涂于建筑五金表面作保护层用。尼龙也广泛用于建筑装饰工程

2. 常用的热塑性塑料的识别方法

常用的热塑性塑料的识别方法见表 10-6。

表 10-6　常用的热塑性塑料的识别方法

塑料名称	识别方法				
	燃烧难易	离火后是否自熄	火焰状态	燃后塑料变形情况	燃烧气味
聚苯乙烯（PS）	易	继续燃烧	橙黄色、浓黑烟炭束	软化、起泡	特殊苯乙烯、单体味
聚乙烯（PE）	易	继续燃烧	上端黄色、下端蓝色	熔融、滴落	石蜡燃烧的气味
聚氯乙烯（PVC）	难	离火即灭	黄色、下端绿色、白烟	软化	刺激性酸味

续上表

塑料名称	识别方法				
	燃烧难易	离火后是否自熄	火焰状态	燃后塑料变形情况	燃烧气味
聚丙烯(PP)	易	继续燃烧	上端黄色、下端蓝色、少量黑烟	熔融、滴落	石油味
聚甲醛(POM)	易	继续燃烧	上端黄色、下端蓝色	熔融、滴落	强烈刺激的甲醛味、鱼腥臭味
尼龙(PA)	慢慢燃烧	慢慢熄灭	蓝色、上端黄色	熔融、滴落、起泡	羊毛燃焦气味
聚甲基丙烯酸甲酯(PMMA)	易	继续燃烧	浅蓝色、顶端白色	熔融、起泡	强烈花果臭味、腐烂蔬菜臭味

二、热固性塑料

常用的热固性塑料见表10-7。

表10-7 常用的热固性塑料

项 目	内 容
酚醛塑料	酚醛塑料是酚醛树脂加填料制成的。 酚醛树脂俗称电木胶，以这种树脂为主要原料的压塑粉称电木粉。酚醛树脂含有极性羟基，故它在熔融或溶解状态下，对纤维材料胶合能力很强。以纸、棉布、木片、玻璃布等为填料可以制成强度很高的层压塑料。 酚醛塑料常用的填料有纸浆、木粉、玻纤和石棉等。填料不同，酚醛塑料性能亦不同。如在电木粉中加入石英粉或云母粉，会使塑料具有很高的电绝缘性；在电木粉中加入石棉能提高塑料的耐热和耐化学性。 酚醛塑料的缺点是色调深暗、性脆易碎，抗冲击强度小。在建筑工程中，酚醛塑料可用于制成模压制品、饰面板、粘结剂和涂料等
环氧树脂(EP)	环氧树脂是由二酚基丙烷(双酚A)及环氧氯丙烷在氢氧化钠催化作用下缩合而成。环氧树脂本身不会硬化，必须加入固化剂，经室温放置或加热处理后，才能成为不溶(熔)的固体。固化剂常用乙烯多胺及邻苯二甲酸酐。 环氧树脂分子中含有极性基因(羟基、醚键、环氧基)，因此环氧树脂突出的性能是与各种材料有很强的粘结力，能够牢固地粘结钢筋、混凝土、木材、陶瓷、玻璃和塑料等。经固化的环氧树脂具有良好的机械性能、电化性能、耐化学性能。 环氧树脂脆性很大，故常加入增塑剂提高其韧性及冲击强度。建筑工程中，环氧树脂广泛地用作粘结剂、涂料及各种增强塑料，亦可制成屋架、屋面板、门窗、屋面采光板等

第十一章　绝热材料和吸声材料

第一节　绝热材料

一、绝热材料的性能

1. 绝热材料的性能要求

在建筑中，保温材料和隔热材料统称为绝热材料。材料的温度敏感性是用导热性来表示的，导热性指材料传递热量的能力。材料的导热能力用热导率表示。热导率越小，则通过材料传送的热量越少，材料的保温隔热性能也越好。材料的热导率主要取决于材料的成分、内部结构及其表观密度，此外，与传热时的平均温度、材料的含水量等也有一定的关系。工程上将热导率 $\lambda \leqslant 0.17$ W/(m·K)的材料称为绝热材料。材料的热导率由大到小为金属材料＞无机非金属材料＞有机材料。一般关于热导率有以下规律。

(1)微观结构：相同组成的材料，结晶结构的热导率最大，微晶结构次之，玻璃体结构最小，如水淬矿渣就是一种较好的绝热材料。

(2)孔隙率：孔隙率越大，材料热导率越小。

(3)孔隙特征：在孔隙相同时，孔径越大，孔隙间连通越多，热导率越大。

2. 影响材料绝热性能的因素

当材料的两个相对侧面间出现温度差时，热量会从温度高的一面向温度低的一面传导。在冬天，由于室内气温高于室外，热量会从室内经围护结构向外传出，造成热损失。夏天，室外气温高于室内，热量经围护结构传至室内，使室温升高。为了保持室内温度，房屋的围护结构材料必须具有一定的绝热性能。

材料导热能力的大小用热导率表示。热导率是指单位厚度的材料，当两个相对侧面温差为 1 K 时，在单位时间内通过单位面积的热量。热导率受材料的组成，孔隙率及孔隙特征，所处环境的湿度、温度及热流方向等的影响。影响材料热导率的主要因素见表 11-1。

表 11-1　影响材料热导率的主要因素

项　目	内　容
材料的组成	材料的热导率受自身物质的化学组成和分子结构影响。化学组成和分子结构比较简单的物质比结构复杂的物质的热导率大。一般，金属热导率较大，非金属次之，液体较小，气体最小
孔隙率和孔隙特征	固体物质的热导率比空气的热导率大得多。一般来说，材料的孔隙率越大，热导率越小。材料的热导率不仅与孔隙率有关，还与孔隙的大小、分布、形状及连通情况有关
湿度	材料受潮吸水，热导率会增大；若受冻结冰，则热导率会增加更多。这是由于水的热导率比密闭空气的热导率大 20 多倍，而冰的热导率约为密闭空气热导率的 100 倍。故绝热材料在使用时特别要注意防潮、防冻

续上表

项　目	内　容
温度	材料的热导率随温度的升高而增大。这是由于温度升高，材料固体分子的热运动增强，同时材料孔隙中空气的导热和孔壁间的辐射作用也会有所增加
热流方向	对于各向异性材料，如木材等纤维质材料，当热流平行于纤维的方向时，热流受到的阻力小，热导率大；当热流垂直于纤维方向时，热流受到的阻力大，热导率就小

二、绝热材料的结构与应用

1. 绝热材料的结构

绝热材料一般系轻质、疏松多孔，且孔隙最好不连通，可为松散颗粒或纤维状，欲获得此类绝热材料，可从以下几方面着手。

(1)以天然多孔或纤维状的材料为主要组成材料，如软木、浮石、甘蔗板等。

(2)在材料中掺入加气剂或者泡沫剂以形成多孔结构，如加气混凝土、泡沫塑料等。

(3)在材料中加入能被烧去或于高温下可分解出气体而形成多孔的材料，如多孔陶瓷。

(4)材料本身在高温下自行膨胀为多孔结构，如膨胀珍珠岩、膨胀蛭石。

2. 绝热材料的应用

应用于墙体、屋面或冷藏库等处的绝热材料包括：以酚醛树脂粘结岩棉，经压制而成的岩棉板；以玻璃棉、树脂胶等为原料的玻璃棉毡；以碎玻璃、发泡剂等经熔化、发泡而得的泡沫玻璃；以水泥、水玻璃等胶结膨胀蛭石而成的膨胀蛭石制品；或者以聚苯乙烯树脂、发泡剂等经发泡而得的聚苯乙烯泡沫塑料等材料。其中岩棉板、膨胀蛭石制品和聚苯乙烯泡沫塑料等绝热材料还可应用于热力管道中。

三、绝热材料的种类和性能

1. 无机绝热材料的种类和性能

无机绝热材料的种类及其性能见表 11-2。

表 11-2　无机绝热材料的种类及其性能

种　类		性　能
多孔类无机绝热材料	硅酸钙绝热制品	硅酸钙绝热制品，是经蒸压形成的以水化硅酸钙为主要成分，并掺增强材料的制品。多以硅藻土、石灰为基料，加入少量石棉和水玻璃，经加水拌和制成砖、板、管、瓦等，经过烘干、蒸压而成的微孔制品，该制品多用于围护结构和管道保温
	泡沫玻璃	泡沫玻璃是由玻璃粉料和发泡剂，经配料、装模、煅烧、冷却而成的多孔材料。经调整配料的磨细程度、发泡剂的类型和焙烧工艺，可得到多种孔形和孔径的泡沫玻璃。因其组成和构造所致，成为保温性能好、强度高、耐久性强的绝热材料。具有连通气孔的泡沫玻璃，又是良好的吸声、隔声材料。泡沫玻璃加工性好，易锯切、钻孔等，可制成块状或板状，多用于冷库的绝热层、高层建筑框架填充料和热力装置的表面绝热材料

续上表

种类		性能
纤维状绝热材料	石棉	石棉是蕴藏在中性或酸性火成岩矿床中的一种非金属矿物，按其矿物成分可分为蛇纹石类石棉和角闪石类石棉。蛇纹石类石棉又称温石棉，其纤维柔软，便于松解，平时通称的石棉即指温石棉。石棉具有耐火、耐热、耐酸、耐碱、防腐、隔声、绝缘及保温隔热等特性。松散的石棉很少单独使用，多制成石棉纸、石棉板、石棉毡，或与胶结物料混合制成石棉块材等。石棉保温材料的技术性能见表 11-3
	矿渣棉、岩棉	矿渣棉是将冶金矿渣熔化，用高速离心法或喷吹法制成的一种矿物棉。岩棉是以天然岩石为原料制成的矿物棉，常用岩石如玄武岩、辉绿岩、角闪岩等在冲天炉或池窑中熔化，用喷吹法或离心法制成。矿渣棉和岩棉都具有保温、隔热、吸声、化学稳定性好、不燃烧、耐腐蚀等特性，是可以直接使用和做成制品使用的无机棉状绝热材料。 矿渣棉、岩棉及其制品过去主要用在热力管道、设备的保温方面。近年来由于发展了轻型框架建筑，因此比较多地采用矿渣毡做保温墙板的填充料，或用沥青矿棉半硬质板生产轻质复合墙板，也可制成吸声板
	玻璃棉	玻璃棉是以硅砂、石灰石、萤石等为主要原料，在玻璃窑中熔化后，经喷吹工艺制成。以玻璃棉为基料，加入适量胶粘剂，经压制、固化、切割等工艺可制成板、毡、毯、管壳等保温制品。制品的表面，多以牛皮纸、玻璃纤维布、铝箔等粘贴覆面
	硅酸铝棉	硅酸铝棉即直径为 3～5 μm 的硅酸铝纤维，又称陶瓷纤维，是近来大力发展的新型轻质高效保温材料。硅酸铝棉的性能远优于传统保温材料，尤其是耐高温性和热稳定性最为突出
散粒状绝热材料	膨胀珍珠岩	膨胀珍珠岩保温材料是膨胀珍珠岩矿石经过破碎、筛分、预热，在高温(126℃)下瞬间焙烧，骤然膨胀而成的一种白或灰白色的中性无机多孔粒状物料。它具有轻质、绝热、吸声、无毒、不燃烧等特性，是一种非常好的超轻质、高效能的保温材料。 生产珍珠岩的矿石有珍珠岩、松脂岩和黑曜岩三种岩石，它们都同属于酸性火山玻璃质岩石。这三种矿石产生的产品统称为膨胀珍珠岩，其主要性能如下： (1)堆积密度小，一般为 40～500 kg/m^3。 (2)热导率低。常温下 λ＜0.04 W/(m·K)(当表观密度＜180 kg/m^3)；高温下 λ＝0.05～0.15 W/(m·K)；低温常压下 λ＝0.024～0.033 W/(m·K)。 (3)耐火度和安全使用温度高。膨胀珍珠岩的最高使用温度为 800℃，最低使用温度为－200℃。 (4)吸水性强。膨胀珍珠岩的吸水量可达自重的 2～9 倍，吸水速度很快，半小时内质量吸水率可达 300%～400%，体积吸水率可达 28%～30%。 (5)湿率小、吸水性大，当表观密度为 80～300 kg/m^3 时，吸湿率为 0.006%～0.08%。 (6)抗冻性好。在－20℃时，经 15 次冻融，颗粒组成不变。 膨胀珍珠岩在建筑工程中应用较广，可用于建筑物围护构件的保温隔热、工业管道及加热设备的保温隔热、工业设备的耐高温材料，低温及超低温保冷以及烟囱、烟道内的保温、隔热、防火材料，也可用于吸声材料

续上表

<table>
<tr><th colspan="2">种　类</th><th>性　能</th></tr>
<tr><td>散粒状绝热材料</td><td>膨胀蛭石</td><td>膨胀蛭石是一种新型的保温隔热材料。它是由蛭石经过晾干、破碎、筛选、煅烧和膨胀等工艺过程而制成的，其主要性能如下：
(1)表观密度小，一般为 80～200 kg/m³。
(2)热导率低，λ=0.04～0.06 W/(m·K)。
(3)耐热、耐冻性高。在−20℃～100℃温度下，本身质量不变。熔点为1 370℃～1 400℃，可以在 1 000℃～1 100℃温度下使用。
(4)抗菌性强。不受菌类的侵蚀，不腐烂、不变质，不易被虫蛀、老鼠咬。
(5)吸水性大。试验证明，膨胀蛭石浸水 15 min后，质量吸水率达 240%，体积吸水率达37.6%；浸水 4 d，质量吸水率达 371%，体积吸水率达 56.8%。
(6)耐腐蚀性。耐碱不耐酸，所以不宜用于有酸性侵蚀处。
膨胀蛭石可以单独作为填料使用，用于填充和装置在建筑物的结构中，如墙壁、楼板、顶棚和屋面板等部位，也可以与胶结材料配制成混凝土，现浇或预制成各种规格的构件，如墙板、楼板、屋面板等，还可以根据需要制成砖、板、管壳以及异形制品等</td></tr>
</table>

表 11-3　石棉保温材料的技术性能

材料名称	材质	形态	表观密度(kg/m³)	热导率[W/(m·K)]	使用温度(℃)	用　途
耐热复合涂料	石棉、岩棉、矿棉、黏上	粉末	400	0.07	800	涂抹
硬水泥	石棉粉、水泥	粉末	1 500	0.29	700	涂抹
快硬涂料	石棉、无机结合剂	粉末	800	0.12	800	涂层
石棉板	石棉、胶粘剂	板	200	0.042	650	承重部位
石棉白云石制品	石棉、白云石	板	350～400	0.079	450	保温

2.有机绝热材料的种类、性能

有机绝热材料的种类及其性能见表 11-4。

表 11-4　有机绝热材料的种类及其性能

种　类	性　能
软木板	软木板是将软木(俗称栓皮)及软木废料，经切片、轧碎、筛选、压缩成形、烘焙加工而成。由于原料中的木质或树皮松软，其中含有无数微小封闭的气孔，在其内部又含有大量树脂。因此，加工成板后，不但其表观密度小，热导率低，弹性好，并且还具有高度的抗渗、抗毒和防腐性能，是一种优良的保温、隔热、防震、吸声材料。但由于目前原料价格较高，故软木板只用在热沥青错缝粘贴以及冷藏库的保温隔热材料上

续上表

种　类	性　能
木丝板	木丝板是在木丝(松木、白杨等)中加入胶结物质,经成形、铺模、冷压、干燥、养护而成的一种吸声、保温、隔热材料。根据所用胶结物质的不同,分为水泥木丝板和菱苦土木丝板两类。 水泥木丝板是将刨好的木丝浸入5%氯化钙溶液中进行处理,然后将木丝与32.5级水泥拌和,经压模、养护而成。目前,水泥木丝板在建筑上应用得较为广泛。 这种木丝板属于难燃材料,不着火,只能阴燃,在较干燥的状态下不致腐烂,也不适于昆虫寄生。它的主要缺点是持钉力不强,不宜直接用钉连接。 木丝板一般可分为保温用木丝板和构造用木丝板两种。保温用木丝板表观密度不大于350～400 kg/m^3,热导率为0.11～0.128 W/(m·K),常用于墙体和屋顶的保温隔热;构造用木丝板表观密度不大于500～550 kg/m^3,热导率为0.15～0.174 W/(m·K),一般用于木骨架墙、间壁墙及天棚等处。使用时,表面最好再加抹灰层
蜂窝板	蜂窝板是由两块较薄的面板牢固地粘结在一层较厚的蜂窝状芯材两面而制成的板材,亦称蜂窝夹层结构。蜂窝状芯材是用浸渍过合成树脂(酚醛、聚酯等)的牛皮纸、玻璃布和铝片等,经加工粘合成六角形空腹(蜂窝状)的整块芯材。常用的面板为浸渍过树脂的牛皮纸、玻璃布或不经树脂浸渍的胶合板、纤维板、石膏板等。面板必须采用合适的胶粘剂与芯材牢固地粘合在一起,才能显示出蜂窝板的优异特性,即具有比强度大、导热性低和抗震性好等多种功能
泡沫塑料	泡沫塑料是以各种树脂为基料,加入一定数量的发泡剂、催化剂、稳定剂等辅助材料,经加热发泡而制成的一种新型、轻质、保温隔热材料。它的种类很多,以所用树脂取名,如聚苯乙烯泡沫塑料、聚氯乙烯泡沫塑料、聚氨酯泡沫塑料、脲醛泡沫塑料等。 聚苯乙烯泡沫塑料是用低沸点的可挥发性聚苯乙烯树脂与适量的发泡剂(如$NaHCO_3$),经加工进行预发泡后放入模具中加压成形而制成的一种有微细闭孔结构的硬质泡沫塑料。 这种泡沫塑料的特点是质轻、保温、隔热、吸声、防震性能好、吸水性小、耐碱性低温性好、耐酸碱性强,产品规格多,有一定的弹性,并可切割加工,安装方便。建筑上广泛用作吸声、保温材料,以及制冷设备、冷藏设备和各种管道的绝热材料。泡沫塑料的技术性能参见表11-5

表11-5　泡沫塑料的技术性能

项　目	性能指标					
	Ⅰ	Ⅱ	Ⅲ	Ⅳ	Ⅴ	Ⅵ
表观密度(kg/m^2)　≥	15.0	20.0	30.0	40.0	50.0	60.0
压缩强度(kPa)　≥	60	100	150	200	300	400
热导率[W/(m·K)]　≥	0.041		0.039			

续上表

<table>
<tr><th colspan="2" rowspan="2">项　目</th><th colspan="6">性能指标</th></tr>
<tr><th>Ⅰ</th><th>Ⅱ</th><th>Ⅲ</th><th>Ⅳ</th><th>Ⅴ</th><th>Ⅵ</th></tr>
<tr><td colspan="2">尺寸稳定性(%)　≥</td><td>4</td><td>3</td><td>2</td><td>2</td><td>2</td><td>1</td></tr>
<tr><td colspan="2">水蒸气透过系数[ng/(Pa・m・s)]　≥</td><td>6</td><td>4.5</td><td>4.5</td><td>4</td><td>3</td><td>2</td></tr>
<tr><td colspan="2">吸水率(体积分数)(%)　≥</td><td>6</td><td>4</td><td colspan="4">2</td></tr>
<tr><td rowspan="2">熔结性①</td><td>断裂弯曲负荷(N)</td><td>15</td><td>25</td><td>35</td><td>60</td><td>90</td><td>120</td></tr>
<tr><td>弯曲变形(mm)</td><td colspan="3">20</td><td colspan="3">—</td></tr>
<tr><td rowspan="2">燃烧性能②</td><td>氧指数(%)</td><td colspan="6">30</td></tr>
<tr><td>燃烧分级</td><td colspan="6">达到B_2级</td></tr>
</table>

①断裂弯曲负荷或弯曲变形有一项能符合指标要求即为合格。

②普通型聚苯乙烯泡沫塑料板材不要求。

第二节　吸声材料

一、材料的吸声原理

对空气传递的声能有较大程度吸收的材料，称为吸声材料。当声波遇到材料表面时，被吸收声能与入射声能之比称为吸声系数，按式(11-1)计算：

$$\alpha=\frac{E}{E_0} \tag{11-1}$$

式中　E——材料吸收的声能；

E_0——材料的全部能量。

通常取125 Hz、250 Hz、500 Hz、1 000 Hz、2 000 Hz、4 000 Hz六个频率的吸声系数来表示材料的吸声频率特性。凡六个频率的平均吸声系数大于0.2的材料，均为吸声材料。有效地采用吸声材料，不仅可以减少环境中的噪声，同时还能适当控制混响时间，使音质获得改善。

二、影响材料吸声性能的主要因素

(1)材料的表观密度。对同一种多孔材料，表观密度增大时，对低频的吸声效果提高，对高频的吸声效果降低。

(2)材料的厚度。增加材料的厚度，可提高对低频的声效果，而对高频的吸收则没有明显影响。

(3)材料的孔隙特征。材料的孔隙愈多愈细小，吸声效果愈好。互相连通的开放的孔隙越多，材料的吸声效果越好。当多孔材料表面涂刷油漆或材料受潮时，由于材料的孔隙大多被水分或涂料堵塞，吸声效果将会大大降低，因此多孔吸声材料应注意防潮。

(4)吸声材料设置的位置。悬吊在空中的吸声材料，可以控制室内的混响时间和降低噪声。多孔材料或饰物悬吊在空中时，其吸声效果比布置在墙面或顶棚上要好，而且使用和安置也比较方便。

三、隔声材料与吸声材料的区别与联系

1. 主要区别

吸声材料对入射声能的反射很小，这意味着声能容易进入和透过这种材料。这种材料的材质应该是多孔、疏松和透气，这就是典型的多孔性吸声材料，在工艺上通常是用纤维状、颗粒状或发泡材料以形成多孔性结构。结构特征是材料中具有大量的、互相贯通的、从表到里的微孔，也即具有一定的透气性。当声波入射到多孔材料表面时，引起微孔中的空气振动，由于摩擦阻力和空气的黏滞阻力以及热传导作用，将相当一部分声能转化为热能，从而起吸声作用。隔声材料减弱透射声能，阻挡声音的传播，就不能如同吸声材料那样多孔、疏松、透气，相反它的材质应该是重而密实，如钢板、铅板、砖墙等一类材料。隔声材料材质的要求是密实无孔隙或缝隙，有较大的密度，由于这类隔声材料密实，难以吸收和透过声能，所以它的吸声性能差。

在工程上，吸声处理和隔声处理所解决的目标和侧重点不同，吸声处理所解决的目标是减弱声音在室内的反复反射，也即减弱室内的混响声，缩短混响声的延续时间即混响时间；在连续噪声的情况下，这种减弱表现为室内噪声级的降低，此点是对声源与吸声材料同处一个建筑空间而言的。而对相邻房间传过来的声音，吸声材料也起吸收作用，从而相当于提高围护结构的隔声量。

隔声处理则着眼于隔绝噪声自声源房间向相邻房间的传播，以使相邻房间免受噪声的干扰。可以看出，利用隔声材料或隔声构造隔绝噪声的效果比采用吸声材料的降噪效果要高得多，这说明当一个房间内的噪声源可以被分隔时，应首先采用隔声措施，当声源无法隔开又需要降低室内噪声时才采用吸声措施。

吸声材料的特有作用更多地表现在缩短、调整室内混响时间的能力上，这是任何别的材料代替不了的。由于房间的体积与混响时间成正比的关系，体积大的建筑空间混响时间长，从而影响了室内的听闻条件，此时往往离不开吸声材料对混响时间的调节。对诸如电影院、会堂、音乐厅等大型厅堂，可按其不同听声要求选用适当的吸声材料，结合体型调整混响时间，达到听声清晰、丰满等不同主观感觉的要求。从这点上说，吸声材料显示了它特有的重要性，所以通常说的声学材料往往指的就是吸声材料。

2. 二者的联系

吸声和隔声有着本质上的区别，但在具体的工程应用中，它们却常常结合在一起，并发挥了综合的降噪效果。从理论上讲，加大室内的吸声量，相当于提高了分隔墙的隔声量。常见的有隔声房间、隔声罩、由板材组成的复合墙板、交通干道的隔声屏障、车间内的隔声屏、管道包扎等。

吸声材料如单独使用，可以吸收和降低声源所在房间的噪声，但不能有效地隔绝来自外界的噪声。当吸声材料和隔声材料组合使用，或者将吸声材料作为隔声构造的一部分，其有利的结果一般都表现为隔声结构隔声量的提高。

四、常见吸声材料

1. 矿棉装饰吸声板

(1)生产。以矿渣棉、岩棉或玻璃棉为基材，加入适量的胶粘剂、防潮剂、防腐剂，经过加压、烘干制成的具有吸声和装饰功能的半硬制板状材料，统称矿棉装饰吸声板。

(2)分类及代号。矿棉装饰吸声板的分类及代号见表 11-6。

(3)规格尺寸。矿棉装饰吸声板的规格尺寸见表 11-7。

(4)产品标记。产品按下列顺序标记：产品名称、分类代号、规格尺寸、标准号，企业产品自

编号也可列于其后。示例:长度为 500 mm,宽度为 500 mm,厚度为 15 mm 的普通型滚花矿渣棉装饰吸声板标记为矿渣棉装饰吸声板　GH　500×500×15　JC　670—2005　企业自编号。

表 11-6　矿棉装饰吸声板的分类及代号

分类	普通板					防潮板				
	滚花	印刷	立体	浮雕	贴面	滚花	印刷	立体	浮雕	贴面
代号	GH	YS	LT	FD	TM	FGH	FYS	FLT	FFD	FTM

注:防潮板指可在相对湿度为 90%的环境中使用的矿渣棉装饰吸声板。

表 11-7　矿棉装饰吸声板的规格尺寸　　(单位:mm)

长度	宽度	厚度
500,1 000	500	6、12、15、18
600,1 200	300,600	
1 800	375	

注:其他规格由供需双方商定,但其质量要求应符合规定。

(5)外观质量。吸声板的正面不应有影响装饰效果的污痕、色彩不匀、图案不完整等缺陷。产品不得有裂纹、碎片、翘曲、扭曲,不得有妨碍使用及装饰效果的缺角缺棱。

(6)适用范围。矿棉装饰吸声板,具有质轻、不燃、吸声、保温、施工方便等特点,多用于吊顶和墙面。

(7)技术要求。矿棉装饰吸声板的技术要求见表 11-8。

表 11-8　矿棉装饰吸声板的技术要求

项　目		加工级别		
		精密	一般	半精密
尺寸允许偏差	长度(mm)	±0.5	±2.0	±2.0
	宽度(mm)			±0.5
	厚度(mm)	±0.5	±1.0	
	直角偏离度	1/1 000	5/1 000	
体积密度	≤500 kg/m³			
含水率	≤3%			
弯曲破坏载荷①	厚度(mm)		弯曲破坏载荷(N)	
	9		≥40	
	12		≥60	
	15		≥90	
	18		≥130	

续上表

<table>
<tr><td rowspan="2"></td><td rowspan="2">项　目</td><td colspan="4">加工级别</td></tr>
<tr><td>精密</td><td colspan="2">一般</td><td>半精密</td></tr>
<tr><td rowspan="4">尺寸允许偏差</td><td>长度(mm)</td><td rowspan="2">±0.5</td><td colspan="2" rowspan="2">±2.0</td><td>±2.0</td></tr>
<tr><td>宽度(mm)</td><td>±0.5</td></tr>
<tr><td>厚度(mm)</td><td>±0.5</td><td colspan="3">±1.0</td></tr>
<tr><td>直角偏离度</td><td>1/1 000</td><td colspan="3">5/1 000</td></tr>
<tr><td rowspan="4">噪声系数②</td><td rowspan="2">类别</td><td colspan="4">降噪系数</td></tr>
<tr><td colspan="2">混响室法(刚性壁)</td><td colspan="2">驻波管法(后空腔 50 mm)</td></tr>
<tr><td>滚花</td><td colspan="2">≥0.45</td><td colspan="2">≥0.25</td></tr>
<tr><td>其余</td><td colspan="2">≥0.30</td><td colspan="2">≥0.15</td></tr>
<tr><td>受潮挠度</td><td colspan="5">≤3.5 mm</td></tr>
</table>

①特殊厚度的弯曲破坏载荷由供需双方商定。

②降噪系数应符合表中规定。并根据频率分别在 125 Hz、250 Hz、500 Hz、1 000 Hz、2 000 Hz、4 000 Hz 时的吸声系数给出频率特性曲线并注明试验方法。除非另有规定,混响室法为仲裁试验方法。

2.玻璃纤维增强水泥(GRC)外墙内保温板

(1)类型及代号。玻璃纤维增强水泥(GRC)外墙内保温板的类型及代号见表 11-9。

表 11-9　玻璃纤维增强水泥(GRC)外墙内保温板的类型及代号

类型	普通板	门口板	窗口板
代号	PB	MB	CB

(2)普通版规格。玻璃纤维增强水泥(GRC)外墙内保温板普通板规格见表 11-10。

表 11-10　玻璃纤维增强水泥(GRC)外墙内保温板普通板规格　　(单位:mm)

公称尺寸		
长度 L	宽度 B	厚度 T
2 500～3 000	600	60、70、80、90

注:其他规格由供需双方商定。

(3)产品标记。产品按下列顺序标记:规格尺寸、类型(代号)和标准编号。示例:玻璃纤维增强水泥外墙内保温板,长度 2 800 mm,宽度 600 mm,厚度 60 mm,普通板,标记为 GRC　2 800×600×60　PB　JC/T 893—2001。

(4)外观质量。玻璃纤维增强水泥(GRC)外墙内保温板的外观质量见表 11-11。

表 11-11　玻璃纤维增强水泥(GRC)外墙内保温板的外观质量

项　目	允许缺陷
板面外露纤维、贯通裂纹	无
板面裂纹	长度≤30 mm,不多于 2 处
蜂窝气孔	长径≤5 mm,深度≤2 mm;不多于 10 处

续上表

项　目	允许缺陷
缺棱掉角	深度≤10 mm,宽度≤20 mm,长度≤30 mm,不多于两处

(5)技术要求。

1)玻璃纤维增强水泥(GRC)外墙内保温板的尺寸偏差要求见表11-12。

表11-12　玻璃纤维增强水泥(GRC)外墙内保温板的尺寸偏差　(单位:mm)

项目	长度	宽度	厚度	板面平整度	对角线差
允许偏差	±5	±2	±1.5	≤2	≤10

2)玻璃纤维增强水泥(GRC)外墙内保温板的物理力学性能见表11-13。

表11-13　玻璃纤维增强水泥(GRC)外墙内保温板的物理力学性能

<table>
<tr><th colspan="2">检验项目</th><th colspan="2">技术指标</th></tr>
<tr><td colspan="2">气干面密度(kg/m²)</td><td colspan="2">≤50</td></tr>
<tr><td colspan="2">抗折荷载(N)</td><td colspan="2">≥1 400</td></tr>
<tr><td colspan="2">抗冲击性</td><td colspan="2">冲击3次,无开裂等破坏现象</td></tr>
<tr><td rowspan="6">物理力学性能</td><td rowspan="4">主断面热阻(m²·K/W)</td><td>T=60 mm</td><td>0.90</td></tr>
<tr><td>T=70 mm</td><td>1.10</td></tr>
<tr><td>T=80 mm</td><td>1.35</td></tr>
<tr><td>T=90 mm</td><td>1.35</td></tr>
<tr><td>面板干缩率(%)</td><td colspan="2">≤0.08</td></tr>
<tr><td>热桥面积率(%)</td><td colspan="2">≤8</td></tr>
</table>

3.膨胀珍珠岩装饰吸声制品

膨胀珍珠岩装饰吸声板,是以膨胀珍珠岩和胶凝材料为主要原料,加入其他辅料制成的正方形板。按照所用的胶凝材料不同,可分为水玻璃珍珠岩板、石膏珍珠岩板、水泥珍珠岩板等多种。

4.钙塑泡沫装饰吸声板

钙塑泡沫装饰吸声板,是以聚乙烯树脂加入无机填料,经混炼模压、发泡、成形制得。该板有一般和难燃两类,可制成多种颜色和凸凹图案,同时还可加打孔图案。

5.吸声薄板和穿孔板常用的吸声薄板有胶合板、石膏板、石棉水泥板、硬质纤维板和金属板等。通常是将它们的周边固定在龙骨上,背后留有适当的空气层,组成薄板共振吸声结构。采用上述薄板穿孔制品,可与背后的空气层形成空腔共振吸声结构。在穿孔板后的空腔中填入多孔材料,可在很宽的频率范围内提高吸声系数。

金属穿孔板,如铝合金板、不锈钢板等,厚度较薄,因其强度高,可制得较大穿孔率的穿孔板。较大穿孔率的金属板需背衬多孔材料使用,金属板主要起饰面作用。

第十二章　建筑装饰材料

第一节　装饰材料的功能及选用

一、建筑装饰材料的功能

1. 建筑装饰材料的装饰功能

建筑装饰材料主要通过材料特有的装饰性能来美化建筑物，提高建筑物的艺术效果，装饰材料的装饰性能见表12-1。

表12-1　建筑装饰材料的装饰性能

项　目	内　容
材料的颜色、光泽、透明性	(1)材料的颜色。颜色是材料对光谱选择吸收的结果，不同的颜色给人以不同的感觉，但材料颜色的表观不是本身所固有的，它与入射光谱成分及人们对光的敏感程度有关。 (2)材料的光泽。光泽是材料表面方向性反射光线的性能。材料表面越光滑，则光泽度越高。当为定向反射时，材料表面具有镜面特征，又称镜面反射。不同的光泽度，可改变材料表面的明暗程度，并可扩大视野或造成不同的虚实对比。 (3)材料的透明性。透明性是光线透过材料的性能，分为透明体(可透光、透视)、半透明体(透光，但不透视)、不透明体(不透光、不透视)。利用不同的透明度可隔断或调整光线的明暗，造成特殊的光学效果，也可使物像清晰或朦胧
花纹图案、形状、尺寸	在生产或加工材料时，利用不同的工艺将材料的表面制成不同的表面组织，如粗糙、平整、光滑、镜面、凸凹、麻点等；或将材料的表面制成各种花纹图案(或拼镶成各种图案)，如山水风景画、人物画、仿木花纹、陶瓷壁画、拼镶陶瓷锦砖等。 建筑装饰材料的形状和尺寸对装饰效果有很大的影响。改变装饰材料的形状和尺寸，并配合花纹、颜色、光泽等可拼镶出各种线型和图案，从而获得不同的装饰效果，以满足不同建筑型体和线型的需要，最大限度地发挥材料的装饰性
质感	质感是材料的表面组织结构、花纹图案、颜色、光泽、透明性等给人的一种综合感觉，如钢材、陶瓷、木材、玻璃、呢绒等材料在人的感官中的软硬、粗犷、细腻、冷暖等感觉
耐沾污性、易洁性与耐擦性	材料表面抵抗污物作用保持其原有颜色和光泽的性质称为材料的耐沾污性。材料表面易于清洗洁净的性能称为材料的易洁性，它包括在风、雨等作用下的易洁性以及在人工清洗作用下的易洁性。良好的耐沾污和易洁性是建筑装饰材料经久常新、长期保持其装饰效果的重要保证。用于地面、台面、外墙以及卫生间、厨房等的装饰材料，有时应考虑材料的耐沾污性和易洁性。 材料的耐擦性的实质就是材料的耐磨性，分为干擦(称为耐干擦性)和湿擦(称为耐洗刷性)。耐擦性越高，则材料的使用寿命就越长。内墙涂料常要求具有较高的耐擦性

2.建筑装饰材料的保护功能

建筑物的墙体、楼板、屋顶均是建筑物的承重部分,除承担结构荷载外,还要考虑遮挡风雨、保温隔热、防止噪声、防火、防渗漏、防风沙等诸多因素,即有一定的耐久性。这些要求,有的可以靠结构材料来满足,但有的需要靠装饰材料来满足。此外,装饰材料还可以弥补与改善结构的功能不足。

3.建筑装饰材料的其他特殊功能

装饰材料除了有装饰和保护功能外,还有改善室内使用条件(如光线、温度、湿度)、吸声、吸湿、隔声、防灰等功能。为了保证人们有良好的工作生活环境,室内环境必须清洁、明亮、安静,而装饰材料自身具备的声、光、电、热性能可带来吸声、隔热、保温、隔声、反光、透气等物理性能,从而改善室内环境条件:通过对光线的反射使远离窗口的墙面、地面不致太暗;吸热玻璃、热反射玻璃可吸收或反射太阳辐射热能,起隔热作用;化纤地毯、纯毛地毯具有保温、隔声的功能等。这些物理性能使装饰材料在装饰美化环境、居室的同时,还可以改善人们的生活、工作环境,满足人们的使用要求。

二、建筑装饰材料的选用

选用建筑装饰材料的原则是:好的装饰效果、良好的适应性、合理的耐久性和经济性。要使得建筑物获得好的装饰效果,具体原则如下:

(1)应考虑到设计的环境、气氛。选用的装饰材料要运用美感的鉴别力和敏感性去着力表现材料的色泽,并且通过合理配置来充分表现装饰材料的质感与和谐。

(2)需要充分考虑材料的色彩。色彩是构造人造环境的重要内容,合理而艺术地运用色彩去选择装饰材料,可以把建筑物外部点缀得丰富多彩、情趣盎然,可以让室内舒适、美观、整洁。

(3)选择装饰材料还应考虑到功能的需要,并且要充分发挥材料的特性,如外墙装饰材料必须具有足够的耐水性、耐污染性、自洁或耐洗刷性;室内墙面装饰材料应具有良好的吸声、防火和耐洗刷性;顶棚是内墙的一部分,需要具有一定的防水、耐火、质轻等功能;地面装饰材料需要具有良好的耐磨性和防滑性等。

从经济角度考虑装饰材料的选择,应有一个总体观点,即不仅要考虑一次投资,还应考虑装饰材料的耐久性和维修费用。而且在关键性的问题上宁可加大投资,以延长使用年限,保证总体上的经济性。

第二节 建筑陶瓷

一、陶瓷砖

1.陶瓷砖的分类

陶瓷砖按成型方法和吸水率分类见表12-2。

2.陶瓷砖的物理性能

(1)挤压陶瓷砖的物理性能。

1)挤压陶瓷砖($E\leqslant3\%$,AⅠ类)的物理性能见表12-3。

表 12-2　陶瓷砖按成型方法和吸水率分类

成型方法＼吸水率	低吸水率	中吸水率		高吸水率
	Ⅰ类 E≤3%	Ⅱa 类 3%<E≤6%	Ⅱb 类 6%<E≤10%	Ⅲ类 E>10%
A(挤压)	AⅠ类	AⅡa1 类①	AⅡb1 类①	AⅢ类
		AⅡa2 类①	AⅡb2 类①	
B(干压)	BⅠa 类 瓷质砖 E≤0.5%	BⅡa 类细炻砖	BⅡb 类炻质砖	BⅢ类② 陶质砖
	BⅠb 类 炻瓷砖 0.5%E≤3%			
C(其他)③	CⅠa	CⅡa	CⅡb	CⅢ

①AⅡa 类和 AⅡb 类按照产品不同性能分为两个部分。

②BⅢ类仅包括有釉砖，此类不包括吸水率大于 10%的干压成型无釉砖。

③《陶瓷砖》(GB/T 4100—2006)标准中不包括这类砖。

表 12-3　挤压陶瓷砖(E≤3%，AⅠ类)的物理性能

物理性能		精细	普通
吸水率(质量分数)		平均值≤3.0%， 单值≤3.3%	平均值≤3.0%， 单值≤3.3%
破坏强度(N)	厚度≥7.5 mm	≥1 100	≥1 100
	厚度<7.5 mm	≥600	≥600
断裂模数(MPa) 不适用于破坏强度≥3 000 N 的砖		平均值≥23， 单值≥18	平均值≥23， 单值≥18
耐磨性	无釉地砖耐磨损体积(mm^2)	≤275	≤275
	有釉地砖表面耐磨性	报告陶瓷砖耐磨性级别和转数	

2)挤压陶瓷砖(3%<E≤6%，AⅡa 类)的物理性能见表 12-4 和表 12-5。

表 12-4　挤压陶瓷砖(3%<E≤6%，AⅡa 类——第 1 部分)物理性能

物理性能		精细	普通
吸水率(质量分数)		3.0%<平均值≤6.0%， 单值≤6.5%	3.0%<平均值≤ 6.0%，单值≤6.5%
破坏强度(N)	厚度≥7.5 mm	≥950	≥950
	厚度<7.5 mm	≥600	≥600
断裂模数(MPa) 不适用于破坏强度≥3 000 N 的砖		平均值≥20， 单值≥18	平均值≥20， 单值≥18
耐磨性	无釉地砖耐磨损体积(mm^3)	≤393	≤393
	有釉地砖表面耐磨性	报告陶瓷砖耐磨性级别和转数	

表 12-5 挤压陶瓷砖(3%＜E≤6%,AⅡa类——第2部分)的物理性能

物理性能		精细	普通
吸水率(质量分数)		3.0%＜平均值≤6.0%,单值≤6.5%	
破坏强度(N)	厚度≥7.5 mm	≥800	
	厚度＜7.5 mm	≥600	
断裂模数(MPa) 不适用于破坏强度≥3 000 N的砖		平均值≥13, 单值≥11	
耐磨性	无釉地砖耐磨损体积(mm³)	≤541	
	有釉地砖表面耐磨性	报告陶瓷砖耐磨性级别和转数	

3)挤压陶瓷砖(6%＜E≤10%,AⅡb类)的物理性能见表12-6和表12-7。

表 12-6 挤压陶瓷砖(6%＜E≤10%,AⅡb类——第1部分)的物理性能

物理性能		精细	普通
吸水率(质量分数)		6%＜平均值≤10%,单值≤11%	
破坏强度(N)		≥900	
断裂模数(MPa) 不适用于破坏强度≥3 000 N的砖		平均值≥17.5, 单值≥15	
耐磨性	无釉地砖耐磨损体积(mm³)	≤649	
	有釉地砖表面耐磨性	报告陶瓷砖耐磨性级别和转数	

表 12-7 挤压陶瓷砖(6%＜E≤10%,AⅡb类——第2部分)的物理性能

物理性能		精细	普通
吸水率(质量分数)		6%＜平均值≤10%,单值≤11%	
破坏强度(N)		≥750	
断裂模数(MPa) 不适用于破坏强度≥3 000 N的砖		平均值≥9, 单值≥8	
耐磨性	无釉地砖耐磨损体积(mm³)	≤1 062	
	有釉地砖表面耐磨性	报告陶瓷砖耐磨性级别和转数	

4)挤压陶瓷砖(E＞10%,AⅢ类)的物理性能见表12-8。

表 12-8 挤压陶瓷砖(E＞10%,AⅢ类)的物理性能

物理性能	精细	普通
吸水率(质量分数)	平均值≤10%	
破坏强度(N)	≥600	

续上表

物理性能		精细	普通
断裂模数(MPa) 不适用于破坏强度≥3 000 N的砖		平均值≥8， 单值≥7	
耐磨性	无釉地砖耐磨损体积(mm^3)	≤2 365	
	有釉地砖表面耐磨性	报告陶瓷砖耐磨性级别和转数	

(2)干压陶瓷砖的物理性能。

1)干压陶瓷砖(E≤0.5%，BⅠa类)的物理性能见表12-9。

表12-9　干压陶瓷砖(E≤0.5%，BⅠa类)的物理性能

物理性能		要　求
吸水率(质量分数)		平均值≤0.5%，单值≤0.6%
破坏强度(N)	厚度≥7.5 mm	≥1 300
	厚度<7.5 mm	≥700
断裂模数(MPa) 不适用于破坏强度≥3 000 N的砖		平均值≥35，单值≥32
耐磨性	无釉地砖耐磨损体积(mm^3)	≤175
	有釉地砖表面耐磨性	报告陶瓷砖耐磨性级别和转数

2)干压陶瓷砖(0.5%<E≤3%，BⅠb类)的物理性能见表12-10。

表12-10　干压陶瓷砖(0.5%<E≤3%，BⅠb类)的物理性能

物理性能		要　求
吸水率(质量分数)		0.5%<E≤3%，单个最大值≤3.3%
破坏强度(N)	厚度≥7.5 mm	≥1 100
	厚度<7.5 mm	≥700
断裂模数(MPa) 不适用于破坏强度≥3 000 N的砖		平均值≥30，单个最小值≥27
耐磨性	无釉地砖耐磨损体积(mm^3)	≤175
	有釉地砖表面耐磨性	报告陶瓷砖耐磨性级别和转数

3)干压陶瓷砖(3%<E≤6%，BⅡa类)的物理性能见表12-11。

表12-11　干压陶瓷砖(3%<E≤6%，BⅡa类)的物理性能

物理性能		要　求
吸水率(质量分数)		3%<E≤6%，单个最大值≤6.5%
破坏强度(N)	厚度≥7.5 mm	≥1 000
	厚度<7.5 mm	≥600

续上表

物理性能		要　求
断裂模数(MPa) 不适用于破坏强度≥3 000 N的砖		平均值≥22,单个最大值≥20
耐磨性	无釉地砖耐磨损体积(mm^3)	≤345
	有釉地砖表面耐磨性	报告陶瓷砖耐磨性级别和转数

4)干压陶瓷砖($6\%<E\leqslant10\%$,BⅡb类)的物理性能见表12-12。

表12-12　干压陶瓷砖($6\%<E\leqslant10\%$,BⅡb类)的物理性能

物理性能		要　求
吸水率(质量分数)		$6\%<E\leqslant11\%$,单个最大值≤11%
破坏强度(N)	厚度≥7.5 mm	≥800
	厚度<7.5 mm	≥600
断裂模数(MPa) 不适用于破坏强度≥3 000 N的砖		平均值≥18,单个最大值≥16
耐磨性	无釉地砖耐磨损体积(mm^3)	≤540
	有釉地砖表面耐磨性	报告陶瓷砖耐磨性级别和转数

5)干压陶瓷砖($E>10\%$,BⅢ类)的物理性能见表12-13。

表12-13　干压陶瓷砖($E>10\%$,BⅢ类)的物理性能

物理性能		要　求
吸水率(质量分数)		平均值>10%,单个最大值>9% 当平均值>20%时,制造商应说明
破坏强度(N)	厚度≥7.5 mm	≥600
	厚度<7.5 mm	≥350
断裂模数(MPa) 不适用于破坏强度≥3 000 N的砖		平均值≥15,单个最小值≥12
耐磨性 有釉地砖表面耐磨性		经试验后报告陶瓷砖耐磨性 级别和转数

二、其他陶瓷砖

1.陶瓷马塞克

(1)陶瓷马赛克的品种、规格及分级。

1)品种。按表面性质分为有釉、无釉两种;按砖联分为单色、混色和拼花三种。

2)规格。单块砖边长不大于95 mm,表面面积不大于55 cm^2;砖联分正方形、长方形和其他形状。特殊要求可由供需双方商定。

3)按尺寸允许偏差和外观质量分为优等品和合格品两个等级。

(2)陶瓷马赛克的尺寸允许偏差及技术指标。

1)陶瓷马赛克的尺寸允许偏差见表12-14。

表12-14　陶瓷马赛克的尺寸允许　(单位:mm)

项目		允许偏差	
		优等品	合格品
单块陶瓷马赛克	长度和宽度	±0.5	±1.0
	厚度	±0.3	±0.4
每联陶瓷马赛克	线路	±0.6	±1.0
	联长	±1.5	±2.0
	特殊要求由供需双方商定		

2)陶瓷马赛克的技术指标见表12-15。

表12-15　陶瓷马赛克的技术指标

项目		质量指标
吸水率(%)	无釉	≤0.2
	有釉	≤1.0
耐磨性	无釉	耐深度磨损体积不大于175 mm³
	有釉	用于铺地的有釉陶瓷马赛克表面耐磨性报告磨损等级和转数
抗热震性		经五次抗热震性试验后不出现炸裂或裂纹
抗冻性		由供需双方协商
耐化学腐蚀性		由供需双方协商
成联陶瓷马赛克	色差	单色陶瓷马赛克及联间同色砖色差优等品目测基本一致,合格品目测稍有色差
	铺贴衬材的粘结性	陶瓷马赛克与铺贴衬材经粘结性试验后,不允许有马赛克脱落
	铺贴衬材的剥离性	表贴陶瓷马赛克的剥离时间不大于40 min
	铺贴衬材的露出	表贴、背贴陶瓷马赛克铺贴后,不允许有铺贴衬材露出

2.彩色釉面墙地砖

彩色釉面墙地砖简称彩釉砖,表面形状有正方形和长方形两种,单边长100～400 mm,厚度一般为8～12 mm。彩釉砖色彩图案丰富多样,表面可制成光滑的平面、压花的浮雕面、纹点面或其他釉饰面,具有材质坚固耐磨、易清洗、防水、耐腐蚀等优点;用于外墙面或地面装饰,既可保持美观清洁,还可提高建筑物的耐久性。

3.无釉陶瓷地砖

无釉陶瓷地砖简称无釉砖,是表面不施釉的耐磨炻质地面砖。它的表面分为无光和有光两种,后者一般为前者经抛光而成。无釉砖一般以单色或加色斑点为多,表面可制成平面、浮雕面、沟条面(防滑面)等,具有坚固、耐磨、抗冻、易清洗等特点,适用于建筑物地面、庭院道路等处铺贴。

4. 劈离砖

劈离砖是我国近年来引进技术研制生产的一种新型陶瓷装饰制品，是将按一定配比的原料，经粉碎、炼泥、真空挤压成型、干燥、烧结而成。成型时两块砖背对背同时挤出，烧成后才"劈离"成单块，故而得名劈离砖。劈离砖色彩多样，自然柔和，表面形式有细质的或粗质的，有上釉的，也有无釉的。劈离砖坯体密实，强度高，其抗折强度大于 30 MPa，吸水率小于 6%，表面硬度大，耐磨防滑，耐腐抗冻，耐急冷急热。劈离砖背面凹槽纹与砂浆形成楔形结合，粘结牢固。

劈离砖的品种有平面砖、踏步砖、阴角砖、阳角砖、彩色釉面或表面压花等形式。平面砖又分长方形、双联条形、方形等。劈离砖广泛用于地面、外墙装饰。用作外墙砖，表面不反光、无亮点，装饰的建筑物外观质感好，浑厚、质朴、大方，有石材的效果。

5. 麻面砖

麻面砖是采用仿天然花岗石的色彩配料，压制成表面凹凸不平的麻面坯体经焙烧而成。麻面砖表面酷似人工修凿过的天然花岗石，自然粗犷，有白、黄、灰等多种色彩。麻面砖吸水率小于 1%，抗折强度大于 20 MPa。薄型砖适用于外墙饰面；厚型砖适用于广场、码头、停车场、人行道等铺设。麻面砖除正方形、长方形外，还有梯形和三角形的，可以拼贴成各种色彩和形状的地面图案，以增强地坪的艺术感。

6. 彩胎砖

彩胎砖是一种本色无釉瓷质饰面砖，它采用仿天然岩石的彩色颗粒土原料混合配料，压制成多彩坯体后，经高温一次烧成的陶瓷制品。彩胎砖富有天然花岗石的纹点，质地同花岗岩一样坚硬、耐久。有红、绿、黄、蓝、灰、棕等多种基色，多为浅色调，柔和、润泽，质朴高雅，主要规格有(200 mm×200 mm×8 mm)～(800 mm×800 mm×12 mm)等。

彩胎砖表面有平面和浮雕两种，平面的又分磨光和抛光两种。表面经抛光或高温瓷化处理的彩胎砖又称抛光砖或玻化砖。彩胎砖吸水率小于 1%，抗折强度大于 27 MPa，其耐磨性和防滑性好，特别适用于人流大的商场、剧院、宾馆、酒楼等公共场所地面的铺贴和室内墙面装修，效果甚佳。

7. 陶瓷锦砖

陶瓷锦砖俗称马赛克，是由各种颜色的多种几何形状的小瓷片(长边一般不大于 50 mm)按照设计的图案反贴在一定规格的正方形牛皮纸上，每张(联)牛皮纸制品面积约为0.093 m^2，每 40 联装一箱，每箱可铺贴面积约 3.7 m^2。

陶瓷锦砖分为无釉和有釉两种，目前国内产品多为无釉锦砖。无釉锦砖的吸水率不大于 0.2%，有釉锦砖的吸水率应不大于 1.0%。按外观质量陶瓷锦砖分为优等品和合格品两个等级。

陶瓷锦砖薄而小，质地坚实、经久耐用、花色多样、耐酸碱腐蚀、耐摩擦、不渗水、抗冻、抗压强度高，易清洗、不滑、不易碎裂，广泛用于盥洗间、浴室、卫生间、化验室等处的地面装饰，也可用于建筑物的外墙饰面。

第三节 建筑玻璃

一、玻璃的基本知识

玻璃是以石英砂、纯碱、石灰石和长石等为原料，于 1 550℃～1 600℃高温下烧至熔融，成形、急冷而形成的一种无定形非晶态硅酸盐物质。其主要化学成分为 SiO_2、Na_2O、CaO 及 MgO，有时还有 K_2O，这些氧化物及其相对含量对玻璃的性能影响很大。玻璃的主要性能见表 12-16。

表 12-16　玻璃的主要性能

项　目	内　容
密度和孔隙率	玻璃的密度为 2.45～2.55 g/cm^3，其孔隙率接近于零
熔点	玻璃没有固定熔点，液态时有极大的黏性
强度	普通玻璃的抗压强度一般为 600～1 200 MPa，抗拉强度为 40～80 MPa，是脆性较大的材料
透光性	玻璃的透光性良好。玻璃的光透射比随厚度增加而降低，随入射角的增大而减小
吸光性	玻璃的折射率为 1.50～1.52。玻璃对光波的吸收有选择性。因此，内掺少量着色剂，可使某些波长的光波被吸收而使玻璃着色
热物理性能	玻璃的比热容一般为 $(0.33～1.05)\times10^3$ J/kg，热导率一般为 0.75～0.92 W/(m·K)，其热导率约为铜的 1/400。由于玻璃导热性差，传热速度慢，是热的不良导体，所以当遇急热急冷时，玻璃容易破碎
化学稳定性	玻璃具有较高的化学稳定性，在通常情况下对水、酸、碱以及化学试剂或气体等具有较强的抵抗能力。但是长期遭受侵蚀性介质的腐蚀，也能导致变质和破坏，如玻璃的风化、发霉都会导致玻璃外观的破坏和透光能力的降低

二、常用建筑玻璃

1.平板玻璃

(1)平板玻璃的分类。

1)按颜色属性分为无色透明平板玻璃和本体着色平板玻璃。

2)按外观质量分为合格品、一等品和优等品。

3)按公称厚度分为：2 mm、3 mm、4 mm、5 mm、6 mm、8 mm、10 mm、l2 mm、15 mm、19 mm、22 mm、25 mm。

(2)平板玻璃的尺寸、厚度偏差。平板玻璃的尺寸、对角线及厚度偏差见表 12-17。

表 12-17　平板玻璃的尺寸、对角线及厚度偏差　(单位：mm)

	公称厚度	尺寸偏差	
		尺寸≤3 000	尺寸＞3 000
尺寸偏差	2～6	±2	±3
	8～10	+2，−3	+3，−4
	12～15	±3	±4
	19～25	±5	±5
	注：平板玻璃应切裁成矩形，其长度和宽度的尺寸偏差应不超过表中规定。		

续上表

对角线差	≤两对角线平均长度的 0.2%		
厚度偏差和厚薄差	公称厚度	厚度偏差	厚薄差
	2～6	±0.2	0.2
	8～12	±0.3	0.3
	15	±0.5	0.5
	19	±0.7	0.7
	22～25	±1.0	1.0

(3)平板玻璃的外观质量。

1)平板玻璃合格品的外观质量要求见表 12-18。

表 12-18　平板玻璃合格品的外观质量要求

缺陷种类	质量要求		
点状缺陷①	尺寸 L(mm)		允许个数限度
	$0.5 \leqslant L \leqslant 1.0$		$2S$②
	$1.0 < L \leqslant 2.0$		$1S$②
	$2.0 < L \leqslant 3.0$		$0.5S$②
	$L > 3.0$		0
点状缺陷密集度	尺寸≥0.5 mm 的点状缺陷最小间距不小于 300 mm；直径 100 mm 圆内尺寸≥0.3 mm的点状缺陷不超过 3 个		
线道	不允许		
裂纹	不允许		
划伤	允许范围		允许条数限度
	宽≤0.5 mm，长≤60 mm		$3S$
光学变形	公称厚度	无色透明平板玻璃	本体着色平板玻璃
	2 mm	≥40°	≥40°
	3 mm	≥45°	≥40°
	≥4 mm	≥50°	≥45°
断面缺陷	公称厚度不超过 8 mm 时，不超过玻璃板的厚度；8 mm 以上时，不超过 8 mm		

①光畸变点为 0.5～1.0 mm 的点状缺陷。

②S 是以平方米为单位的玻璃板面积数值，保留小数点后两位。点状缺陷的允许个数限度及划伤的允许条数限度为各系数与 S 相乘所得数据。修改至整数。

2)平板玻璃一等品的外观质量要求见表 12-19。

3)平板玻璃优等品的外观质量要求见表 12-20。

表 12-19　平板玻璃一等品的外观质量要求

<table>
<tr><td>缺陷种类</td><td colspan="3">质量要求</td></tr>
<tr><td rowspan="6">点状缺陷①</td><td colspan="2">尺寸 L(mm)</td><td>允许个数限度</td></tr>
<tr><td colspan="2">$0.3 \leqslant L \leqslant 0.5$</td><td>$2S$</td></tr>
<tr><td colspan="2">$0.5 < L \leqslant 1.0$</td><td>$0.5S$</td></tr>
<tr><td colspan="2">$1.0 < L \leqslant 1.5$</td><td>$0.2S$</td></tr>
<tr><td colspan="2">$L > 1.5$</td><td>0</td></tr>
<tr><td>点状缺陷密集度</td><td colspan="3">尺寸≥0.3 mm 的点状缺陷最小间距不小于 300 mm；直径 100 mm 圆内尺寸≥0.2 mm 的点状缺陷不超过 3 个</td></tr>
<tr><td>线道</td><td colspan="3">不允许</td></tr>
<tr><td>裂纹</td><td colspan="3">不允许</td></tr>
<tr><td rowspan="2">划伤</td><td colspan="2">允许范围</td><td>允许条数限度</td></tr>
<tr><td colspan="2">宽≤0.2 mm，长≤40 mm</td><td>$2S$</td></tr>
<tr><td rowspan="5">光学变形</td><td>公称厚度</td><td>无色透明平板玻璃</td><td>本体着色平板玻璃</td></tr>
<tr><td>2 mm</td><td>≥50°</td><td>≥45°</td></tr>
<tr><td>3 mm</td><td>≥55°</td><td>≥50°</td></tr>
<tr><td>4～12 mm</td><td>≥60°</td><td>≥55°</td></tr>
<tr><td>≥15 mm</td><td>≥55°</td><td>≥50°</td></tr>
<tr><td>断面缺陷</td><td colspan="3">公称厚度不超过 8 mm 时，不超过玻璃板的厚度；8 mm 以上时，不超过 8 mm</td></tr>
</table>

①点状缺陷中不允许有光畸变点。

表 12-20　平板玻璃优等品的外观质量要求

<table>
<tr><td>缺陷种类</td><td colspan="2">质量要求</td></tr>
<tr><td rowspan="4">点状缺陷①</td><td>尺寸 L(mm)</td><td>允许个数限度</td></tr>
<tr><td>$0.3 \leqslant L \leqslant 0.5$</td><td>$1S$</td></tr>
<tr><td>$0.5 < L \leqslant 1.0$</td><td>$0.2S$</td></tr>
<tr><td>$L > 1.0$</td><td>0</td></tr>
<tr><td>点状缺陷密集度</td><td colspan="2">尺寸≥0.3 mm 的点状缺陷最小间距不小于 300 mm；直径 100 mm 圆内尺寸≥0.1 mm 的点状缺陷不超过 3 个</td></tr>
<tr><td>线道</td><td colspan="2">不允许</td></tr>
<tr><td>裂纹</td><td colspan="2">不允许</td></tr>
<tr><td rowspan="2">划伤</td><td>允许范围</td><td>允许条数限度</td></tr>
<tr><td>宽≤0.1 mm，长≤30 mm</td><td>$2S$</td></tr>
</table>

续上表

缺陷种类	质量要求		
光学变形	公称厚度	无色透明平板玻璃	本体着色平板玻璃
	2 mm	≥50°	≥50°
	3 mm	≥55°	≥50°
	4～12 mm	≥60°	≥55°
	≥15 mm	≥55°	≥50°
断面缺陷	公称厚度不超过 8 mm 时，不超过玻璃板的厚度；8 mm 以上时，不超过 8 mm		

①点状缺陷中不允许有光畸变点。

(4)平板玻璃的光学特性。

1)无色透明平板玻璃的光学特性见表 12-21。

表 12-21 无色透明平板玻璃的光学特性

公称厚度(mm)	可见光透射比最小值(%)	公称厚度(mm)	可见光透射比最小值(%)
2	89	10	81
3	88	12	79
4	87	15	76
5	86	19	72
6	85	22	69
8	83	25	67

2)本体着色透明平板玻璃的光学特性见表 12-22。

表 12-22 本体着色透明平板玻璃的光学特性

种 类	偏差(%)
可见光(380～780 nm)透射比	2.0
太阳光(300～2 500 nm)直接透射比	3.0
太阳能(300～2 500 nm)总透射比	4.0

(5)平板玻璃的应用与保管。

一般建筑采光用玻璃多为 3 mm 厚的普通平板玻璃；用做玻璃幕墙、采光屋面、商店橱窗或柜台等时，多采用厚度为 5 mm 或 6 mm 的钢化玻璃；公共建筑的大门、隔断或玻璃构件，则常用经钢化后的 8 mm 以上的厚玻璃。平板玻璃也可用于钢化、夹层、镀膜、中空等深加工玻璃的原片，小量用做工艺玻璃。

玻璃保管不当，易破碎和受潮发霉。透明玻璃一旦受潮发霉，轻者出现白斑、白毛或红绿光，影响外观质量和透光度；重者发生粘片而难分开。平板玻璃在堆放时应将箱盖向上，不得歪斜，不得受重压，并应按品种、规格、等级分别放在干燥、通风的库房里，与碱性或其他有害物质分开。

2.饰面玻璃

(1)玻璃锦砖。

1)玻璃锦砖的规格及适用范围见表12-23。

表12-23　玻璃锦砖的规格及适用范围

项　目	内　容
规格	玻璃锦砖的一般规格为25 mm×50 mm、50 mm×50 mm、50 mm×105 mm,其他规格尺寸、形状由供需双方协商
适用范围	玻璃锦砖又称玻璃马赛克,它含有未熔融的微小晶体(主要是石英)的乳浊状半透明玻璃质材料,是一种小规格的饰面玻璃制品。背面有槽纹,有利于与基面粘接。玻璃锦砖颜色绚丽,色泽众多,且有透明、半透明、不透明三种。玻璃锦砖主要用熔融法生产,用于建筑物内,外墙装饰

2)玻璃锦砖的尺寸及允许偏差见表12-24。

表12-24　玻璃锦砖的尺寸及允许偏差　(单位:mm)

项目	规　格	边长允许偏差	厚度允许偏差
单块砖	25×50	±0.4	4.5±0.4
	50×50	±0.5	5.0±0.5
	50×105	±0.5	6.0±0.5
	注:以上规格装饰面均为平面,其他形状的规格尺寸由供需双方协商。		
联长	尺寸	允许偏差	
	325	±3.0	
线道	3.0	±0.8	
周边距		1～8	

注:其他尺寸的联长由供需双方协商,周边距只适用于贴纸时。

3)玻璃锦砖的外观质量见表12-25。

表12-25　玻璃锦砖的外观质量　(单位:mm)

缺陷名称		表示方法	允许范围
变形	凹陷	深度	≤0.5
	弯曲	弯曲度	≤0.5
缺边		长度	3.0≤长度≤6.0(允许一处)
		宽度	1.0≤宽度≤2.0(允许一处)
缺角		损伤长度	≤5.0
裂纹		—	不允许
皱纹		—	不密集

4)玻璃锦砖的理化性能见表12-26。

表12-26 玻璃锦砖的理化性能

试验项目		条 件	指 标
玻璃锦砖与铺贴纸粘合牢固度		用双手捏住联一边的两角，垂直提起然后平放，反复三次	无脱落
脱纸时间		18℃～25℃水浸泡40 min时	≥70％脱落
耐急冷急热		70℃±2℃⟹18℃～25℃ 水30 min　水10 min 循环3次	无裂纹、无破损
化学稳定性	盐酸	1 mol/L,室温下浸泡24 h	无变点及剥离现象
	硫酸	1 mol/L,室温下浸泡24 h	无变点及剥离现象
	氢氧化钠	1 mol/L,室温下浸泡24 h	无变点及剥离现象

(2)压花玻璃。

1)压花玻璃的类型、规格及适用范围见表12-27。

表12-27 压花玻璃的类型、规格及适用范围

项 目	内 容
类型	压花玻璃是将熔融的玻璃液在急冷中通过带图案花纹的辊轴滚压而成的制品，既可一面压花，也可两面压花。压花玻璃分普通压花玻璃、真空冷膜压花玻璃和彩色膜压花玻璃等三种
规格	一般规格为800 mm×700 mm×3 mm
适用范围	压花玻璃具有透光不透视的特点，且因有各种图案花纹而具有一定的艺术装饰效果。多用于办公室、会议室、浴室、卫生间以及公共场所分离室的门窗和隔断等处，使用时应将花纹朝向室内

2)压花玻璃的技术指标见表12-28。

表12-28 压花玻璃的技术指标

项 目		质量指标				
厚度(mm)	基本尺寸	3	4	5	6	8
	允许偏差	±0.3	±0.4	±0.4	±0.5	±0.6
长度和宽度尺寸允许偏差(mm)		±2				±3
弯曲度(％)		≤0.3				
对角线差		小于两对角线平均长度的0.2％				

3)压花玻璃的外观质量见表12-29。

表 12-29　压花玻璃的外观质量

<table>
<tr><td>缺陷类型</td><td>说　明</td><td colspan="3">一等品</td><td colspan="3">合格品</td></tr>
<tr><td>图案不消</td><td>目测可见</td><td colspan="6">不允许</td></tr>
<tr><td rowspan="2">气泡</td><td>长度范围(mm)</td><td>2≤L<5</td><td>5≤L<10</td><td>L≥10</td><td>2≤L<5</td><td>5≤L<15</td><td>L≥15</td></tr>
<tr><td>允许个数</td><td>6.0S</td><td>3.0S</td><td>0</td><td>9.0S</td><td>4.0S</td><td>0</td></tr>
<tr><td rowspan="2">杂物</td><td>长度范围(mm)</td><td colspan="2">2≤L<3</td><td>L≥3</td><td colspan="2">2≤L<3</td><td>L≥3</td></tr>
<tr><td>允许个数</td><td colspan="2">1.0S</td><td>0</td><td colspan="2">2.0S</td><td>0</td></tr>
<tr><td rowspan="2">线条</td><td>长宽范围(mm)</td><td colspan="3" rowspan="2">不允许</td><td colspan="3">长度 100≤L<200，宽度 W<0.5</td></tr>
<tr><td>允许条数</td><td colspan="3">3.0S</td></tr>
<tr><td>皱纹</td><td>目测可见</td><td colspan="3">不允许</td><td colspan="3">边部 50 mm 以内轻微的允许存在</td></tr>
<tr><td rowspan="2">压痕</td><td>长度范围(mm)</td><td colspan="3" rowspan="2">允许</td><td colspan="2">2≤L<5</td><td>L≥5</td></tr>
<tr><td>允许个数</td><td colspan="2">2.0S</td><td>0</td></tr>
<tr><td rowspan="2">划伤</td><td>长宽范围(mm)</td><td colspan="3" rowspan="2">不允许</td><td colspan="3">长度 L≤60，宽度 W<0.5</td></tr>
<tr><td>允许条数</td><td colspan="3">3.0S</td></tr>
<tr><td>裂纹</td><td>目测可见</td><td colspan="6">不允许</td></tr>
<tr><td>断面缺陷</td><td>爆边、凹凸、缺角等</td><td colspan="6">不应超过玻璃板的厚度</td></tr>
</table>

注：1. 表中 L 表示相应缺陷的长度，W 表示其宽度，S 是以 m^2 为单位的玻璃面积，气泡、杂物、压痕和划伤的数量允许上限值是以 S 乘以相应系数所得的数值。

2. 对于 2 mm 以下的气泡，在直径为 100 mm 的圆内不允许超过 8 个。

3. 破坏性的杂物不允许存在。

(3)空心玻璃砖。

1)空心玻璃砖的形状、规格尺寸及公称质量见表 12-30。

表 12-30　空心玻璃砖的形状、规格尺寸及公称质量

规格	长度 L(mm)	宽度 b(mm)	厚度 h(mm)	公称质量(kg)
190×190×80	190	190	80	2.5
145×145×80	145	145	80	1.4
145×145×95	145	145	95	1.6
190×190×50	190	190	50	2.1
190×190×95	190	190	95	2.6
240×240×80	240	240	80	3.9
240×115×80	240	115	80	2.1
115×115×80	115	115	80	1.2
190×90×80	190	90	80	1.4
300×300×80	300	300	80	6.8
300×300×100	300	300	100	7.0

续上表

规格	长度 L(mm)	宽度 b(mm)	厚度 h(mm)	公称质量(kg)
190×90×90	190	90	90	1.6
190×95×80	190	95	80	1.3
190×95×100	190	95	100	1.3
197×197×79	197	197	79	2.2
197×197×98	197	197	98	2.7
197×95×79	197	95	79	1.4
197×95×98	197	95	98	1.6
197×146×79	197	146	79	1.9
197×146×98	197	146	98	2.0
298×298×98	298	298	98	7.0
197×197×51	197	197	51	2.1

2)空心玻璃砖的技术要求见表 12-31。

表 12-31　空心玻璃砖的技术要求

项　目		要　求
外形尺寸		长(L)、宽(b)、厚(h)的允许偏差值不大于 1.5 mm
外形上凸与凹进		正外表面最大上凸不大于 2.0 mm,最大凹进不大于 1.0 mm
两个半坯间隙		两个半坯允许有相对移动或转动,按《空心玻璃砖》(JC/T 1007—2006)第 6.1.2 条检测时,其间隙不大于 1.5 mm
外观质量	裂纹	不允许有贯穿裂纹
	熔接缝	不允许高出砖外边缘
	缺口	不允许有
	气泡	直径不大于 1 mm 的气泡忽略不计,但不允许密集存在;直径 1～2 mm气泡允许有 2 个;直径 2～3 m 的气泡允许有 1 个;直径大于 3 mm 的气泡不允许有;宽度小于0.8 mm、长度小于 10 mm 的拉长气泡允许有 2 个,宽度小于 0.8 mm、长度小于 15mm 的拉长气泡允许有 1 个,超过该范围的不允许有
	结石或异物	直径小于 1 m 的允许有 2 个
	玻璃屑	直径小于 1 mm 的忽略不计,直径 l～3 mm 的允许有 2 个,大于 3 mm 的不允许有
	线道	距 1 m 观察不可见
	划伤	不允许有长度大于 30 mm 的划伤
	麻点	连续的麻点痕长度不超过 20 mm
	剪刀痕	正表面边部 10 mm 范围内每面允许有 1 条,其他部位不允许有

续上表

项　目		要　求
外观质量	料滴印	距 1 m 观察不可见
	模底印	距 1 m 观察不可见
	冲头印	距 1 m 观察不可见
	油污	距 1 m 观察不可见
颜色均匀性		正面应无明显偏离主色调的色带或色道，同一批次的产品之间，其正面颜色应无明显色差
单块质量		单块质量的允许偏差小于或等于其公称质量的 10%
抗压强度		平均抗压强度不小于 7.0 MPa，单块最小值不小于 6.0 MPa
抗冲击性		以钢球自由落体方式做抗冲击试验，试样不允许破裂
抗热震性		冷热水温差应保持 30℃，试验后试样不允许出现裂纹或其他破损现象

3.声、光、热控制玻璃

(1)吸热玻璃。

吸热玻璃是能吸收大量红外线辐射能并保持较高可见光透过率的平板玻璃。吸热玻璃已广泛用于建筑物的门窗、外墙以及用做车、船的挡风玻璃等，起到隔热、防眩、采光及装饰等作用。吸热玻璃的技术要求应符合《平板玻璃》(GB 11614—2009)的规定。

(2)阳光控制镀膜玻璃。

1)阳光控制镀膜玻璃的分类。按外观质量、光学性能差值、衍射均匀性可分为优等品和合格品；按热处理加工性能可分为非钢化阳光控制镀膜玻璃、钢化阳光控制镀膜玻璃和半钢化阳光控制镀膜玻璃。

2)阳光控制镀膜玻璃的外观质量见表 12-32。

表 12-32　阳光控制镀膜玻璃的外观质量

缺陷名称	说　明	优等品	合格品
针孔(个)	直径＜0.8 mm	不允许集中	—
	0.8 mm≤直径＜1.2 mm	中部：3.0S个且任意两针孔间距离大于 300 mm 75 mm 边部：不允许集中	不允许集中
	1.2 mm≤直径＜1.6 mm	中部：不允许；75 mm 边部：3S	中部：3.0S；75 mm 边部：8.0S
	1.6 mm≤直径≤2.5 mm	不允许	中部：2.0S；75 mm 边部：5.0S
	直径＞2.5 mm	不允许	不允许
斑点(个)	1.0 mm≤直径≤2.5 mm	中部：不允许；75 mm 边部：2.0S	中部：5.0S；75 mm 边部：6.0S
	2.5 mm＜直径≤5.0 mm	不允许	中部：1.0S；75 mm 边部：4.0S
	直径＞5.0 mm	不允许	不允许

续上表

缺陷名称	说　明	优等品	合格品
斑纹	目视可见	不允许	不允许
线道	目视可见	不允许	不允许
膜面划伤	0.1 mm≤宽度≤0.3 mm、长度≤60 mm	不允许	不限，划伤间距离不得小于 100 mm
	宽度>0.3 mm 或长度>60 mm	不允许	不允许
玻璃面划伤(条)	宽度≤0.5 mm、长度≤60 mm	3.0*S*	—
	宽度>0.5 mm 或长度>60 mm	不允许	不允许

注：1. 针孔集中是指直径在 100 mm 圆面积内超过 20 个。
2. *S* 是以平方米为单位的玻璃板面积，保留小数点后两位。
3. 允许个数及允许条数为各系数与 *S* 相乘所得的数值。
4. 玻璃板的中部是指距玻璃板边缘 75 mm 以内的区域，其他部分为边部。
5. 阳光控制镀膜玻璃原片的外观质量应符合《平板玻璃》(GB 11614—2009)中的技术要求。作为幕墙用的钢化、半钢化阳光控制镀膜玻璃，原片应进行边部精磨边处理。

3)阳光控制镀膜玻璃的物理力学性能见表 12-33。

表 12-33　阳光控制镀膜玻璃的物理力学性能

项　目		质量指标			
		允许偏差最大值(明示标称值)		允许最大差值(未明示标称值)	
		优等品	合格品	优等品	合格品
光学性能	可见光透射比>30%	±1.5%	±2.5%	≤3.0%	≤5.0%
	可见光透射比≤30%	±1.0%	±2.0%	≤2.0%	≤4.0%
颜色均匀性		采用 CIELAB 均匀色空间的色差△Eab* 来表示。反射色色差优等品不得大 2.5 CIELAB，合格品不得大于 3.0 CIELAB			
耐磨性		试验前后可见光透射比平均值的差值的绝对值不应大于 4%			
耐酸性		试验前后可见光透射比平均值的差值的绝对值不应大于 4%；并且膜层不能有明显的变化			
耐碱性		试验前后可见光透射比平均值的差值的绝对值不应大于 4%；并且膜层不能有明显的变化			
其他要求		供需双方协商解决			

(3)中空玻璃。

1)常用的中空玻璃的形状和最大尺寸见表 12-34。

表 12-34　常用的中空玻璃的形状和最大尺寸　（单位：mm）

玻璃厚度	间隔厚度	长边最大尺寸	短边最大尺寸（正方形除外）	最大面积(m^2)	正方形边长最大尺寸
3	6	2 110	1 270	2.4	1 270
	9～12	2 110	1 270	2.4	1 270
4	6	2 420	1 300	2.86	1 300
	9～10	2 440	1 300	3.17	1 300
	12～20	2 440	1 300	3.17	1 300
5	6	3 000	1 750	4.00	1 750
	9～10	3 000	1 750	4.80	2 100
	12～20	3 000	1 815	5.10	2 100
6	6	4 550	1 980	5.88	2 000
	9～10	4 550	2 280	8.54	2 440
	12～20	4 550	2 440	9.00	2 440
10	6	4 270	2 000	8.54	2 440
	9～10	5 000	3 000	15.00	3 000
	12～20	5 000	3 180	15.90	3 250
12	12～20	5 000	3 180	15.90	3 250

2）中空玻璃的尺寸偏差见表 12-35。

表 12-35　中空玻璃的尺寸偏差　（单位：mm）

长度及宽度		厚度		两对线之差	胶层厚度
基本尺寸 L	允许偏差	公称厚度 t	允许偏差	正方形和矩形中空玻璃对角线之差应不大于对角线平均长度的 0.2%	单道密封胶层厚度为（10±2）mm；双道密封外层密封胶层厚度为（8±2）mm，特殊规格或有特殊要求的产品由供需双方商定
$L<1\ 000$	±2	$t<17$	±1.0		
$1\ 000\leqslant L<2\ 000$	+2、-3	$17\leqslant t<22$	±1.5		
$L\geqslant 2\ 000$	±3	$t\geqslant 22$	±2.0		

注：中空玻璃的公称厚度为玻璃原片的公称厚度与间隔层厚度之和。

3）中空玻璃的技术指标见表 12-36。

表 12-36　中空玻璃的技术指标

项　目	质量指标
外观	中空玻璃不得有妨碍透视的污迹、夹杂物及密封胶飞溅现象
密封性能	（1）20 块 4 mm+12 mm+4 mm 试样全部满足以下两条规定为合格： 1）在试验压力低于环境气压（10±0.5）kPa 下，初始偏差必须≥0.8 mm； 2）在该气压下保持 2.5 h 后，厚度偏差的减少应不超过初始偏差的 15%。 （2）20 块 5mm+9 mm+5 mm 试样全部满足以下两条规定为合格： 1）在试验压力低于环境气压（10±0.5）kPa 下，初始偏差必须≥0.5 mm；

续上表

项　目	质量指标
密封性能	2)在该气压下保持 2.5 h 后,厚度偏差的减少应不超过初始偏差的 15%。 (3)其他厚度的样品供需双方商定
露点	20 块试样露点均≤-40℃为合格
耐紫外线辐射性能	2 块试样紫外线照射 168 h,试样内表面上均无结雾或污染的痕迹,玻璃原片无明显错位和产生胶条蠕变为合格。如果有 1 块或 2 块试样不合格,可另取 2 块备用试样重新试验,2 块试样均满足要求为合格
气候循环耐久性能	试样经循环试验后进行露点测试。4 块试样露点≤-40℃为合格

4.建筑用安全玻璃

(1)钢化玻璃。

1)钢化玻璃的分类。钢化玻璃按生产工艺分,可分为垂直法钢化玻璃和水平法钢化玻璃;钢化玻璃按形状分,可分为平面钢化玻璃和曲面钢化玻璃。

2)钢化玻璃的外观质量见表 12-37。

表 12-37　钢化玻璃的外观质量

缺陷名称	说　明	允许缺陷数
爆边	每片玻璃每米边长上允许有长度不超过 10 mm,自玻璃边部向玻璃板表面延伸深度不超过 2 mm,自板面向玻璃厚度延伸深度不超过厚度 1/3 的爆边	1 处
划伤	宽度在 0.1 mm 以下的轻微划伤,每平方米面积内允许存在条数	长≤100 mm 时,4 条
	宽度大于 0.1 mm 的划伤,每平方米面积内允许存在条数	宽 0.1～1 mm、长≤100 mm 时,4 条
夹钳印	夹钳印中心与玻璃边缘的距离	≤20 mm
	边部变形量	≤2 mm
裂纹、缺角	不允许存在	

3)钢化玻璃的物理力学性能见表 12-38。

表 12-38　钢化玻璃的物理力学性能

项　目	质量指标
弯曲度	平面钢化玻璃的弯曲度,弓形时应不超过 0.3%,波形时应不超过 0.2%
抗冲击性	取 6 块钢化玻璃试样进行试验,试样破坏数不超过 1 块为合格,多于或等于 3 块为不合格。破坏数为 2 块时,再另取 6 块进行试验,6 块必须全部不被破坏

续上表

<table>
<tr><td>项 目</td><td colspan="4">质量指标</td></tr>
<tr><td rowspan="6">碎片状态</td><td colspan="4">取 4 块钢化玻璃试样进行试验，每块试样在 50 mm×50 mm 区域内的最少碎片数</td></tr>
<tr><td>玻璃品种</td><td>公称厚度(mm)</td><td>最少碎片数(片)</td><td>备注</td></tr>
<tr><td rowspan="3">平面钢化玻璃</td><td>3</td><td>30</td><td rowspan="4">允许有少量长条形碎片，其长度不超过 75 mm</td></tr>
<tr><td>4～12</td><td>40</td></tr>
<tr><td>≥15</td><td>30</td></tr>
<tr><td>曲面钢化玻璃</td><td>≥4</td><td>30</td></tr>
<tr><td>霰弹袋冲击性能</td><td colspan="4">取 4 块平面钢化玻璃试样进行试验，必须符合下列(1)或(2)中任意一条的规定：
(1)玻璃破碎时，每块试样的最大 10 块碎片质量的总和不得超过相当于试样 65 cm^2 面积的质量，保留在框内的任何无贯穿裂纹的玻璃碎片的长度不能超过 120 mm。
(2)霰弹袋下落高度为 1 200 mm 时，试样不破坏</td></tr>
<tr><td>表面应力</td><td colspan="4">钢化玻璃的表面应力不应小于 90 MPa。以制品为试样，取 3 块试样进行试验，当全部符合规定为合格，2 块试样不符合则为不合格，当 2 块试样符合时，再追加 3 块试样，如果 3 块全部符合规定，则为合格</td></tr>
<tr><td>耐热冲击性能</td><td colspan="4">钢化玻璃应耐 200℃温差不破坏。取 4 块试样进行试验，当 4 块试样全部符合规定时，认为该项性能合格。当有 2 块以上不符合时，则认为不合格。当有 1 块不符合时，重新追加 1 块试样，如果它符合规定，则认为该项性能合格。当有 2 块不符合时，则重新追加 4 块试样，全部符合规定时则为合格</td></tr>
</table>

(2)夹层玻璃。

1)夹层玻璃的分类。夹层玻璃按形状，可分为平面夹层玻璃和曲面夹层玻璃；夹层玻璃按霰弹袋冲击性能，可分Ⅰ类夹层玻璃、Ⅱ－1 夹层玻璃、Ⅱ－2 夹层玻璃和Ⅲ夹层玻璃。

2)夹层玻璃的尺寸允许偏差见表 12-39。

表 12-39 夹层玻璃的尺寸允许偏差 (单位：mm)

<table>
<tr><td rowspan="3"></td><td rowspan="2">公称尺寸(边长 L)</td><td rowspan="2">公称厚度≤8</td><td colspan="2">公称厚度＞8</td></tr>
<tr><td>每块玻璃公称厚度＜10</td><td>至少一块玻璃公称厚度≥10</td></tr>
<tr><td>$L\leqslant 1\,100$</td><td>＋2.0
－2.0</td><td>＋2.5
－2.0</td><td>＋3.5
－2.5</td></tr>
<tr><td rowspan="4">长度和宽度允许偏差</td><td>$1\,100<L\leqslant 1\,500$</td><td>＋3.0
－2.0</td><td>＋3.5
－2.0</td><td>＋4.5
－3.0</td></tr>
<tr><td>$1\,500<L\leqslant 2\,000$</td><td>＋3.0
－2.0</td><td>＋3.5
－2.0</td><td>＋5.0
－3.5</td></tr>
<tr><td>$2\,000<L\leqslant 2\,500$</td><td>＋4.5
－2.5</td><td>＋5.0
－3.0</td><td>＋6.0
－4.0</td></tr>
<tr><td>$L>2\,500$</td><td>＋5.0
－3.0</td><td>＋5.5
－3.5</td><td>＋6.5
－4.5</td></tr>
</table>

续上表

最大允许叠差	长度或宽度 L			
	$L<1\,000$	$1\,000\leqslant L<2\,000$	$2\,000\leqslant L<4\,000$	$L\geqslant 4\,000$
	2.0	3.0	4.0	6.0

3)夹层玻璃的外观质量见表12-40。

表12-40 夹层玻璃的外观质量

<table>
<tr><td colspan="2">项　目</td><td colspan="8">指　标</td></tr>
<tr><td rowspan="10">可视区缺陷</td><td rowspan="7">允许点状缺陷数</td><td colspan="3">缺陷尺寸 λ(mm)</td><td>$0.5<\lambda\leqslant 1.0$</td><td colspan="4">$1.0<\lambda\leqslant 3.0$</td></tr>
<tr><td colspan="3">板面面积 S(m²)</td><td>S 不限</td><td>$S\leqslant 1$</td><td>$1<S\leqslant 2$</td><td>$2<S\leqslant 8$</td><td>$S>8$</td></tr>
<tr><td rowspan="4">允许的缺陷数（个）</td><td rowspan="4">玻璃层数</td><td>2层</td><td rowspan="4">不得密集存在</td><td>1</td><td>2</td><td>1.0/m²</td><td>1.2/m²</td></tr>
<tr><td>3层</td><td>2</td><td>3</td><td>1.5/m²</td><td>1.8/m²</td></tr>
<tr><td>4层</td><td>3</td><td>4</td><td>2.0/m²</td><td>2.4/m²</td></tr>
<tr><td>≥5层</td><td>4</td><td>5</td><td>2.5/m²</td><td>3.0/m²</td></tr>
<tr><td colspan="8">(1)≤0.5 mm的缺陷不予以考虑，不允许出现大于3 mm的缺陷。
(2)当出现下列是情况之一时，视为密集存在：
1)两层玻璃时，出现4个或4个上以上的缺陷，且彼此相距 <200 mm；
2)三层玻璃时，出现4个或4个以上的缺陷，且彼此相距 <180 mm；
3)四层玻璃时，出现4个或4个以上的缺陷，且彼此相距 <150 mm；
4)五层玻璃时，出现4个或4个以上的缺陷，且彼此相距 <100 mm。
(3)单层中间层单层厚度大于2 mm时，上表允许缺陷数总数增加1</td></tr>
<tr><td rowspan="3">允许的线状缺陷数</td><td colspan="3">缺陷尺寸（长度 L，宽度 B）(mm)</td><td colspan="2">$L\leqslant 30$ 且 $B\leqslant 0.2$</td><td colspan="3">$L>30$ 或 $B>0.2$</td></tr>
<tr><td colspan="3">玻璃面积(S)(m²)</td><td colspan="2">S 不限</td><td>$S\leqslant 5$</td><td>$5<S\leqslant 8$</td><td>$8<S$</td></tr>
<tr><td colspan="3">允许缺陷数（个）</td><td colspan="2">允许存在</td><td>不允许</td><td>1</td><td>2</td></tr>
<tr><td colspan="2">周边区缺陷</td><td colspan="8">使用时装有边框的夹层玻璃周边区域，允许直径不超过5 mm的点状缺陷存在；如点状缺陷是气泡，气泡面积之和不应超过边缘区面积的5%</td></tr>
<tr><td colspan="2">裂口、脱胶、皱痕和条纹</td><td colspan="8">不允许存在</td></tr>
<tr><td colspan="2">爆边</td><td colspan="8">长度或宽度不得超过玻璃的厚度</td></tr>
</table>

4)夹层玻璃的物理力学性能见表12-41。

表12-41 夹层玻璃的物理力学性能

项　目	内　容
弯曲度	平面夹层玻璃的弯曲度，弓形时应不超过0.3%，波形时应不超过0.2%。原片材料使用有非无机玻璃时，弯曲度由供需双方商定

续上表

项　目	内　容
可见光透射比	由供需双方商定
可见光反射比	由供需双方商定
抗风压性能	应由供需双方商定是否有必要进行本项试验，以便合理选择给定风载条件下适宜的夹层玻璃的材料、结构和规格尺寸等，或验证所选定夹层玻璃的材料、结构和规格尺寸等能否满足设计风压值的要求
耐热性	试验后允许试样存在裂口，超出边部或裂口 13 mm 部分不能产生气泡或其他缺陷
耐湿性	试验后试样超出原始边 15 mm、切割边 25 mm、裂口 10 mm 部分不能产生气泡或其他缺陷
耐辐照性	试验后试样不可产生显著变色、气泡及浑浊现象，且试验前后试样的可见光透射比相对变化率 ΔT 应不大于 3%
落球冲击剥离性能	试验后中间层不得断裂，不得因碎片剥离而暴露
霰弹袋冲击性能	在每一冲击高度试验后，试样均应未破坏或安全破坏。 破坏时试样同时符合下列要求为安全破坏。 (1)破坏时允许出现裂缝或开口，但是不允许出现使直径为 76 mm 的球在 25 N 力作用下通过的裂缝或开口。 (2)冲击后试样出现碎片剥离时，称量冲击后 3 min 内从试样上剥离下的碎片。碎片总质量不得超过相当于 100 cm^2 试样的质量，最大剥离碎片质量应小于44 cm^2 面积试样的质量。 Ⅱ－1 类夹层玻璃：3 组试样在冲击高度分别为 300 mm、750 mm 和 1 200 mm 时冲击后，全部试样未破坏或安全破坏。 Ⅱ－2 类夹层玻璃：2 组试样在冲击高度分别为 300 mm 和 750 mm 时冲击后，试样未破坏或安全破坏；但另 1 组试样在冲击高度为 1 200 mm 时，任何试样非安全破坏。 Ⅲ类夹层玻璃：1 组试样在冲击高度为 300 mm 时冲击后，试样未破坏或安全破坏，但另 1 组试样在冲击高度为 750 mm 时，任何试样非安全破坏。 Ⅰ类夹层玻璃：对霰弹袋冲击性能不做要求。 分级后的夹层玻璃适用场所建议参见《建筑用安全玻璃 第 3 部分：夹层玻璃》(GB 15763.3—2009)附录 A

(3)均质钢化玻璃。均质钢化玻璃的尺寸及允许偏差、厚度及允许偏差、外观质量、抗冲击性、碎片状态、霰弹袋冲击性能、表面应力、耐热冲击性能和平面均质钢化玻璃的弯曲度应符合《建筑用安全玻璃 第 2 部分：钢化玻璃》(GB 15763.2—2005)的规定。以 95% 的置信区间，5% 的破损概率，均质钢化玻璃的弯曲强度应符合表 12-42。

表 12-42　均质钢化玻璃的弯曲强度

均质钢化玻璃类型	弯曲强度(MPa)
以浮法玻璃为原片的均质钢化玻璃 镀膜均质钢化玻璃	120

续上表

均质钢化玻璃类型	弯曲强度(MPa)
釉面均质钢化玻璃(釉面为加载面)	75
压花均质钢化玻璃	90

第四节　建筑涂料

一、建筑涂料的组成

建筑涂料的组成见表 12-43。

表 12-43　建筑涂料的组成

项　目		内　容
主要成膜物质	无机质涂料	无机质涂料中的主要成膜物质包括水泥浆、硅溶胶系、磷酸盐系、硅酸酮系、无机聚合物系和碱金属硅酸盐系等,其中硅溶胶和水溶性硅酸钾、硅酸钠、硅酸钾钠系涂料的应用发展较快
	有机质涂料	有机质涂料中的主要成膜物质为各种合成树脂。树脂是一种无定型状态存在的有机物,通常指高分子聚合物。过去,涂料使用天然树脂为成膜物质,现在则广泛应用合成树脂,如醋酸乙烯树脂系、醇酸树脂、丙烯酸树脂、丁基树脂氯化橡胶树脂、环氧树脂等
次要成膜物质		次要成膜物质主要是指涂料中所用的颜料,也是构成涂料的主要成分,但它不能离开主要成膜物质而单独构成涂膜。在涂料中加入颜料不仅能使涂膜具有各种颜色,增加涂料的品种,而且能增加涂膜强度,提高涂膜的耐久性和抵抗大气的老化作用
辅助成膜物质		辅助成膜物质主要包括有机溶剂和水,有机溶剂主要起到溶解或分散主要成膜物质、改善涂料的施工性能、增加涂料的渗透能力、改善涂料和基层的粘接、保证涂料的施工质量等作用。施工结束后,溶剂逐渐挥发或蒸发,最终形成连续和均匀的涂膜。常用的有机溶剂有二甲苯、乙醇、乙酸乙酯和溶剂油等。水也可作为溶剂,用于水溶性涂料和乳液型涂料

二、建筑涂料的技术性能

建筑涂料的技术性能主要包括施工前涂料的性状及施工后涂膜的性能两个方面,具体见表 12-44。

表 12-44　建筑涂料的技术性能

项　目	内　容
施工前涂料的性状	(1)容器中的状态。容器中的状态主要指储存稳定性及均匀性。储存稳定性是指涂料在运输和存放过程中不产生分层离析、沉淀、结块、发霉、变色及改性等;均匀性指每桶溶液内上、中、下三层的颜色、稠度及性能均匀性,以及桶与桶、批与批和不同存放时间因素的均匀性。

续上表

项　目	内　容
施工前涂料的性状	(2)施工操作性。施工操作性主要包括涂料的开封、搅匀、提取，是否有流挂、油缩、拉丝、涂刷困难等现象，还包括便于重涂和补涂的性能。 (3)干燥时间。干燥时间分为表干时间与实干时间。表干是指以手指轻触标准试样涂膜，如感到有些发黏但无涂料粘在手指上，即认为表面干燥，时间一般不得超过2 h；实干时间一般要求不超过 24 h。 (4)最低成膜温度。规定了涂料的施工作业最低温度，水性及乳液型涂料的最低成膜温度一般高于 0℃，否则水有可能结冰而难以挥发干燥。溶剂型涂料的最低成膜温度主要与溶剂的沸点及固化反应特性有关。 (5)含固量。含固量指涂料在一定温度下加热挥发后余留部分的含量，它的大小对涂膜的厚度有直接影响，同时影响涂膜的致密性和其他性能
施工后涂膜的性能	(1)遮盖力。遮盖力反映涂料对基层颜色的遮盖能力，即把涂料均匀地涂刷在物体表面上，使其底色不再呈现的最小用料量。 (2)涂膜外观质量。涂膜与标准样板相比较，观察其是否符合色差范围，表面是否平整光洁，有无结皮、气泡及裂痕等现象。 (3)附着力与粘结强度。附着力即为涂膜与基层材料的粘附能力，能与基层共同变形不至脱落。影响附着力和粘结强度的主要因素有涂料及基层的渗透能力，涂料本身的分子结构以及基层的表面性状。 (4)耐磨损性。建筑涂料在使用过程中要受到风、沙、雨、雪的磨损，尤其是地面涂料，摩擦作用更加强烈。一般采用漆膜耐磨仪在一定荷载下磨转一定次数后，以在规定条件下进行试验所测得的材料减量(或其倒数)表示耐磨损性。 (5)耐老化性。建筑涂料的耐老化性能直接影响到涂料的使用年限，即耐久性。老化因素主要来自涂料品种及质量、施工质量以及外界条件。涂膜老化的主要表现有光泽降低、粉化析白、污染、变色、褪色、龟裂、起粉、磨损露底等

三、常用的建筑装饰涂料

1. 外墙装饰涂料

(1)合成树脂乳液外墙涂料。合成树脂乳液外墙涂料广泛使用苯乙烯－丙烯酸乳液作为主要成膜物质，属于薄型涂料。其主要技术指标见表 12-45。

表 12-45　合成树脂乳液外墙涂料的技术指标

项　目	指　标		
	优等品	一等品	合格品
容器中状态	无硬块，搅拌后呈均匀状态		
施工性	刷涂二道无障碍		
低温稳定性	不变质		
干燥时间(表干)(h)	≤2		
涂膜外观	正常		

续上表

项目		指标		
		优等品	一等品	合格品
对比率(白色和浅色)		≥0.93	≥0.90	≥0.87
耐水性		96 h无异常		
耐碱性		48 h无异常		
耐洗刷性(次)		≥2 000	≥1 000	≥500
耐人工气候老化性	白色和浅色	600 h不起泡、不剥落、无裂纹	400 h不起泡、不剥落、无裂纹	250 h不起泡、不剥落、无裂纹
	粉化(级)	≤1		
	变色(级)	≤2		
	其他色	商定		
耐沾污性(白色和浅色)(%)		≤15	≤15	≤20
涂层耐温变性(5次循环)		无异常		

(2)合成树脂乳液砂壁状建筑涂料。合成树脂乳液砂壁状建筑涂料(简称彩砂涂料)使用的合成树脂乳液常用苯乙烯一丙烯丁酯共聚乳液BB—01和BB—02。

砂壁状建筑涂料按着色方式分为3类。A类:采用人工烧结彩色砂粒和彩色石粉着色;B类:采用天然彩色砂粒和彩色石粉着色;C类:采用天然砂粒和石粉加颜料着色。

砂壁状建筑涂料通常采用喷涂方法施涂于建筑物的外墙形成粗面厚质涂层。其产品质量指标应符合表12-46。

表12-46 砂壁状建筑涂料的质量指标

试验类别	项目		技术指标
涂料试验	在容器中的状态		经搅拌后呈均匀状态、无结块
	骨料沉降性(%)		<10
	贮存稳定性	低温贮存稳定性	3次试验后,无硬块、凝聚及组成物的变化
		热贮存稳定性	1个月试验后,无硬块、凝聚及组成物的变化
	干燥时间(h)		≤2
涂层试验	颜色及外观		颜色及外观与样本相比,无明显差别
	耐水性		240 h试验后,涂层无裂纹、起泡、剥落、软化物析出,与未浸泡部分相比,颜色、光泽允许有轻微变化
	耐碱性		240 h试验后,涂层无裂纹、起泡、剥落、软化物析出,与未浸泡部分相比,颜色、光泽允许有轻微变化
	耐洗刷性		1 000次洗刷试验后涂层无变化
	耐沾污率(%)		5次沾污试验后,沾污率在45以下

续上表

试验类别	项　目	技术指标
涂层试验	耐冻融循环性	10 次冻融循环试验后，涂层无裂纹、起泡、剥落，与未试验试板相比，颜色、光泽允许有轻微变化
	粘结强度(MPa)	＞0.69
	人工加速耐候性	500 h 试验后，涂层无裂纹、起泡、粉化，变色小于 2 级

2. 内墙装饰涂料

(1)合成树脂乳液内墙涂料。

1)合成树脂乳液内墙底漆的主要技术指标见表 12-47。

表 12-47　合成树脂乳液内墙底漆的主要技术指标

项　目	指　标
容器中状态	无硬快，搅拌后呈均匀状态
施工性	刷涂无障碍
低温稳定性(3 次循环)	不变质
涂膜外观	正常
干燥时间(表干)(h)	≤2
耐碱性(24 h)	无异常
泛碱性(48 h)	无异常

2)合成树脂乳液内墙面漆的主要技术指标见表 12-48。

表 12-48　合成树脂乳液内墙面漆的主要技术指标

项　目	指　标		
容器中状态	无硬快，搅拌后呈均匀状态		
施工性	刷涂二道无障碍		
低温稳定性(3 次循环)	不变质		
干燥时间(表干)(h)	≤2		
涂膜外观	正常		
对比率(白色和浅色)	≥0.95	≥0.93	≥0.90
耐碱性(24 h)	无异常		
耐洗刷性(次)	≥1 000	≥500	≥200

(2)水溶性内墙涂料。水溶性内墙涂料是以水溶性化合物为基料(如聚乙烯醇)，加一定量填料、颜料和助剂，经过研磨、分散后而制成的，可分为Ⅰ类和Ⅱ类两大类。Ⅰ类用于涂刷浴室、厨房和内墙，Ⅱ类用于涂刷建筑物的一般墙面。水溶性内墙涂料的各项技术指标应符合表12-49。

表 12-49 水溶性内墙涂料的各项技术指标

项目	技术指标	
	Ⅰ类	Ⅱ类
在容器中的状态	无结块、沉定和絮凝	
黏度①(s)	30～75	
细度(μm)	≤100	
遮盖力(g/m^2)	≤300	
白度②(%)	≥80	
涂膜外观	平整、色泽均匀	
附着力(%)	100	
耐水性	无脱落、起泡和皱皮	
耐干擦性(级)	—	≤1
耐洗刷性(次)	≥300	—

①《涂料粘度测定法》(GB 1723—1993)中涂－4 黏度计的测定结果的单位为"s"。

②白度只适用于白色涂料。

3.地面涂料

(1)溶剂型地面涂料。它是以合成树脂为基料,添加多种辅助材料制成。性能及生产工艺与溶剂型外墙涂料相似。所不同的是在选择填料及其他辅助材料时比较注重耐磨性和耐冲击性等。

(2)合成树脂厚质地面涂料。由于其合成树脂厚质地面涂料能形成厚质涂膜,且多为双组分反应固化型,故单独为一类。通常有环氧树脂地面厚质涂料和聚氨酯地面厚质涂料。

第五节 铝合金型材及制品

一、铝合金型材

建筑铝合金型材的生产方法分为挤压和轧制两类,在国内外生产中绝大多数采用挤压方法。挤压法不仅可以生产断面形状较简单的管、棒、线等铝合金型材,而且可以生产断面变化、形状复杂的型材和管材,如阶段变化的断面型材、空心型材和变断面管材等。

经挤压成型的建筑铝合金型材表面存在着不同的污垢和缺陷,同时自然氧化膜薄而软,耐蚀性差,因此必须对其表面进行清洗和阳极氧化处理,以提高其表面硬度、耐磨性、耐蚀性。然后进行表面着色(自然着色、电解着色、化学着色三种方法),使铝合金型材获得多种美观大方的色泽。

建筑铝合金型材使用的合金,主要是铝镁硅合金(LD_{30}、LD_{31}),它具有良好的耐蚀性能和机械加工性能,广泛用于加工各种门窗及建筑工程的内外装饰制品。

建筑铝合金型材的物理、机械性能,型号规格,质量标准必须符合《铝合金建筑型材》(GB/T 5237—2000)的规定。

二、铝合金制品

1.铝合金门窗

铝合金门窗是采用经表面处理的铝合金型材加工制作成的门窗构件。它具有质轻、密封性好、色调美观、耐腐蚀、使用维修方便、便于进行工业化生产的特点。因此尽管造价比普通门窗高3～4倍,但由于长期维修费用低,性能好,特别是富有良好的装饰性,所以得到广泛应用。

铝合金门窗的种类按照结构与开闭方式的不同分为推拉门窗、平开门窗、固定窗、悬挂窗、回转窗、百叶窗,铝合金门还有地弹簧门、自动门、旋转门、卷闸门等。铝合金门窗的技术指标应符合《铝合金门窗》(GB/T 8478—2008)的规定。

2.铝合金装饰板

铝合金装饰板属现代流行的建筑装饰材料。它具有质轻、耐久性好、施工方便、装饰华丽等优点,适用于公共建筑室内外装饰,颜色有本色、古铜色、金黄色、茶色等。

(1)铝合金花纹板:铝合金花纹板是采用防锈铝合金(LF21)坯料,用特别的花纹轧辊轧制而成。它具有花纹图案美观大方、不易磨损、防滑性能好、防腐蚀性能强等优点。花纹板板材平整、裁剪尺寸准确,便于安装,广泛用于现代建筑物的墙面装饰及楼梯踏步板等。产品代号、规格、技术要求应符合《铝及铝合金花纹板》(GB 3618—2006)规定。

(2)铝合金压型板:铝合金压型板是用防锈铝毛坯料轧制而成,板型有波纹型和瓦楞型。它具有质轻、外形美观、耐久、耐腐蚀、容易安装等优点。通过表面处理,可以得到各种色彩的压型板。铝合金压型板主要用于屋面和墙面。

(3)铝合金冲孔平板:铝合金冲孔平板是铝合金平板经机械冲孔而成。它具有良好的防腐蚀、防火、防震、防水、吸声性能。它光洁度高、轻便美观,是建筑工程中理想的吸声材料。

铝合金冲孔平板主要用于棉纺厂、各种控制室、电影院、剧场或电子计算机机房的顶棚及墙壁。

3.其他铝合金装饰制品

(1)铝合金吊顶材料:铝合金吊顶材料有质轻、不锈蚀、美观、防火、安装方便等优点,适用于较高的室内吊顶。全套部件包括铝龙骨、铝平顶筋、铝天花板以及相应的配套吊挂件等。

(2)铝及铝合金箔:铝箔是纯铝或铝合金加工成的6.3 μm～0.2 mm的薄片制品。铝及铝合金箔不仅是优良的装饰材料,还具有防潮、绝热的功能。因此铝及铝合金箔以全新多功能的绝热材料和防潮材料广泛用于建筑工程中。

第六节　塑料壁纸和墙布

一、塑料壁纸

1.普通塑料壁纸

普通塑料壁纸有单色压花、印花压花、有光印花、平花印花四种。壁纸品种多,适用面广,价格低,一般住宅、公共建筑的内墙装饰均用这类壁纸。

2.发泡壁纸

发泡壁纸是在纸基上涂布掺有发泡剂的糊状PVC树脂后,印花再加热发泡而成。有高发泡印花、低发泡印花、发泡印花压花等品种。发泡壁纸表面有凹凸花纹,美观大方,图样逼真,有立体感,并有弹性,适用于室内墙裙、客厅和内走廊装饰。

3.特种壁纸

特种壁纸有耐水壁纸、防火壁纸、彩色砂粒壁纸等品种。耐水壁纸基材不用纸,而用不怕水的玻璃纤维毡,适用于卫生间、浴室墙面装饰。防火壁纸基材则用具有耐火性能的石棉纸,并在树脂内加阻燃剂,用于防火要求较高的建筑木材面装饰。彩色砂粒壁纸则在基材上撒布彩色石英砂,再喷涂粘结剂加工而成,一般用于门厅、柱头、走廊等局部装饰。

二、墙布

1.纺织纤维墙布(无纺贴墙布)

纺织纤维墙布是采用天然纤维(如棉、毛、麻、丝)或涤、腈等合成纤维,经无纺成型、上树脂、印制彩色花纹而成的一种新型贴墙布。这种墙布色泽柔和典雅,立体感强,吸声效果好,擦洗不褪色,粘贴方便。特别是涤纶棉无纺贴墙布,除具有麻质无纺贴墙布的特点外,还具有质地细洁、光滑的优点,特别适用于高级宾馆、高级住宅的建筑物内墙装饰。

2.玻璃纤维墙布

玻璃纤维墙布是在中碱玻璃纤维布上涂以合成树脂,经加热塑化,印上彩色图案而成。所用合成树脂主要为乳液法聚氯乙烯或氯乙烯—乙烯乙酸共聚物。该墙布防潮性好,可以刷洗、色泽鲜艳,不燃、无毒,粘贴方便。目前这种墙布已有几十个花色品种。玻璃纤维墙布适用于招待所、旅店、宾馆、会议室、餐厅、居民住宅的内墙装饰。

3.装饰墙布

装饰墙布是以纯棉布经预处理、印花、涂层制作而成。该墙布强度大,无光、无毒、无味,且色泽美观,适用于宾馆、饭店、较高级民用住宅内墙装饰,也适用于基层为砂浆墙面、混凝土墙、白灰浆墙、石膏板、胶合板等的粘贴和浮挂。

参考文献

[1] 赵方冉,阎西康,戎贤. 土木建筑工程材料[M]. 北京:中国建材工业出版社,1999.

[2] 张君,阎培渝,覃维祖. 建筑材料[M]. 北京:清华大学出版社,2008.

[3] 范文昭. 建筑材料[M]. 武汉:武汉理工大学出版社,2007.

[4] 周明月. 建筑材料与检测[M]. 北京:化学工业出版社 2010.

[5] 沈春林. 建筑防水涂料[M]. 北京:化学工业出版社,2003.

[6] 向才旺. 建筑装饰材料[M]. 2 版. 北京:中国建材工业出版社,2011.

[7] 钱觉时. 建筑材料学[M]. 武汉:武汉理工大学出版社,2007.

[8] 中华人民共和国住房和城乡建设部. JGJ 55—2011 普通混凝土配合比设计规程[S]. 中国建筑工业出版社,2011.

[9] 中华人民共和国国家质量监督检验检疫总局,中国国家标准化管理委员会. GB/T 1346—2011 水泥标准稠度用水量、凝结时间、安定性检验方法[S]. 中国标准出版社,2012.